线性代数

LINEAR ALGEBRA

主　编　张　帆　丁兆明

副主编　陈亚楠　丁和平

·长沙·

图书在版编目(CIP)数据

线性代数 / 张帆，丁兆明主编. --长沙：中南大学出版社，2025. 1.

ISBN 978-7-5487-6109-9

Ⅰ. O151. 2

中国国家版本馆 CIP 数据核字第 2024N8P201 号

线性代数

XIANXING DAISHU

张帆　丁兆明　主编

□**出 版 人**　林绵优
□**责任编辑**　韩　雪
□**责任印制**　唐　曦
□**出版发行**　中南大学出版社
社址：长沙市麓山南路　　邮编：410083
发行科电话：0731-88876770　　传真：0731-88710482
□**印　　装**　长沙超峰印刷有限公司

□**开　　本**　787 mm×1092 mm　1/16　□**印张** 14. 25　□**字数** 362 千字
□**互联网+图书　二维码内容**　字数 163 千字
□**版　　次**　2025 年 1 月第 1 版　□**印次** 2025 年 1 月第 1 次印刷
□**书　　号**　ISBN 978-7-5487-6109-9
□**定　　价**　48. 00 元

内容简介 Introduction

本教材依据高等学校基础理论课教学“以应用为主，够用为度”的原则，根据教育部普通高等学校《线性代数课程教学基本要求》编写。

全书共7章，内容包括行列式、矩阵、向量及向量空间、线性方程组、特征值及特征向量、二次型、线性空间与线性变换，每章均配有习题。

本书可作为普通高等学校理工类、经济管理类专业的数学教材或参考书。

本教材的第一主编工作单位是江西理工大学

前言 Foreword

线性代数是普通高等学校理工类、经济管理类专业的一门重要的数学基础课程，对于培养大学生的计算和抽象思维能力十分必要。随着现代科学技术，尤其是计算机科学的发展，线性代数这门课程的作用与地位显得格外重要。

线性代数是讨论代数学中线性关系经典理论的课程，它具有较强的抽象性与逻辑性，是培养学生抽象思维能力、逻辑推理与判断能力、熟练的运算能力、初步的数学建模能力及综合运用知识分析和解决实际问题的强有力的数学工具。

本书本着“应用为主，够用为度”的原则进行编写，内容包括行列式、矩阵、向量及向量空间、线性方程组、特征值及特征向量、二次型、线性空间与线性变换共7章内容。通过这门课程的学习，学生可获得线性代数的基本知识和必要的基本运算技能，同时进一步提升运用数学方法分析问题和解决问题的能力，从而为学习后续课程打下必要的数学基础。

本书由张帆、丁兆明担任主编，陈亚楠、丁和平担任副主编。第1、4、7章由张帆编写，第2、3章由丁和平编写，第5、6章由丁兆明编写，各章例题所涉及的代码和习题详解由陈亚楠提供，全书由张帆负责统稿和审核定稿。

本书的出版得到了江西理工大学教务处、江西理工大学基础课教学部的大力支持。教材中难免有不妥之处，敬请提出宝贵意见和建议，后续我们将进一步修改与完善。

编者

2024年9月

目 录 Contents

第 1 章

行列式

1.1 全排列及其逆序数

我们知道，解线性方程组是代数学中的一个基本问题. 在代数学中，求解线性方程组时引出了二阶和三阶行列式，并根据对角线展开法得到它们的展开式分别为

$$\begin{vmatrix} a_{11} & a_{12} \\ a_{21} & a_{22} \end{vmatrix} = a_{11}a_{22} - a_{12}a_{21}, \tag{1.1}$$

$$\begin{vmatrix} a_{11} & a_{12} & a_{13} \\ a_{21} & a_{22} & a_{23} \\ a_{31} & a_{32} & a_{33} \end{vmatrix} = a_{11}a_{22}a_{33} + a_{12}a_{23}a_{31} + a_{13}a_{21}a_{32} - a_{13}a_{22}a_{31} - a_{11}a_{23}a_{32} - a_{12}a_{21}a_{33}, \tag{1.2}$$

其中，元素 a_{ij} 的两个下标 i 与 j 分别表示 a_{ij} 所在行列式的行与列的序数.

我们观察式(1.1)、式(1.2)的右端是二阶、三阶行列式的展开式，除了用对角线展开这一方法外，是否还有其他的展开方法呢？回答是肯定的. 以式(1.2)为例观察：展开式是一些项的代数和，其中，每一项是位于行列式不同行不同列的三个元素相乘，这些元素的第一个下标是按自然顺序排列的，第二个下标则不按自然顺序排列，是 1，2，3 三个自然数的一个全排列. 而展开式的项数、每一项前的符号与第二个下标的排列个数、排列顺序有关.

为此，我们引入全排列、逆序数、对换等概念.

定义 1.1 由 1，2，…，n 这 n 个数组成的一个有序数组，称为一个 n 级**全排列**(简称**排列**).

例如，由 1，2 这两个数组成的二级全排列为 12 和 21，二级全排列的总数为 $2! = 2$ 个；有序数组 123，132，213，231，312，321 称为三级全排列，三级全排列的总数为 $3! = 6$ 个；四级排列的总数为 $4! = 24$ 个；n 级排列的总数是 $n(n-1)(n-2)\cdots 2\cdot 1 = n!$ 个，记号 $n!$ 读为 n 阶乘.

显然，$12\cdots n$ 也是一个 n 级排列，这个排列具有自然顺序，就是按自然数 1，2，…，n 递增的顺序排起来的，而自然数 1，2，…，n 的其他方式的排列都破坏了自然顺序.

定义 1.2 在一个排列中任取两个数(称为**数对**)，如果这两个数中前面的数大于(小于)

后面的数，那么称它们构成一个**逆序**或**反序**（顺序）. 一个排列中逆序的总数称为这个排列的**逆序数**.

一个排列 $j_1 j_2 \cdots j_n$ 的逆序数，一般记为 $\tau(j_1 j_2 \cdots j_n)$.

在 n 级排列 $12\cdots n$ 中没有逆序，规定 $\tau(12\cdots n)=0$.

例如，排列 12 的逆序数为 0；排列 21 的逆序数为 1；排列 231 的数对 21、31 均构成逆序，而 23 不构成逆序，因此排列 231 的逆序数为 2，即 $\tau(231)=2$；同理，排列 213 的逆序数是 1，即 $\tau(213)=1$. 进一步我们有以下定义.

定义 1.3 逆序数为偶数的排列称为**偶排列**，逆序数为奇数的排列称为**奇排列**.

例如，二级排列 12 为偶排列，21 为奇排列；三级排列 231 为偶排列，213 为奇排列.

现在我们探讨式（1.1）、式（1.2）右端各项的规律：

式（1.1）右端各项的第一个下标按自然顺序排列。第二个下标由自然数 1 和 2 组成，由 1，2 这两个数可以构成两个二级排列（12 和 21），二级排列的个数（2！个）等于式（1.1）右端的项数，并且排列 12 的逆序数为 0，对应项的符号为"+"，而排列 21 的逆序数为 1，对应项的符号为"−".

式（1.2）右端各项的第一个下标按自然顺序排列。第二个下标由自然数 1，2，3 组成，由它们构成的三级排列共有 6 个（3！，123、231、312、321、132、213），这正好等于式（1.2）右端的项数；排列为 123、231、312 的逆序数分别为 0、2、2，它们均为偶排列，对应项的符号为"+"；排列 321、132、213 的逆序数分别为 3、1、1，它们都是奇排列，对应项的符号为"−".

综上所述：式（1.2）右端各项可写成 $a_{1j_1}a_{2j_2}a_{3j_3}$，这里 $j_1 j_2 j_3$ 是 1、2、3 的一个三级排列，当 $j_1 j_2 j_3$ 为偶排列时，积 $a_{1j_1}a_{2j_2}a_{3j_3}$ 前面的符号为正，当 $j_1 j_2 j_3$ 为奇排列时，积 $a_{1j_1}a_{2j_2}a_{3j_3}$ 前面的符号为负，各项所带符号均可表示为 $(-1)^J$，其中 $J=\tau(j_1 j_2 j_3)$，为排列 $j_1 j_2 j_3$ 的逆序数. 从而式（1.2）可写为

$$\begin{vmatrix} a_{11} & a_{12} & a_{13} \\ a_{21} & a_{22} & a_{23} \\ a_{31} & a_{32} & a_{33} \end{vmatrix} = \sum_{j_1 j_2 j_3} (-1)^{\tau(j_1 j_2 j_3)} a_{1j_1}a_{2j_2}a_{3j_3},$$

其中，$\sum\limits_{j_1 j_2 j_3}$ 表示对全体三级排列所得到的项求和. 因此，三阶行列式的展开式可以由对角线展开法之外的另一种方法得到，即从三阶行列式中任取三个不同行不同列的数相乘，这三个数的行号取固定的自然顺序的排列 123，列号是 1，2，3 的一个三级排列，这样的三个数相乘再乘以 $(-1)^J$，其中 $J=\tau(j_1 j_2 j_3)$，就得到三阶行列式的一项，共有 3！项，将它们相加，就得到三阶行列式的展开式.

注意 二阶、三阶及更高阶的行列式都可以用全排列和它们的逆序数来定义展开式，但对角线展开法只能用来计算二阶、三阶行列式.

例 1.1 计算以下各排列的逆序数，并指出它们的奇偶性.

（1）6742531；（2）$135\cdots(2n-1)246\cdots(2n)$.

解 （1）对于所给排列，依次计算每个数字和它前面数字组成的逆序个数.

6 排在首位，逆序个数为 0；

7 的前面有 0 个比它大的数，逆序个数为 0；

4 的前面有 2 个比它大的数，逆序个数为 2；

2 的前面有 3 个比它大的数，逆序个数为 3；
5 的前面有 2 个比它大的数，逆序个数为 2；
3 的前面有 4 个比它大的数，逆序个数为 4；
1 的前面有 6 个比它大的数，逆序个数为 6.

把这些数加起来，即 $0+0+2+3+2+4+6=17$，故排列 6742531 的逆序数为 17，即 $\tau(6742531)=17$，是奇排列.

(2)同理可得

$$\tau[135\cdots(2n-1)246\cdots(2n)]=0+(n-1)+(n-2)+\cdots+2+1+0=\frac{n(n-1)}{2}.$$

当 $n=4k$ 或 $4k+1$ 时为偶排列，当 $n=4k+2$ 或 $4k+3$ 时为奇排列.

定义 1.4 在排列中，将某两个数对调，其余的数不动，这种对排列的变换叫作对换. 将相邻两数对换，叫作**相邻对换**(**邻换**).

定理 1.1 一个排列中的任意两个数对换，排列只改变奇偶性.

证 先证相邻对换的情形.

设排列为 $p_1\cdots p_{i-1}p_ip_{i+1}p_{i+2}\cdots p_n$，对换 p_i 与 p_{i+1}，排列变为 $p_1\cdots p_{i-1}p_{i+1}p_ip_{i+2}\cdots p_n$，显然，$p_1\cdots p_{i-1}p_{i+2}\cdots p_n$ 这些数的逆序数经过对换并不改变，仅 p_i 与 p_{i+1} 两数的逆序数改变：当 $p_i<p_{i+1}$ 时，对换后，$p_{i+1}p_i$ 是逆序，新排列的逆序数增加 1；当 $p_i>p_{i+1}$ 时，$p_{i+1}p_i$ 不是逆序，新排列的逆序数减少 1，所以排列 $p_1\cdots p_{i-1}p_ip_{i+1}p_{i+2}\cdots p_n$ 与排列 $p_1\cdots p_{i-1}p_{i+1}p_ip_{i+2}\cdots p_n$ 的逆序数相差 1，奇偶性改变.

再证一般对换的情形.

设排列为 $p_1\cdots p_{i-1}p_ip_{i+1}\cdots p_{i+m}p_{i+m+1}p_{i+m+2}\cdots p_n$，我们采用如下方式对换 p_i 与 p_{i+m+1}：把 p_i 往后连续作 m 次相邻对换，排列变为 $p_1\cdots p_{i-1}p_{i+1}\cdots p_{i+m}p_ip_{i+m+1}p_{i+m+2}\cdots p_n$，再把 p_{i+m+1} 往前连续作 $m+1$ 次相邻对换，排列变为 $p_1\cdots p_{i-1}p_{i+m+1}p_{i+1}\cdots p_{i+m}p_ip_{i+m+2}\cdots p_n$，从而实现了 p_i 与 p_{i+m+1} 的对换. 它是经 $2m+1$ 次相邻对换而成，排列也就改变了 $2m+1$ 次奇偶性，所以这两个排列的奇偶性相反.

由于数的乘法是可交换的，所以行列式各项中的元素的顺序也可任意交换。例如，四阶行列式中乘积 $a_{11}a_{22}a_{33}a_{44}$ 可以写成 $a_{22}a_{11}a_{44}a_{33}$；一般 n 阶行列式中乘积 $a_{1j_1}a_{2j_2}\cdots a_{nj_n}$ 可以写成 $a_{p_1q_1}a_{p_2q_2}\cdots a_{p_nq_n}$，其中 $p_1p_2\cdots p_n$ 与 $q_1q_2\cdots q_n$ 都是 n 级排列.

1.2 二阶与三阶行列式

本节主要介绍二阶、三阶行列式的定义以及计算二阶、三阶行列式的对角线法则.

1. 二阶行列式

二阶行列式产生于求解二元线性方程组的问题中. 现利用消元法求解二元线性方程组

$$\begin{cases}a_{11}x_1+a_{12}x_2=b_1,\\a_{21}x_1+a_{22}x_2=b_2,\end{cases}$$

消去 x_2，得 $(a_{11}a_{22}-a_{12}a_{21})x_1=b_1a_{22}-b_2a_{12}$；

消去 x_1，得 $(a_{11}a_{22}-a_{12}a_{21})x_2=b_2a_{11}-b_1a_{21}$.

若 $a_{11}a_{22}-a_{12}a_{21}=0$，即两方程的未知数系数成比例，则方程组表示两条平行或重合的直线，此时方程组无解或有无限多个解.

若 $a_{11}a_{22}-a_{12}a_{21}\neq0$，方程组的解为

$$x_1=\frac{b_1a_{22}-b_2a_{12}}{a_{11}a_{22}-a_{12}a_{21}},\quad x_2=\frac{b_2a_{11}-b_1a_{21}}{a_{11}a_{22}-a_{12}a_{21}}$$

注意到，此时方程组的解由它的系数和常数项决定，并且解的分子、分母具有一定的规律. 为了便于记忆，下面给出二阶行列式的定义.

定义 1.5 记号 $\begin{vmatrix} a_{11} & a_{12} \\ a_{21} & a_{22} \end{vmatrix}$ 表示代数和 $a_{11}a_{22}-a_{12}a_{21}$，称为**二阶行列式**，即

$$\begin{vmatrix} a_{11} & a_{12} \\ a_{21} & a_{22} \end{vmatrix}=a_{11}a_{22}-a_{12}a_{21}.$$

其中，$a_{ij}(i,j=1,2)$ 称为行列式的**元素**，位于第 i 行第 j 列. 我们将 a_{11} 到 a_{22} 的连线称为**主对角线**，主对角线上的元素称为**主对角元**；将 a_{12} 到 a_{21} 的连线称为**副对角线**. 二阶行列式等于主对角线上两元素之积减去副对角线上两元素之积，这称为**二阶行列式的对角线法则**.

$$\begin{vmatrix} a_{11} & a_{12} \\ a_{21} & a_{22} \end{vmatrix}$$

利用二阶行列式的定义，二元线性方程组的解可表示为

$$x_1=\frac{\begin{vmatrix} b_1 & a_{12} \\ b_2 & a_{22} \end{vmatrix}}{\begin{vmatrix} a_{11} & a_{12} \\ a_{21} & a_{22} \end{vmatrix}},\quad x_2=\frac{\begin{vmatrix} a_{11} & b_1 \\ a_{21} & b_2 \end{vmatrix}}{\begin{vmatrix} a_{11} & a_{12} \\ a_{21} & a_{22} \end{vmatrix}}.$$

其中，分母 $\begin{vmatrix} a_{11} & a_{12} \\ a_{21} & a_{22} \end{vmatrix}$ 称为二元线性方程组的**系数行列式**. 注意到，二元线性方程组的解 x_1，x_2 的分母由系数行列式构成，而分子由常数项分别替换系数行列式的一、二列构成.

例 1.2 设 $D=\begin{vmatrix} 1 & \lambda \\ 2 & \lambda^2 \end{vmatrix}$，则当 λ 为何值时，$D=0$？

解 由行列式的定义，$D=\lambda^2-2\lambda=0$，得

$$\lambda=0 \text{ 或 } \lambda=2.$$

即当 $\lambda=0$ 或 $\lambda=2$ 时，$D=0$.

2. 三阶行列式

类似地，我们来讨论三元线性方程组

$$\begin{cases} a_{11}x_1+a_{12}x_2+a_{13}x_3=b_1, \\ a_{21}x_1+a_{22}x_2+a_{23}x_3=b_2, \\ a_{31}x_1+a_{32}x_2+a_{33}x_3=b_3. \end{cases}$$

从方程组的前两个方程消去 x_3，后两个方程也消去 x_3，再从所得到的两个方程中消去 x_2，就得到

$$(a_{11}a_{22}a_{33}+a_{12}a_{23}a_{31}+a_{13}a_{21}a_{32}-a_{11}a_{23}a_{32}-a_{12}a_{21}a_{33}-a_{13}a_{22}a_{31})x_1$$
$$=b_1a_{22}a_{33}+b_3a_{12}a_{23}+b_2a_{13}a_{32}-b_1a_{23}a_{32}-b_2a_{12}a_{33}-b_3a_{13}a_{22}.$$

注意到，上式中 x_1 的系数是由三元线性方程组中未知数的 9 个系数 $a_{ij}(i, j=1, 2, 3)$ 按照一定的规律组成，由此给出三阶行列式的定义.

定义 1.6　记号 $\begin{vmatrix} a_{11} & a_{12} & a_{13} \\ a_{21} & a_{22} & a_{23} \\ a_{31} & a_{32} & a_{33} \end{vmatrix}$ 表示代数和 $a_{11}a_{22}a_{33}+a_{12}a_{23}a_{31}+a_{13}a_{21}a_{32}-a_{13}a_{22}a_{31}-a_{11}a_{23}a_{32}-a_{12}a_{21}a_{33}$，称为**三阶行列式**，即

$$\begin{vmatrix} a_{11} & a_{12} & a_{13} \\ a_{21} & a_{22} & a_{23} \\ a_{31} & a_{32} & a_{33} \end{vmatrix}=a_{11}a_{22}a_{33}+a_{12}a_{23}a_{31}+a_{13}a_{21}a_{32}-a_{13}a_{22}a_{31}-a_{11}a_{23}a_{32}-a_{12}a_{21}a_{33}.$$

三阶行列式可用如下沙路法记忆

$$\begin{array}{|ccc|cc} & & - & - & - \\ a_{11} & a_{12} & a_{13} & a_{11} & a_{12} \\ a_{21} & a_{22} & a_{23} & a_{21} & a_{22} \\ a_{31} & a_{32} & a_{33} & a_{31} & a_{32} \\ & & + & + & + \end{array}$$

即将行列式的第一列、第二列元素复制到第三列的右侧，平行于主对角线（图中实线连接）的三个元素乘积是代数和的正项，平行于副对角线（图中虚线连接）的三个元素乘积是代数和的负项.

也可用如下对角线法则记忆

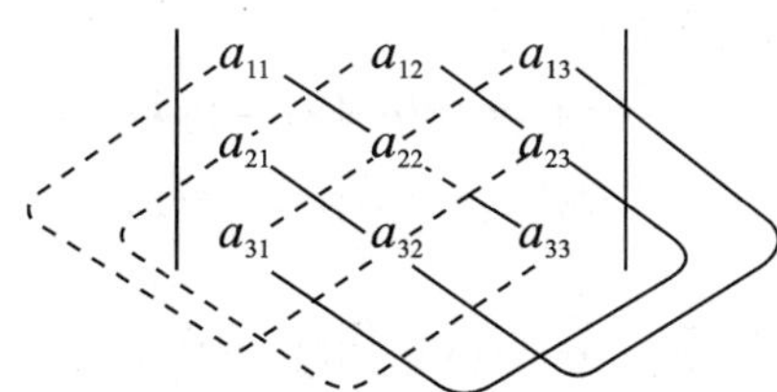

根据三阶行列式的定义，当 $\begin{vmatrix} a_{11} & a_{12} & a_{13} \\ a_{21} & a_{22} & a_{23} \\ a_{31} & a_{32} & a_{33} \end{vmatrix}\neq 0$ 时，三元线性方程组中 x_1 的解可表示为

$$x_1=\frac{\begin{vmatrix} b_1 & a_{12} & a_{13} \\ b_2 & a_{22} & a_{23} \\ b_3 & a_{32} & a_{33} \end{vmatrix}}{\begin{vmatrix} a_{11} & a_{12} & a_{13} \\ a_{21} & a_{22} & a_{23} \\ a_{31} & a_{32} & a_{33} \end{vmatrix}}.$$

类似地，有

$$x_2=\frac{\begin{vmatrix} a_{11} & b_1 & a_{13} \\ a_{21} & b_2 & a_{23} \\ a_{31} & b_3 & a_{33} \end{vmatrix}}{\begin{vmatrix} a_{11} & a_{12} & a_{13} \\ a_{21} & a_{22} & a_{23} \\ a_{31} & a_{32} & a_{33} \end{vmatrix}},\ x_3=\frac{\begin{vmatrix} a_{11} & a_{12} & b_1 \\ a_{21} & a_{22} & b_2 \\ a_{31} & a_{32} & b_3 \end{vmatrix}}{\begin{vmatrix} a_{11} & a_{12} & a_{13} \\ a_{21} & a_{22} & a_{23} \\ a_{31} & a_{32} & a_{33} \end{vmatrix}}.$$

其中，分母 $\begin{vmatrix} a_{11} & a_{12} & a_{13} \\ a_{21} & a_{22} & a_{23} \\ a_{31} & a_{32} & a_{33} \end{vmatrix}$ 称为三元线性方程组的**系数行列式**. 注意到，三元线性方程组的解 x_1，x_2，x_3 的分母由系数行列式构成，而分子由常数项分别替换系数行列式的一、二、三列构成. 这也是三元线性方程组的克莱姆法则，我们将在 1.6 节详细说明该法则.

例 1.3 计算行列式

$$D=\begin{vmatrix} -3 & 0 & 4 \\ 2 & -2 & -1 \\ -1 & 0 & 5 \end{vmatrix}.$$

解 根据三阶行列式的对角线法则，有

$D=(-3)\times(-2)\times5+0\times(-1)\times(-1)+4\times2\times0-4\times(-2)\times(-1)-(-3)\times(-1)\times0-0\times2\times5=22.$

1.3 *n* 阶行列式的定义

定义 1.7 由 $n\times n$（n 是正整数）个数排成 n 行 n 列的正方形两边各加一竖的记号

$$\begin{vmatrix} a_{11} & a_{12} & \cdots & a_{1n} \\ a_{21} & a_{22} & \cdots & a_{2n} \\ \vdots & \vdots & & \vdots \\ a_{n1} & a_{n2} & \cdots & a_{nn} \end{vmatrix}$$

称为 ***n* 阶行列式**，其中横排的元素称为**行**，纵排的元素称为**列**，a_{ij} 表示 n 阶行列式中第 i 行第 j 列位置上的元素，n 阶行列式等于所有取自其不同行不同列的 n 个元素的乘积再乘以 $(-1)^{\tau(j_1j_2\cdots j_n)}$，即

$$(-1)^{\tau(j_1j_2\cdots j_n)}a_{1j_1}a_{2j_2}\cdots a_{nj_n} \tag{1.3}$$

的代数和，这里 $j_1j_2\cdots j_n$ 是 1，2，…，n 的一个排列，行列式的每一项都按下列规则带有符号：当 $j_1j_2\cdots j_n$ 是偶排列时，式(1.3)带有正号，当 $j_1j_2\cdots j_n$ 是奇排列时，式(1.3)带有负号. 即

$$\begin{vmatrix} a_{11} & a_{12} & \cdots & a_{1n} \\ a_{21} & a_{22} & \cdots & a_{2n} \\ \vdots & \vdots & & \vdots \\ a_{n1} & a_{n2} & \cdots & a_{nn} \end{vmatrix} = \sum_{j_1j_2\cdots j_n}(-1)^{\tau(j_1j_2\cdots j_n)}a_{1j_1}a_{2j_2}\cdots a_{nj_n}, \tag{1.4}$$

式中，$\sum\limits_{j_1j_2\cdots j_n}$ 为对列标的所有 n 级排列 $j_1j_2\cdots j_n$ 求和，从而对应 n 阶行列式的所有不同行不同列 n 个元素乘积项之代数和.

定理 1.2　n 阶行列式的一般项还可以写成

$$(-1)^{S+T}a_{p_1q_1}a_{p_2q_2}\cdots a_{p_nq_n},$$

其中，S 与 T 分别是 n 级排列 $p_1p_2\cdots p_n$ 与 $q_1q_2\cdots q_n$ 的逆序数.

证　该项中任意两元素互换，行下标与列下标同时对换，由定理 1.1 知，n 级排列 $p_1p_2\cdots p_n$ 与 $q_1q_2\cdots q_n$ 同时改变奇偶性，于是 $S+T$ 的奇偶性不变. 如果将排列 $p_1p_2\cdots p_n$ 重新排列成自然顺序 $12\cdots n$（逆序数为 0），排列 $q_1q_2\cdots q_n$ 也相应对换为 $j_1j_2\cdots j_n$（逆序数为 J），则有

$$(-1)^{S+T}a_{p_1q_1}a_{p_2q_2}\cdots a_{p_nq_n}=(-1)^{J}a_{1j_1}a_{2j_2}\cdots a_{nj_n}.$$

由定理 1.2 可知，行列式也可定义为

$$D=\begin{vmatrix} a_{11} & a_{12} & \cdots & a_{1n} \\ a_{21} & a_{22} & \cdots & a_{2n} \\ \vdots & \vdots & & \vdots \\ a_{n1} & a_{n2} & \cdots & a_{nn} \end{vmatrix} = \sum_{p_1p_2\cdots p_n,\ q_1q_2\cdots q_n}(-1)^{\tau(p_1p_2\cdots p_n)+\tau(q_1q_2\cdots q_n)}a_{p_1q_1}a_{p_2q_2}\cdots a_{p_nq_n}. \tag{1.5}$$

若将行列式中各项的列下标按自然顺序排列，而相应行下标排列为 $i_1i_2\cdots i_n$，于是行列式又可定义为

$$D=\begin{vmatrix} a_{11} & a_{12} & \cdots & a_{1n} \\ a_{21} & a_{22} & \cdots & a_{2n} \\ \vdots & \vdots & & \vdots \\ a_{n1} & a_{n2} & \cdots & a_{nn} \end{vmatrix} = \sum_{i_1i_2\cdots i_n}(-1)^{\tau(i_1i_2\cdots i_n)}a_{i_11}a_{i_22}\cdots a_{i_nn}. \tag{1.6}$$

例 1.4　计算四阶行列式

$$D=\begin{vmatrix} a_{11} & 0 & 0 & 0 \\ a_{21} & a_{22} & 0 & 0 \\ a_{31} & a_{32} & a_{33} & 0 \\ a_{41} & a_{42} & a_{43} & a_{44} \end{vmatrix}.$$

解　根据定义，D 是 $4!=24$ 项的代数和，但每一项的乘积 $a_{1j_1}a_{2j_2}a_{3j_3}a_{4j_4}$ 中只要有一个元素为 0，乘积就等于 0，所以只需计算展开式中不明显为 0 的项. 由于第 1 行元素除 a_{11} 外全为 0，故只需考虑 $j_1=1$，第 2 行元素中只有 a_{21}，a_{22} 不为 0，现已取 $j_1=1$，故只能取 $j_2=2$，同理第三行和第四行也只能分别取 $j_3=3$，$j_4=4$，这就是说行列式展开式中不为 0 的项只可能是

$a_{11}a_{22}a_{33}a_{44}$，而列标排列 1234 的逆序数为 0，即此项符号为正，因此行列式 $D=a_{11}a_{22}a_{33}a_{44}$.

行列式中，从左上角到右下角的直线称为**主对角线**. 主对角线以上的元素全为零(即 $i<j$ 时，元素 $a_{ij}=0$)的行列式称为**下三角行列式**，它等于主对角线上各元素的乘积. 主对角线以下的元素全为零(即 $i>j$ 时，元素 $a_{ij}=0$)的行列式称为**上三角行列式**，同理可证它等于主对角线上各元素的乘积. 除主对角线上的元素以外，其他元素全为零(即 $i\neq j$ 时，元素 $a_{ij}=0$)的行列式称为**对角行列式**，由上面可知它等于主对角线上元素的乘积，即

$$\begin{vmatrix} a_{11} & & & \\ a_{21} & a_{22} & & \\ \vdots & \vdots & \ddots & \\ a_{n1} & a_{n2} & \cdots & a_{nn} \end{vmatrix} = \begin{vmatrix} a_{11} & a_{12} & \cdots & a_{1n} \\ & a_{22} & \cdots & a_{2n} \\ & & \ddots & \vdots \\ & & & a_{nn} \end{vmatrix} = \begin{vmatrix} a_{11} & & & \\ & a_{22} & & \\ & & \ddots & \\ & & & a_{nn} \end{vmatrix} = a_{11}a_{22}\cdots a_{nn}.$$

上式中未写出的元素都是 0，全书同.

例 1.5 证明

$$D=\begin{vmatrix} a_{11} & a_{12} & \cdots & a_{1n} \\ \vdots & \vdots & \iddots & \\ a_{n-1,\,1} & a_{n-1,\,2} & & \\ a_{n1} & & & \end{vmatrix} = (-1)^{\frac{n(n-1)}{2}} a_{1n}a_{2,\,n-1}\cdots a_{n-1,\,2}a_{n1}.$$

证 由于行列式的值为 $\sum\limits_{j_1j_2\cdots j_n}(-1)^J a_{1j_1}a_{2j_2}\cdots a_{nj_n}$，只需对可能不为 0 的乘积 $(-1)^J a_{1j_1}a_{2j_2}\cdots a_{nj_n}$ 求和.

考虑第 n 行元素 a_{nj_n}，知 $j_n=1$，再考虑第 $n-1$ 行元素 $a_{n-1,\,j_{n-1}}$，知 $j_{n-1}=1$ 或 $j_{n-1}=2$，由 $j_n=1$ 知 $j_{n-1}=2$，依此类推，最终可得 $j_2=n-1$，$j_1=n$，排列 $j_1j_2\cdots j_n$ 只能是 $n(n-1)\cdots 21$，它的逆序数为 $J=0+1+2+\cdots+(n-2)+(n-1)=\dfrac{n(n-1)}{2}$，所以行列式的值为

$$(-1)^{\frac{n(n-1)}{2}} a_{1n}a_{2,\,n-1}\cdots a_{n-1,\,2}a_{n1}.$$

由此可见

$$D=\begin{vmatrix} a_{11} & a_{12} & a_{13} & a_{14} \\ a_{21} & a_{22} & a_{23} & 0 \\ a_{31} & a_{32} & 0 & 0 \\ a_{41} & 0 & 0 & 0 \end{vmatrix} = a_{14}a_{23}a_{32}a_{41}.$$

例 1.6 设

$$D=\begin{vmatrix} a_{11} & \cdots & a_{1k} & 0 & \cdots & 0 \\ \vdots & & \vdots & \vdots & & \vdots \\ a_{k1} & \cdots & a_{kk} & 0 & \cdots & 0 \\ c_{11} & \cdots & c_{1k} & b_{11} & \cdots & b_{1n} \\ \vdots & & \vdots & \vdots & & \vdots \\ c_{n1} & \cdots & c_{nk} & b_{n1} & \cdots & b_{nn} \end{vmatrix},$$

$$D_1=\begin{vmatrix} a_{11} & \cdots & a_{1k} \\ \vdots & & \vdots \\ a_{k1} & \cdots & a_{kk} \end{vmatrix},\ D_2=\begin{vmatrix} b_{11} & \cdots & b_{1n} \\ \vdots & & \vdots \\ b_{n1} & \cdots & b_{nn} \end{vmatrix},$$

证明 $D=D_1D_2$.

证　记

$$D=\begin{vmatrix} d_{11} & \cdots & d_{1,\,k+n} \\ \vdots & & \vdots \\ d_{k+n,\,1} & \cdots & d_{k+n,\,k+n} \end{vmatrix},$$

其中，

$d_{ij}=a_{ij}(i,\ j=1,\ 2,\ \cdots,\ k)$；

$d_{k+i,\,j}=c_{ij}(i=1,\ 2,\ \cdots,\ n;\ j=1,\ 2,\ \cdots,\ k)$；

$d_{k+i,\,k+j}=b_{ij}(i,\ j=1,\ 2,\ \cdots,\ n)$；

$d_{i,\,k+j}=0\ (i=1,\ 2,\ \cdots,\ k;\ j=1,\ 2,\ \cdots,\ n)$.

考察 $\boldsymbol{D}$ 的一般项$(-1)^R d_{1r_1}d_{2r_2}\cdots d_{kr_k}d_{k+1,\,r_{k+1}}\cdots d_{k+n,\,r_{k+n}}$，其中 $\boldsymbol{R}$ 是排列 $r_1r_2\cdots r_kr_{k+1}\cdots r_{k+n}$ 的逆序数. 由于 $d_{i,\,j+k}=0\ (i=1,\ 2,\ \cdots,\ k;\ j=1,\ 2,\ \cdots,\ n)$，因此 $r_1,\ r_2,\ \cdots,\ r_k$ 均不可大于 k 值，否则该项为 0，故 $r_1,\ r_2,\ \cdots r_k$ 只能在 1，2，…，k 中选取，从而 $r_{k+1},\ r_{k+2},\ \cdots,\ r_{k+n}$ 只能在 $k+1$，$k+2$，…，$k+n$ 中选取，于是 D 中不为 0 的项可以记作

$$(-1)^R a_{1p_1}a_{2p_2}\cdots a_{kp_k}b_{1q_1}b_{2q_2}\cdots b_{nq_n},$$

其中，$p_i=r_i$，$q_i=r_{k+i}-k$，$1\leqslant r_i\leqslant k$，$k+1\leqslant r_{k+i}\leqslant k+n$，$R$ 也就是排列 $p_1p_2\cdots p_k(k+q_1)\cdots(k+q_n)$ 的逆序数，以 P，Q 分别表示排列 $p_1p_2\cdots p_k$ 与 $q_1q_2\cdots q_n$ 的逆序数，则有 $R=P+Q$，于是

$$\begin{aligned} D &= \sum_{p_1\cdots p_k}\sum_{q_1\cdots q_n}(-1)^{P+Q}a_{1p_1}a_{2p_2}\cdots a_{kp_k}b_{1,\,q_1}b_{2,\,q_2}\cdots b_{n,\,q_n} \\ &= \sum_{p_1\cdots p_k}(-1)^P a_{1p_1}a_{2p_2}\cdots a_{kp_k}\Big(\sum_{q_1\cdots q_n}(-1)^Q b_{1,\,q_1}b_{2,\,q_2}\cdots b_{n,\,q_n}\Big) \\ &= \sum_{p_1\cdots p_k}(-1)^P a_{1p_1}a_{2p_2}\cdots a_{kp_k}D_2 \\ &= D_1D_2. \end{aligned}$$

1.4　行列式的性质

定义 1.8　将行列式的每一行元素换成相应的列元素所得到的行列式称为原行列式的**转置行列式**.

记

$$D=\begin{vmatrix} a_{11} & a_{12} & \cdots & a_{1n} \\ a_{21} & a_{22} & \cdots & a_{2n} \\ \vdots & \vdots & & \vdots \\ a_{n1} & a_{n2} & \cdots & a_{nn} \end{vmatrix},$$

D 的转置行列式记为 D^{T}，则

$$D^T=\begin{vmatrix} a_{11} & a_{21} & \cdots & a_{n1} \\ a_{12} & a_{22} & \cdots & a_{n2} \\ \vdots & \vdots & & \vdots \\ a_{1n} & a_{2n} & \cdots & a_{nn} \end{vmatrix}.$$

性质 1.1 行列式与它的转置行列式相等.

证 记

$$D^T=\begin{vmatrix} b_{11} & b_{12} & \cdots & b_{1n} \\ b_{21} & b_{22} & \cdots & b_{2n} \\ \vdots & \vdots & & \vdots \\ b_{n1} & b_{n2} & \cdots & b_{nn} \end{vmatrix}.$$

即 $b_{ij}=a_{ji}(i,j=1,2,\cdots,n)$，按行列式定义

$$\begin{aligned} D^{\mathrm{T}} &= \sum_{j_1j_2\cdots j_n}(-1)^{\tau(j_1j_2\cdots j_n)}b_{1j_1}b_{2j_2}\cdots b_{nj_n} \\ &= \sum_{j_1j_2\cdots j_n}(-1)^{\tau(j_1j_2\cdots j_n)}a_{j_11}a_{j_22}\cdots a_{j_nn}=D. \end{aligned}$$

性质 1 表明：行列式中行与列的地位是对称的，即行列式中行具有的性质，其列也具有.

性质 1.2 互换行列式的两行(列)，行列式变号.

证

$$D=\begin{vmatrix} a_{11} & \cdots & a_{1p} & \cdots & a_{1q} & \cdots & a_{1n} \\ a_{21} & \cdots & a_{2p} & \cdots & a_{2q} & \cdots & a_{2n} \\ \vdots & & \vdots & & \vdots & & \vdots \\ a_{n1} & \cdots & a_{np} & \cdots & a_{nq} & \cdots & a_{nn} \end{vmatrix},$$

交换第 p，q 两列得行列式

$$D_1=\begin{vmatrix} a_{11} & \cdots & a_{1q} & \cdots & a_{1p} & \cdots & a_{1n} \\ a_{21} & \cdots & a_{2q} & \cdots & a_{2p} & \cdots & a_{2n} \\ \vdots & & \vdots & & \vdots & & \vdots \\ a_{n1} & \cdots & a_{nq} & \cdots & a_{np} & \cdots & a_{nn} \end{vmatrix}.$$

将 D 与 D_1 按式(1.6)式计算，对于 D 中任一项

$$(-1)^I a_{i_11}a_{i_22}\cdots a_{i_pp}\cdots a_{i_qq}\cdots a_{i_nn},$$

其中，I 为排列 $i_1\cdots i_p\cdots i_q\cdots i_n$ 的逆序数，在 D_1 中必有对应一项

$(-1)^{I_1}a_{i_11}a_{i_22}\cdots a_{i_qq}\cdots a_{i_pp}\cdots a_{i_nn}$(当 $j\neq p$，q 时，第 j 列元素取 a_{i_jj}，第 p 列元素取 a_{i_qq}，第 q 列元素取 a_{i_pp})，其中 I_1 为排列 $i_1\cdots i_q\cdots i_p\cdots i_n$ 的逆序数，而

$$i_1\cdots i_p\cdots i_q\cdots i_n$$

与

$$i_1\cdots i_q\cdots i_p\cdots i_n$$

只经过一次对换，由定理 1.1 知，$(-1)^I$ 与 $(-1)^{I_1}$ 相差一个符号，所以有

$$(-1)^I a_{i_11}a_{i_22}\cdots a_{i_pp}\cdots a_{i_qq}\cdots a_{i_nn}=-[(-1)^{I_1}a_{i_11}a_{i_22}\cdots a_{i_qq}\cdots a_{i_pp}\cdots a_{i_nn}],$$

即对于 D 中任一项，D_1 中必定有一项与它的符号相反而绝对值相等，又 D 与 D_1 的项数相同，所以 $D=-D_1$.

交换行列式 i, j 两行记作 $r_i \leftrightarrow r_j$，交换行列式 i, j 两列记作 $c_i \leftrightarrow c_j$.

推论　若行列式有两行(列)元素对应相等，则行列式为零.

性质 1.3　行列式的某一行(列)中所有元素都乘同一个数 k，等于用数 k 乘此行列式. 第 i 行(列)乘以数 k，记作 $kr_i(kc_i)$.

推论　行列式中某一行(列)的所有元素的公因子，可以提到行列式符号的外面.

性质 1.4　行列式中若有两行(列)元素对应成比例，则此行列式为零.

性质 1.5　若行列式的某行(列)的元素都是两个数之和，如

$$D=\begin{vmatrix} a_{11} & a_{12} & \cdots & a_{1n} \\ a_{21} & a_{22} & \cdots & a_{2n} \\ \vdots & \vdots & & \vdots \\ a_{i1}+a_{i1}' & a_{i2}+a_{i2}' & \cdots & a_{in}+a_{in}' \\ \vdots & \vdots & & \vdots \\ a_{n1} & a_{n2} & \cdots & a_{nn} \end{vmatrix},$$

则行列式 D 等于下列两个行列式之和

$$D=\begin{vmatrix} a_{11} & a_{12} & \cdots & a_{1n} \\ a_{21} & a_{22} & \cdots & a_{2n} \\ \vdots & \vdots & & \vdots \\ a_{i1} & a_{i2} & \cdots & a_{in} \\ \vdots & \vdots & & \vdots \\ a_{n1} & a_{n2} & \cdots & a_{nn} \end{vmatrix}+\begin{vmatrix} a_{11} & a_{12} & \cdots & a_{1n} \\ a_{21} & a_{22} & \cdots & a_{2n} \\ \vdots & \vdots & & \vdots \\ a_{i1}' & a_{i2}' & \cdots & a_{in}' \\ \vdots & \vdots & & \vdots \\ a_{n1} & a_{n2} & \cdots & a_{nn} \end{vmatrix}.$$

性质 1.6　把行列式某一行(列)的元素乘数 k，加到另一行(列)对应的元素上去，行列式的值不变.

例如，以数 k 乘第 i 行(列)上的元素加到第 j 行(列)对应元素上，记作 $kr_i+r_j(kc_i+c_j)$，有

$$\begin{vmatrix} a_{11} & a_{12} & \cdots & a_{1n} \\ \vdots & \vdots & & \vdots \\ a_{i1} & a_{i2} & \cdots & a_{in} \\ \vdots & \vdots & & \vdots \\ a_{j1} & a_{j2} & \cdots & a_{jn} \\ \vdots & \vdots & & \vdots \\ a_{n1} & a_{n2} & \cdots & a_{nn} \end{vmatrix} \xlongequal{kr_i+r_j} \begin{vmatrix} a_{11} & a_{12} & \cdots & a_{1n} \\ \vdots & \vdots & & \vdots \\ a_{i1} & a_{i2} & \cdots & a_{in} \\ \vdots & \vdots & & \vdots \\ a_{j1}+ka_{i1} & a_{j2}+ka_{i2} & \cdots & a_{jn}+ka_{in} \\ \vdots & \vdots & & \vdots \\ a_{n1} & a_{n1} & \cdots & a_{nn} \end{vmatrix} (i \neq j).$$

性质 1.3 至性质 1.6 的证明请读者自证.

例 1.7　计算四阶行列式

$$D=\begin{vmatrix} 0 & b & 0 & b \\ b & 0 & b & 0 \\ a & 0 & -a & -b \\ 0 & a & -b & -a \end{vmatrix}.$$

解

$$D=\begin{vmatrix}0&b&0&b\\b&0&b&0\\a&0&-a&-b\\0&a&-b&-a\end{vmatrix}\xlongequal[-c_2+c_4]{-c_1+c_3}\begin{vmatrix}0&b&0&0\\b&0&0&0\\a&0&-2a&-b\\0&a&-b&-2a\end{vmatrix}$$

$$\xlongequal{\text{例 1.6 结论}}\begin{vmatrix}0&b\\b&0\end{vmatrix}\cdot\begin{vmatrix}-2a&-b\\-b&-2a\end{vmatrix}=-b^2(4a^2-b^2).$$

例 1.8 计算行列式

$$D=\begin{vmatrix}1&x&y&z\\x&1&0&0\\y&0&1&0\\z&0&0&1\end{vmatrix}.$$

解

$$D\xlongequal{-xc_2+c_1}\begin{vmatrix}1-x^2&x&y&z\\0&1&0&0\\y&0&1&0\\z&0&0&1\end{vmatrix}$$

$$\xlongequal[-zc_4+c_1]{-yc_3+c_1}\begin{vmatrix}1-x^2-y^2-z^2&x&y&z\\0&1&0&0\\0&0&1&0\\0&0&0&1\end{vmatrix}=1-x^2-y^2-z^2.$$

例 1.9 计算行列式

$$D=\begin{vmatrix}1&-1&2&-3&1\\-3&3&-7&9&-5\\2&0&4&-2&1\\3&-5&7&-14&6\\4&-4&10&-10&2\end{vmatrix}.$$

解

$$D\xlongequal[\substack{-3r_1+r_4\\-4r_1+r_5}]{\substack{3r_1+r_2\\-2r_1+r_3}}\begin{vmatrix}1&-1&2&-3&1\\0&0&-1&0&-2\\0&2&0&4&-1\\0&-2&1&-5&3\\0&0&2&2&-2\end{vmatrix}.$$

$$\xlongequal{r_2\leftrightarrow r_4}-\begin{vmatrix}1&-1&2&-3&1\\0&-2&1&-5&3\\0&2&0&4&-1\\0&0&-1&0&-2\\0&0&2&2&-2\end{vmatrix}\xlongequal{r_2+r_3}-\begin{vmatrix}1&-1&2&-3&1\\0&-2&1&-5&3\\0&0&1&-1&2\\0&0&-1&0&-2\\0&0&2&2&-2\end{vmatrix}.$$

$$\xlongequal[-2r_3+r_5]{r_3+r_4}-\begin{vmatrix}1&-1&2&-3&1\\0&-2&1&-5&3\\0&0&1&-1&2\\0&0&0&-1&0\\0&0&0&4&-6\end{vmatrix}\xlongequal{4r_4+r_5}-\begin{vmatrix}1&-1&2&-3&1\\0&-2&1&-5&3\\0&0&1&-1&2\\0&0&0&-1&0\\0&0&0&0&-6\end{vmatrix}$$

$=-(-2)(-1)(-6)=12.$

注意　行列式的计算方法有很多，利用行列式的性质将行列式化为三角行列式，即“三角化”，是常用的方法之一.

1.5　行列式按行(列)展开

定义 1.9　在行列式

$$\begin{vmatrix}a_{11}&\cdots&a_{1j}&\cdots&a_{1n}\\\vdots&&\vdots&&\vdots\\a_{i1}&\cdots&a_{ij}&\cdots&a_{in}\\\vdots&&\vdots&&\vdots\\a_{n1}&\cdots&a_{nj}&\cdots&a_{nn}\end{vmatrix}$$

中划去元素 a_{ij} 所在的第 i 行与第 j 列的元素，余下的 $(n-1)^2$ 个元素按照原来的顺序构成一个 $n-1$ 阶的行列式

$$\begin{vmatrix}a_{11}&\cdots&a_{1,j-1}&a_{1,j+1}&\cdots&a_{1n}\\\vdots&&\vdots&\vdots&&\vdots\\a_{i-1,1}&\cdots&a_{i-1,j-1}&a_{i-1,j+1}&\cdots&a_{i-1,n}\\a_{i+1,1}&\cdots&a_{i+1,j-1}&a_{i+1,j+1}&\cdots&a_{i+1,n}\\\vdots&&\vdots&\vdots&&\vdots\\a_{n1}&\cdots&a_{n,j-1}&a_{n,j+1}&\cdots&a_{nn}\end{vmatrix},$$

称为元素 a_{ij} 的**余子式**，记为 M_{ij}. 记

$$A_{ij}=(-1)^{i+j}M_{ij},$$

A_{ij} 叫作元素 a_{ij} 的**代数余子式**.

由定义可知，A_{ij} 与行列式中第 i 行、第 j 列的元素无关.

引理 1.1　在 n 阶行列式 D 中，如果第 i 行元素除 a_{ij} 外全部为零，那么这个行列式等于 a_{ij} 与它的代数余子式的乘积，即

$$D=a_{ij}A_{ij}.$$

证　先证 $i=1$，$j=1$ 的情形. 即

$$D=\begin{vmatrix}a_{11}&0&\cdots&0\\a_{21}&a_{22}&\cdots&a_{2n}\\\vdots&\vdots&&\vdots\\a_{n1}&a_{n2}&a_{n3}&a_{nn}\end{vmatrix}$$

$$= \sum_{j_2 j_3 \cdots j_n} (-1)^{\tau(j_2 j_3 \cdots j_n)} a_{11} a_{2j_2} a_{3j_3} \cdots a_{nj_n}$$

$$= a_{11} \sum_{j_2 j_3 \cdots j_n} (-1)^{\tau(j_2 j_3 \cdots j_n)} a_{2j_2} a_{3j_3} \cdots a_{nj_n}$$

$$= a_{11} \begin{vmatrix} a_{21} & a_{22} & \cdots & a_{2n} \\ a_{32} & a_{33} & \cdots & a_{3n} \\ \vdots & \vdots & & \vdots \\ a_{n2} & a_{n3} & \cdots & a_{nn} \end{vmatrix}$$

$$= a_{11} M_{11} = a_{11} (-1)^{1+1} M_{11} = a_{11} A_{11}.$$

对一般情形，只要适当交换 D 的行与列的位置，即可得到结论.

定理 1.3 行列式 D 等于它的任一行(列)的各元素与其对应的代数余子式乘积之和，即

$$D = a_{i1}A_{i1} + a_{i2}A_{i2} + \cdots + a_{in}A_{in} (i=1,\ 2,\ \cdots,\ n)$$

或

$$D = a_{1j}A_{1j} + a_{2j}A_{2j} + \cdots + a_{nj}A_{nj} (j=1,\ 2,\ \cdots,\ n).$$

证

$$D = \begin{vmatrix} a_{11} & a_{12} & \cdots & a_{1n} \\ \vdots & \vdots & & \vdots \\ a_{i1}+0+\cdots+0 & 0+a_{i2}+0+\cdots+0 & \cdots & 0+\cdots+0+a_{in} \\ \vdots & \vdots & & \vdots \\ a_{n1} & a_{n2} & \cdots & a_{nn} \end{vmatrix}$$

$$= \begin{vmatrix} a_{11} & a_{12} & \cdots & a_{1n} \\ \vdots & \vdots & & \vdots \\ a_{i1} & 0 & \cdots & 0 \\ \vdots & \vdots & & \vdots \\ a_{n1} & a_{n2} & \cdots & a_{nn} \end{vmatrix} + \begin{vmatrix} a_{11} & a_{12} & \cdots & a_{1n} \\ \vdots & \vdots & & \vdots \\ 0 & a_{i2} & \cdots & 0 \\ \vdots & \vdots & & \vdots \\ a_{n1} & a_{n2} & \cdots & a_{nn} \end{vmatrix} + \cdots + \begin{vmatrix} a_{11} & a_{12} & \cdots & a_{1n} \\ \vdots & \vdots & & \vdots \\ 0 & 0 & \cdots & a_{in} \\ \vdots & \vdots & & \vdots \\ a_{n1} & a_{n2} & \cdots & a_{nn} \end{vmatrix}$$

$$= a_{i1}A_{i1} + a_{i2}A_{i2} + \cdots + a_{in}A_{in}.$$

我们称定理 1.3 为行列式的按行(列)展开定理，也称之为**拉普拉斯(Laplace)展开定理.**

例 1.10 计算行列式

$$D = \begin{vmatrix} 2 & 0 & 0 & 3 \\ 3 & 1 & 0 & 0 \\ 5 & 0 & 1 & 0 \\ 0 & 1 & 3 & 2 \end{vmatrix}.$$

解 由定理 1.3 知

$$D = 2 \cdot (-1)^{1+1} \begin{vmatrix} 1 & 0 & 0 \\ 0 & 1 & 0 \\ 1 & 3 & 2 \end{vmatrix} + 3 \cdot (-1)^{1+4} \begin{vmatrix} 3 & 1 & 0 \\ 5 & 0 & 1 \\ 0 & 1 & 3 \end{vmatrix}$$

$$= 2\times 2 - 3\times(-3-15) = 58.$$

例 1.11　计算行列式

$$D=\begin{vmatrix} a & b & 0 & 0 \\ 0 & a & -b & 0 \\ 0 & 0 & -a & -b \\ b & 0 & 0 & -a \end{vmatrix}.$$

解　$D=(-1)^{1+1}a\begin{vmatrix} a & -b & 0 \\ 0 & -a & -b \\ 0 & 0 & -a \end{vmatrix}+(-1)^{4+1}b\begin{vmatrix} b & 0 & 0 \\ a & -b & 0 \\ 0 & -a & -b \end{vmatrix}=a^4-b^4.$

例 1.12　计算行列式(**加边法**)

$$D=\begin{vmatrix} 1+a & 1 & 1 & 1 \\ 1 & 1-a & 1 & 1 \\ 1 & 1 & 1+b & 1 \\ 1 & 1 & 1 & 1-b \end{vmatrix}.$$

解　当 $a=0$ 或 $b=0$ 时，显然 $D=0$. 现假设 $a\neq 0$ 且 $b\neq 0$，由引理 1.1 知

$$D=\begin{vmatrix} 1 & 1 & 1 & 1 & 1 \\ 0 & 1+a & 1 & 1 & 1 \\ 0 & 1 & 1-a & 1 & 1 \\ 0 & 1 & 1 & 1+b & 1 \\ 0 & 1 & 1 & 1 & 1-b \end{vmatrix}$$

$$\xlongequal[i=2,3,4,5]{-r_1+r_i}\begin{vmatrix} 1 & 1 & 1 & 1 & 1 \\ -1 & a & 0 & 0 & 0 \\ -1 & 0 & -a & 0 & 0 \\ -1 & 0 & 0 & b & 0 \\ -1 & 0 & 0 & 0 & -b \end{vmatrix}$$

$$\xlongequal{\frac{1}{a}c_2+c_1,\ -\frac{1}{a}c_3+c_1,\ \frac{1}{b}c_4+c_1,\ -\frac{1}{b}c_5+c_1}\begin{vmatrix} 1 & 1 & 1 & 1 & 1 \\ 0 & a & 0 & 0 & 0 \\ 0 & 0 & -a & 0 & 0 \\ 0 & 0 & 0 & b & 0 \\ 0 & 0 & 0 & 0 & -b \end{vmatrix}=a^2b^2.$$

推论　行列式 D 中任一行(列)的元素与另一行(列)的对应元素的代数余子式乘积之和等于零，即

$$a_{i1}A_{j1}+a_{i2}A_{j2}+\cdots+a_{in}A_{jn}=0\ (i\neq j)$$

或

$$a_{1i}A_{1j}+a_{2i}A_{2j}+\cdots+a_{ni}A_{nj}=0\ (i\neq j).$$

证

$$a_{j1}A_{j1}+a_{j2}A_{j2}+\cdots+a_{jn}A_{jn}=\begin{vmatrix} a_{11} & \cdots & a_{1n} \\ \vdots & & \vdots \\ a_{i1} & \cdots & a_{in} \\ \vdots & & \vdots \\ a_{j1} & \cdots & a_{jn} \\ \vdots & & \vdots \\ a_{n1} & \cdots & a_{nn} \end{vmatrix}.$$

当 $i \neq j$ 时，因为 $A_{jk}(k=1, 2, \cdots, n)$ 与行列式中第 j 行的元素无关，将上式中的 a_{jk} 换成 a_{ik}，有

$$\begin{vmatrix} a_{11} & \cdots & a_{1n} \\ \vdots & & \vdots \\ a_{i1} & \cdots & a_{in} \\ \vdots & & \vdots \\ a_{i1} & \cdots & a_{in} \\ \vdots & & \vdots \\ a_{n1} & \cdots & a_{nn} \end{vmatrix}=a_{i1}A_{j1}+a_{i2}A_{j2}+\cdots+a_{in}A_{jn}=0.$$

同理可证

$$a_{1i}A_{1j}+a_{2i}A_{2j}+\cdots+a_{ni}A_{nj}=0(i \neq j).$$

综上所述，即得代数余子式的重要性质——**行列式按行(列)展开公式**

$$\sum_{k=1}^{n} a_{ik}A_{jk}=\begin{cases} D, & \text{当 } i=j, \\ 0, & \text{当 } i \neq j; \end{cases}$$

或

$$\sum_{k=1}^{n} a_{ki}A_{kj}=\begin{cases} D, & \text{当 } i=j, \\ 0, & \text{当 } i \neq j. \end{cases}$$

例 1.13 求方程 $f(x)=0$ 的根，其中

$$f(x)=\begin{vmatrix} x-1 & x-2 & x-1 & x \\ x-2 & x-3 & x-2 & x-1 \\ x-3 & x-6 & x-5 & x-4 \\ x-4 & x-8 & 2x-6 & x-7 \end{vmatrix}.$$

解

$$f(x)\xlongequal[-c_1+c_4]{\substack{-c_1+c_2 \\ -c_1+c_3}}\begin{vmatrix} x-1 & -1 & 0 & 1 \\ x-2 & -1 & 0 & 1 \\ x-3 & -3 & -2 & -1 \\ x-4 & -4 & x-2 & -3 \end{vmatrix}$$

$$\xlongequal{c_2+c_4}\begin{vmatrix} x-1 & -1 & 0 & 0 \\ x-2 & -1 & 0 & 0 \\ x-3 & -3 & -2 & -4 \\ x-4 & -4 & x-2 & -7 \end{vmatrix}$$

$$=\begin{vmatrix} x-1 & -1 \\ x-2 & -1 \end{vmatrix} \cdot \begin{vmatrix} -2 & -4 \\ x-2 & -7 \end{vmatrix}$$

$$=-2(2x+3).$$

所以方程 $f(x)=0$ 有一个根：$-\frac{3}{2}$.

例 1.14　计算 n 阶行列式(**递推公式法**)

$$D_n=\begin{vmatrix} x & -1 & 0 & \cdots & 0 & 0 \\ 0 & x & -1 & \cdots & 0 & 0 \\ 0 & 0 & x & \cdots & 0 & 0 \\ \vdots & \vdots & \vdots & & \vdots & \vdots \\ 0 & 0 & 0 & \cdots & x & -1 \\ a_n & a_{n-1} & a_{n-2} & \cdots & a_2 & x+a_1 \end{vmatrix}.$$

解　由行列式 D_n 可知，$D_1=|x+a_1|=x+a_1$. 将 D_n 按第 1 列展开

$$D_n=x\begin{vmatrix} x & -1 & \cdots & 0 & 0 \\ 0 & x & \cdots & 0 & 0 \\ \vdots & \vdots & & \vdots & \vdots \\ 0 & 0 & \cdots & x & -1 \\ a_{n-1} & a_{n-2} & \cdots & a_2 & x+a_1 \end{vmatrix}+(-1)^{n+1}a_n\begin{vmatrix} -1 & 0 & \cdots & 0 & 0 \\ x & -1 & \cdots & 0 & 0 \\ 0 & x & \cdots & 0 & 0 \\ \vdots & \vdots & & \vdots & \vdots \\ 0 & 0 & \cdots & x & -1 \end{vmatrix}$$

$$=xD_{n-1}+(-1)^{n+1}a_n\cdot(-1)^{n-1},$$

即 $D_n=xD_{n-1}+a_n$.

这个式子对任何 $n(n\geqslant 2)$ 都成立，故有

$$\begin{aligned} D_n &=xD_{n-1}+a_n=x(xD_{n-2}+a_{n-1})+a_n \\ &=x^2D_{n-2}+a_{n-1}x+a_n \\ &=\cdots \\ &=x^{n-1}D_1+a_2x^{n-2}+\cdots+a_{n-1}x+a_n \\ &=x^n+a_1x^{n-1}+a_2x^{n-2}+\cdots+a_{n-1}x+a_n \end{aligned}$$

例 1.15　证明范德蒙(Vander Monde)行列式

$$V_n=\begin{vmatrix} 1 & 1 & 1 & \cdots & 1 \\ x_1 & x_2 & x_3 & \cdots & x_n \\ x_1^2 & x_2^2 & x_3^2 & \cdots & x_n^2 \\ \vdots & \vdots & \vdots & & \vdots \\ x_1^{n-1} & x_2^{n-1} & x_3^{n-1} & \cdots & x_n^{n-1} \end{vmatrix}=\prod_{1\leqslant j\leqslant i\leqslant n}(x_i-x_j),$$

其中连乘积

$$\prod_{1\leqslant j\leqslant i\leqslant n}(x_i-x_j)=(x_2-x_1)(x_3-x_1)\cdots(x_n-x_1)(x_3-x_2)\cdots$$
$$(x_n-x_2)\cdots(x_{n-1}-x_{n-2})(x_n-x_{n-2})(x_n-x_{n-1})$$

是满足条件 $1\leqslant j<i\leqslant n$ 的所有因子 (x_i-x_j) 的乘积.

证　用数学归纳法证明. 当 $n=2$ 时，有

$$V_2=\begin{vmatrix} 1 & 1 \\ x_1 & x_2 \end{vmatrix}=x_2-x_1=\prod_{1\leqslant j\leqslant i\leqslant 2}(x_i-x_j),$$

结论成立.

假设结论对 $n-1$ 阶范德蒙行列式成立，下面证明对 n 阶范德蒙行列式结论也成立.

在 V_n 中，从第 n 行起，依次将前一行乘 $-x_1$ 加到后一行，得

$$V_n=\begin{vmatrix}1 & 1 & 1 & \cdots & 1\\ 0 & x_2-x_1 & x_3-x_1 & \cdots & x_n-x_1\\ 0 & x_2(x_2-x_1) & x_3(x_3-x_1) & \cdots & x_n(x_n-x_1)\\ \vdots & \vdots & \vdots & & \vdots\\ 0 & x_2^{n-2}(x_2-x_1) & x_3^{n-2}(x_3-x_1) & \cdots & x_n^{n-2}(x_n-x_1)\end{vmatrix},$$

按第 1 列展开，每列分别提取公因子，得

$$V_n=(x_2-x_1)(x_3-x_1)\cdots(x_n-1)\begin{vmatrix}1 & 1 & \cdots & 1\\ x_2 & x_3 & \cdots & x_n\\ x_2^2 & x_3^2 & \cdots & x_n^2\\ \vdots & \vdots & & \vdots\\ x_2^{n-2} & x_3^{n-2} & \cdots & x_n^{n-2}\end{vmatrix},$$

上式右端的行列式是 $n-1$ 阶范德蒙行列式，根据归纳假设得

$$V_n=(x_2-x_1)(x_3-x_1)\cdots(x_n-1)\prod_{2\leqslant j\leqslant i\leqslant n}(x_i-x_j),$$

所以

$$V_n=\prod_{1\leqslant j\leqslant i\leqslant n}(x_i-x_j).$$

1.6 克莱姆法则

在第 1.2 节中提到了二元、三元线性方程组的克莱姆法则，这一节我们将给出 n 元线性方程组的克莱姆法则.

定理 1.4(克莱姆法则) 如果线性方程组

$$\begin{cases}a_{11}x_1+a_{12}x_2+\cdots+a_{1n}x_n=b_1,\\ a_{21}x_1+a_{22}x_2+\cdots+a_{2n}x_n=b_2,\\ \qquad\cdots\\ a_{n1}x_1+a_{n2}x_2+\cdots+a_{nn}x_n=b_n\end{cases} \tag{1.7}$$

的系数行列式不等于零，即

$$D=\begin{vmatrix}a_{11} & \cdots & a_{1n}\\ \cdots & & \cdots\\ a_{n1} & \cdots & a_{nn}\end{vmatrix}\neq 0,$$

那么，方程组(1.7)有唯一解

$$x_1=\frac{D_1}{D},\ x_2=\frac{D_2}{D},\ \cdots,\ x_n=\frac{D_n}{D}, \tag{1.8}$$

其中，$D_j(j=1,2,\cdots,n)$ 是把系数行列式 D 中的第 j 列元素用方程组右端的常数项代替后所

得到的 n 阶行列式，即

$$D_j=\begin{vmatrix} a_{11} & \cdots & a_{1,j-1} & b_1 & a_{1,j+1} & \cdots & a_{1n} \\ a_{21} & \cdots & a_{2,j-1} & b_2 & a_{2,j+1} & \cdots & a_{2n} \\ \vdots & & \vdots & \vdots & \vdots & & \vdots \\ a_{n1} & \cdots & a_{n,j-1} & b_n & a_{n,j+1} & \cdots & a_{nn} \end{vmatrix}.$$

证　(1)把方程组(1.7)简写为

$$\sum_{j=1}^{n} a_{ij}x_j=b_i,\ i=1,\ 2,\ \cdots,\ n.$$

把式(1.8)代入第 i 个方程，左端为

$$\sum_{j=1}^{n} a_{ij}\frac{D_j}{D}=\frac{1}{D}\sum_{j=1}^{n} a_{ij}D_j.$$

因为

$$D_j=b_1A_{1j}+b_2A_{2j}+\cdots+b_nA_{nj}=\sum_{s=1}^{n} b_sA_{sj},$$

所以

$$\begin{aligned}\frac{1}{D}\sum_{j=1}^{n} a_{ij}D_j &= \frac{1}{D}\sum_{j=1}^{n} a_{ij}\sum_{s=1}^{n} b_sA_{sj}=\frac{1}{D}\sum_{j=1}^{n}\sum_{s=1}^{n} a_{ij}A_{sj}b_s \\ &= \frac{1}{D}\sum_{s=1}^{n}\sum_{j=1}^{n} a_{ij}A_{sj}b_s=\frac{1}{D}\sum_{s=1}^{n}\Big(\sum_{j=1}^{n} a_{ij}A_{sj}\Big)b_s \\ &= \frac{1}{D}Db_i=b_i.\end{aligned}$$

这相当于把式(1.8)代入方程组(1.7)的每个方程使它们同时变成恒等式，因而式(1.8)确为方程组(1.7)的解.

(2)下面证明解的唯一性. 用 D 中第 j 列元素的代数余子式 A_{1j}，A_{2j}，$\cdots$，A_{nj} 依次乘方程组(1.7)的 n 个方程，再把它们相加，得

$$\Big(\sum_{k=1}^{n} a_{k1}A_{kj}\Big)x_1+\cdots+\Big(\sum_{k=1}^{n} a_{kj}A_{kj}\Big)x_j+\cdots+\Big(\sum_{k=1}^{n} a_{kn}A_{kj}\Big)x_n=\sum_{k=1}^{n} b_kA_{kj}.$$

于是有

$$Dx_j=D_j(j=1,\ 2,\ \cdots,\ n).$$

当 $D\neq 0$ 时，所得解一定满足式(1.8).

综上所述，方程组(1.7)有唯一解.

例 1.16　解线性方程组

$$\begin{cases} x_1+x_2+x_3=5, \\ 2x_1+x_2-x_3+x_4=1, \\ x_1+2x_2-x_3+x_4=2, \\ x_2+2x_3+3x_4=3. \end{cases}$$

解

$$D=\begin{vmatrix}1&1&1&0\\2&1&-1&1\\1&2&-1&1\\0&1&2&3\end{vmatrix}=18,\ D_1=\begin{vmatrix}5&1&1&0\\1&1&-1&1\\2&2&-1&1\\3&1&2&3\end{vmatrix}=18,\ D_2=\begin{vmatrix}1&5&1&0\\2&1&-1&1\\1&2&-1&1\\0&3&2&3\end{vmatrix}=36,$$

$$D_3=\begin{vmatrix}1&1&5&0\\2&1&1&1\\1&2&2&1\\0&1&3&3\end{vmatrix}=36,\ D_4=\begin{vmatrix}1&1&1&5\\2&1&-1&1\\1&2&-1&2\\0&1&2&3\end{vmatrix}=-18.$$

于是方程组有解

$$x_1=1,\ x_2=2,\ x_3=2,\ x_4=-1.$$

克莱姆法则亦可叙述为：

定理 1.4′ 如果线性方程组(1.7)的系数行列式 $D\neq 0$，则方程组(1.7)一定有解，且解是唯一的.

它的逆否命题如下：

定理 1.4″ 如果线性方程组(1.7)无解或有两个不同的解，则它的系数行列式必为零($D=0$).

特别地，当方程组(1.7)右边的常数项全部为零时，称其为**齐次线性方程组**：

$$\begin{cases}a_{11}x_1+a_{12}x_2+\cdots+a_{1n}x_n=0,\\a_{21}x_1+a_{22}x_2+\cdots+a_{2n}x_n=0,\\\cdots\\a_{n1}x_1+a_{n2}x_2+\cdots+a_{nn}x_n=0.\end{cases}\tag{1.9}$$

显然，该方程组总有一组解：$x_1=0,\ x_2=0,\ \cdots,\ x_n=0$，称为齐次线性方程组(1.9)的**零解**.

若一组不全为零的数，它是齐次线性方程组(1.9)的解，则称它为齐次线性方程组(1.9)的**非零解**.

定理 1.5 如果齐次线性方程组(1.9)的系数行列式不等于零，则齐次线性方程组(1.9)有唯一零解.

推论 如果齐次线性方程组(1.9)有非零解，则齐次线性方程组(1.9)的系数行列式必为零.

在第 4 章，我们会进一步证明，如果齐次线性方程组(1.9)的系数行列式为零，则齐次线性方程组(1.9)有非零解.

例 1.17 问 λ 为何值时，齐次线性方程组

$$\begin{cases}(1-\lambda)x_1+2x_2+x_3=0,\\x_1+(2-\lambda)x_2+x_3=0,\\x_1-x_2+(5-\lambda)x_3=0\end{cases}\tag{1.10}$$

有非零解？

解　方程组的系数行列式为

$$D=\begin{vmatrix}1-\lambda & 2 & 1\\ 1 & 2-\lambda & 1\\ 1 & -1 & 5-\lambda\end{vmatrix}=-\lambda(3-\lambda)(5-\lambda).$$

若方程组(1.10)有非零解，则它的系数行列式 $D=0$，从而有 $\lambda=0$ 或 $\lambda=3$ 或 $\lambda=5$，即当 $\lambda=0$ 或 $\lambda=3$ 或 $\lambda=5$ 时，齐次线性方程组(1.10)有非零解.

小　结

一、本章内容结构

- 行列式
  - 行列式的定义
    - 二、三阶行列式
    - n 阶行列式
  - 行列式的计算
    - 化三角形法
    - 行列式的展开(降阶法)
  - 线性方程组的行列式解法(克莱姆法则)

二、知识点小结

行列式在数学中有着重要的作用，在本书的后续部分内容中，行列式是一个有力的工具.

为了引进 n 阶行列式的定义，揭示行列式中各项符号的规律，我们介绍了全排列及逆序数的概念. 我们用定义计算 n 阶行列式时，要去求 1，2，…，n 的全排列以及排列的逆序数，当 n 很大时，计算量也很大. 因此，我们有必要总结一些行列式简单、可行的计算方法.

行列式的计算是行列式理论中的一个重要问题. 关于 n 阶行列式的计算，除了应用定义计算外，还有以下几种常见的方法.

1. 化三角形法

我们知道，上三角形行列式或下三角形行列式的值等于它的主对角线上各元素的乘积. 所谓化三角形法，也就是利用行列式的性质将原行列式化为上三角形行列式或下三角形行列式来进行计算.

2. 降阶法

所谓降阶法，也就是利用行列式的按行(列)展开处理，将行列式展开降阶. 通常先利用行列式的性质把原行列式的某行(列)的元素尽可能多地变为零，使该行(列)不为零的元素只有一个或两个，然后再按该行(列)展开降阶后进行计算.

3. 加边法

所谓加边法，也就是把行列式添加一行和一列，使升阶后的行列式的值保持不变. 一般来讲，如果一个 n 阶行列式 D_n 除主对角线上的元素外，每一行(列)的元素分别是 $n-1$ 个元素 a_1，a_2，…，a_{i-1}，a_{i+1}，…，a_n 的倍元，即为 k_ia_1，k_ia_2，…，k_ia_{i-1}，k_ia_{i+1}，…，$k_ia_n(i=1, 2, \cdots, n)$，则可添加第一行列的元素依次为 1，$a_1$，$a_2$，…，$a_{i-1}$，$a_{i+1}$，…，$a_n$，第一列(行)的元素依次为 1，0，…，0，将 D_n 转化为 D_{n+1} 进行计算.

计算行列式的方法比较灵活，除了上面介绍的几种方法外，还可以利用递推法、数学归纳法以及范德蒙行列式等来计算行列式的值. 有的行列式计算需要几种方法综合利用. 在计算时，先要仔细考察行列式在构造上的特点，利用行列式的性质对它进行交换后，再考察它是否能用常用的几种方法.

行列式的一个应用是克莱姆法则，需要指出的是：用克莱姆法则的条件是线性方程组的方程个数与未知数个数相等且系数行列式不等于零. 当系数行列式等于零时，线性方程组可能有无穷多个解，也可能无解，这一点我们将在第 4 章中展开讨论.

由于行列式的计算量大，在系数行列式的阶数较大时用克莱姆法则解线性方程组是不适用的，克莱姆法则主要用于理论推导的论证.

习　题

1. 求下列各排列的逆序数.

(1) 314265；　　(2) 542391786；

(3) $n(n-1)\cdots321$；　　(4) $13\cdots(2n-1)(2n)(2n-2)\cdots2$.

2. 求出 j，k 使 8 级排列 $24j517k8$ 为偶排列.

3. 写出行列式 $D_4=\begin{vmatrix}5x & 1 & 2 & 5\\ x & x & 1 & 2\\ 1 & 2 & x & 5\\ x & 1 & 5 & 2x\end{vmatrix}$ 的展开式中包含 x 和 x^2 的项.

4. 用定义计算下列各行列式.

(1) $\begin{vmatrix}0 & 0 & 2 & 0\\ 0 & 3 & 0 & 0\\ 4 & 0 & 0 & 0\\ 0 & 0 & 0 & 5\end{vmatrix}$；　　(2) $\begin{vmatrix}1 & 2 & 3 & 0\\ 0 & 1 & 2 & 3\\ 3 & 0 & 1 & 2\\ 2 & 3 & 0 & 1\end{vmatrix}$.

5. 计算下列各行列式.

(1) $\begin{vmatrix}5 & 0 & 4 & 2\\ 1 & -1 & 2 & 1\\ 4 & 1 & 2 & 0\\ 1 & 1 & 1 & 1\end{vmatrix}$；　　(2) $\begin{vmatrix}a & b & c\\ a^2 & b^2 & c^2\\ b+c & c+a & a+b\end{vmatrix}$；

(3) $\begin{vmatrix} a & 1 & 0 & 0 \\ -1 & b & 1 & 0 \\ 0 & -1 & c & 1 \\ 0 & 0 & -1 & d \end{vmatrix}$;　　(4) $\begin{vmatrix} a^2 & (a+1)^2 & (a+2)^2 & (a+3)^2 \\ b^2 & (b+1)^2 & (b+2)^2 & (b+3)^2 \\ c^2 & (c+1)^2 & (c+2)^2 & (c+3)^2 \\ d^2 & (d+1)^2 & (d+2)^2 & (d+3)^2 \end{vmatrix}$.

6. 证明下列各式.

(1) $\begin{vmatrix} b & a & a \\ a & b & a \\ a & a & b \end{vmatrix}=(2a+b)(b-a)^2$;　　(2) $\begin{vmatrix} 1+x_1y_1 & 1+x_1y_2 & 1+x_1y_3 & 1+x_1y_4 \\ 1+x_2y_1 & 1+x_2y_2 & 1+x_2y_3 & 1+x_2y_4 \\ 1+x_3y_1 & 1+x_3y_2 & 1+x_3y_3 & 1+x_3y_4 \\ 1+x_4y_1 & 1+x_4y_2 & 1+x_4y_3 & 1+x_4y_4 \end{vmatrix}=0$;

(3) $D_n=\begin{vmatrix} 2 & 1 & 1 & \cdots & 1 \\ 1 & 3 & 1 & \cdots & 1 \\ 1 & 1 & 4 & \cdots & 1 \\ \vdots & \vdots & \vdots & & \vdots \\ 1 & 1 & 1 & \cdots & n+1 \end{vmatrix}=n!\left(1+\sum_{i=1}^{n}\frac{1}{i}\right)$;

(4) $D_n=\begin{vmatrix} 1+a_1 & a_2 & \cdots & a_n \\ a_1 & 1+a_2 & \cdots & a_n \\ \vdots & \vdots & & \vdots \\ a_1 & a_2 & \cdots & 1+a_n \end{vmatrix}=1+\sum_{i=1}^{n}a_i(a_i\neq 0,\ i=1,\ 2,\ \cdots,\ n)$.

7. 计算下列 n 阶行列式.

(1) $D_n=\begin{vmatrix} 0 & 1 & 1 & \cdots & 1 \\ 1 & 0 & x & \cdots & x \\ 1 & x & 0 & \cdots & x \\ 1 & 0 & x & \cdots & x \\ \vdots & \vdots & \vdots & & \vdots \\ 1 & x & x & \cdots & 0 \end{vmatrix}$;　　(2) $D_n=\begin{vmatrix} a_1 & 0 & 0 & \cdots & 0 & 1 \\ 0 & a_2 & 0 & \cdots & 0 & 0 \\ 0 & 0 & a_3 & \cdots & 0 & 0 \\ \vdots & \vdots & \vdots & & \vdots & \vdots \\ 0 & 0 & 0 & \cdots & a_{n-1} & 0 \\ 1 & 0 & 0 & \cdots & 0 & a_n \end{vmatrix}$;

(3) $D_{n+1}=\begin{vmatrix} 1 & 1 & 1 & \cdots & 1 & 1 \\ b_1 & a_1 & a_1 & \cdots & a_1 & a_1 \\ b_1 & b_2 & a_2 & \cdots & a_2 & a_2 \\ \vdots & \vdots & \vdots & & \vdots & \vdots \\ b_1 & b_2 & b_3 & \cdots & b_n & a_n \end{vmatrix}$;　(4) $D_n=\begin{vmatrix} 1 & 2 & 3 & \cdots & n-1 & n \\ n & 1 & 2 & \cdots & n-2 & n-1 \\ n-1 & n & 1 & \cdots & n-3 & n-2 \\ \vdots & \vdots & \vdots & & \vdots & \vdots \\ 3 & 4 & 5 & \cdots & 1 & 2 \\ 2 & 3 & 4 & \cdots & n & 1 \end{vmatrix}$;

(5) $D_n=\begin{vmatrix} 2 & 1 & 0 & \cdots & 0 & 0 \\ 1 & 2 & 1 & \cdots & 0 & 0 \\ 0 & 1 & 2 & \cdots & 0 & 0 \\ \vdots & \vdots & \vdots & & \vdots & \vdots \\ 0 & 0 & 0 & \cdots & 2 & 1 \\ 0 & 0 & 0 & \cdots & 1 & 2 \end{vmatrix}$.

8. 设

$$D_n=\begin{vmatrix} x & y & y & \cdots & y & y \\ z & x & 0 & \cdots & 0 & 0 \\ 0 & z & x & \cdots & 0 & 0 \\ \vdots & \vdots & \vdots & & \vdots & \vdots \\ 0 & 0 & 0 & \cdots & x & 0 \\ 0 & 0 & 0 & \cdots & z & x \end{vmatrix}(n>1).$$

(1)求 D_n 的递推公式；(2)利用递推公式求 D_n.

9. 计算当 $a_i\neq 0$, $i=1, 2, \cdots, n$ 时，n 阶行列式的值

$$D_n=\begin{vmatrix} 1+a_1 & a_2 & \cdots & a_n \\ a_1 & 1+a_2 & \cdots & a_n \\ \vdots & \vdots & & \vdots \\ a_1 & a_2 & \cdots & 1+a_n \end{vmatrix}.$$

10. 证明：n 阶行列式

$$\begin{vmatrix} \cos\theta & 1 & 0 & 0 & \cdots & 0 & 0 \\ 1 & 2\cos\theta & 1 & 0 & \cdots & 0 & 0 \\ 0 & 1 & 2\cos\theta & 1 & \cdots & 0 & 0 \\ \vdots & \vdots & \vdots & \vdots & & \vdots & \vdots \\ 0 & 0 & 0 & 0 & \cdots & 2\cos\theta & 1 \\ 0 & 0 & 0 & 0 & \cdots & 1 & 2\cos\theta \end{vmatrix}=\cos n\theta.$$

11. 证明：n 阶行列式

$$\begin{vmatrix} 1 & 1 & 1 & \cdots & 1 \\ 1 & C_2^1 & C_3^1 & \cdots & C_n^1 \\ 1 & C_3^2 & C_4^2 & \cdots & C_{n+1}^2 \\ \vdots & \vdots & \vdots & & \vdots \\ 1 & C_n^{n-1} & C_{n+1}^{n-1} & \cdots & C_{2n-2}^{n-1} \end{vmatrix}=1.$$

12. 设四阶行列式为 $\begin{vmatrix} 1 & 0 & 1 & 0 \\ -1 & 2 & -3 & 1 \\ 0 & 1 & -1 & 3 \\ 2 & 1 & 1 & 0 \end{vmatrix}$，求 $A_{41}+A_{42}+A_{43}+A_{44}$，其中 A_{4j} 是 a_{4j} 元素的代数余子式($j=1, 2, 3, 4$).

13. 已知 n 阶行列式

$$D_n=\begin{vmatrix} a_{11} & a_{12} & a_{13} & \cdots & a_{1n} \\ 1 & 2 & 0 & \cdots & 0 \\ 1 & 0 & 3 & \cdots & 0 \\ \vdots & \vdots & \vdots & & \vdots \\ 1 & 0 & 0 & \cdots & n \end{vmatrix};$$

试求 $A_{11}+A_{12}+\cdots+A_{1n}$，其中 A_{1j} 是 a_{1j} 元素的代数余子式($j=1, 2, \cdots, n$).

14. 用克莱姆法则解方程组.

(1) $\begin{cases} 6x_1+4x_3+x_4=3, \\ x_1-x_2+2x_3+x_4=1, \\ 4x_1+x_2+2x_3=1, \\ x_1+x_2+x_3+x_4=0. \end{cases}$　　(2) $\begin{cases} x_1+x_2+2x_3+3x_4=0, \\ x_1+2x_2+3x_3-x_4=0, \\ 3x_1-x_2-x_3-2x_4=0, \\ 2x_1+3x_2-x_3-x_4=0. \end{cases}$

15. λ 为何值时，齐次方程组

$$\begin{cases} x_1+x_2+\lambda x_3=0, \\ x_1+\lambda x_2+x_3=0, \\ \lambda x_1+x_2+x_3=0 \end{cases}$$

有唯一零解?

16. 问：齐次线性方程组

$$\begin{cases} x_1+x_2+x_3+ax_4=0, \\ x_1+2x_2+x_3+x_4=0, \\ x_1+x_2-3x_3+x_4=0, \\ x_1+x_2+ax_3+bx_4=0 \end{cases}$$

有非零解时，a、b 必须满足什么条件?

17. 求一个二次多项式 $f(x)=a_0+a_1x+a_2x^2$，使得

$$f(1)=-1, f(-1)=9, f(2)=-3.$$

18. 设 $D_n=\begin{vmatrix} 1 & 1 & \cdots & 1 \\ 0 & 2 & \cdots & 2 \\ \vdots & \vdots & & \vdots \\ 0 & 0 & \cdots & n \end{vmatrix}$，求 D_n 中所有元素的代数余子式之和.

第 2 章

矩阵

2.1 矩阵的概念

上一章讨论的线性方程组，未知数的个数与方程的个数相等，且系数行列式不等于零. 但在经济模型、工程计算等问题中，经常会出现未知数个数与方程组个数不相等的情况. 为解决这类问题，我们需要引入矩阵这一有力工具，下面我们来学习矩阵的概念.

线性方程组

$$\begin{cases} a_{11}x_1+a_{12}x_2+\cdots+a_{1n}x_n=b_1, \\ a_{21}x_1+a_{22}x_2+\cdots+a_{2n}x_n=b_2, \\ \cdots \\ a_{m1}x_1+a_{m2}x_2+\cdots+a_{mn}x_n=b_m \end{cases}$$

的系数按原来的次序可排列成一个 m 行 n 列的矩形数表

$$\begin{bmatrix} a_{11} & \cdots & a_{1n} \\ \vdots & & \vdots \\ a_{m1} & \cdots & a_{mn} \end{bmatrix},$$

常数项也可排成一列数表 $\begin{bmatrix} b_1 \\ b_2 \\ \vdots \\ b_m \end{bmatrix}$.

类似这样的矩形数表，在经济模型、工程计算等问题中常常被应用. 这样的数表在数学上叫矩阵，下面我们给出它的定义.

定义 2.1 由 $m\times n$ 个数，按一定顺序排成一个 m 行 n 列的矩形数表

$$\begin{bmatrix} a_{11} & a_{12} & \cdots & a_{1n} \\ a_{21} & a_{22} & \cdots & a_{2n} \\ \vdots & \vdots & & \vdots \\ a_{m1} & a_{m2} & \cdots & a_{mn} \end{bmatrix},$$

此数表叫作 m **行** n **列矩阵**，简称 $m\times n$ **矩阵**. a_{ij} 叫作矩阵的**元素**，它位于矩阵的第 i 行、第 j 列的交叉处，$m\times n$ 矩阵可记为 $\boldsymbol{A}_{m\times n}$ 或 $(a_{ij})_{m\times n}$，有时简记为 $\boldsymbol{A}$ 或 (a_{ij})（矩阵一般用大写字母 $\boldsymbol{A}$，$\boldsymbol{B}$，$\boldsymbol{C}$…来表示）.

当 $m=n$，矩阵 $\boldsymbol{A}$ 称为 n **阶方阵**. 如果矩阵 $\boldsymbol{A}$ 的元素 a_{ij} 全为实（复）数，就称 $\boldsymbol{A}$ 为**实（复）矩阵**. 只有一行的矩阵

$$\boldsymbol{A}=(a_1\quad a_2\quad \cdots\quad a_n)$$

叫作**行矩阵**，为避免元素间的混淆，行矩阵也记作

$$\boldsymbol{A}=(a_1,\ a_2,\ \cdots,\ a_n).$$

只有一列的矩阵

$$\boldsymbol{B}=\begin{bmatrix} b_1 \\ b_2 \\ \vdots \\ b_n \end{bmatrix},$$

叫作**列矩阵**，亦可将其记为 $\boldsymbol{B}=(b_1,\ b_2,\ \cdots,\ b_n)^T$，该表示用到了下一小节定义的矩阵的转置.

当两个矩阵的行数、列数都相等时，就称它们是**同型矩阵**. 元素都是零的矩阵称为**零矩阵**，记作 $\boldsymbol{O}$.

注意不同型的零矩阵是不同的矩阵.

在 n 阶方阵 $\boldsymbol{A}=(a_{ij})_{n\times n}$ 中，位于相同行、相同列交叉位置的元素 $a_{ii}(i=1,\ 2,\ \cdots,\ n)$ 称为方阵 $\boldsymbol{A}$ 的**主对角线元素**. 下面我们介绍几种常见的特殊方阵：

1. 三角矩阵

如果 n 阶方阵 $\boldsymbol{A}=(a_{ij})$ 中元素满足条件 $a_{ij}=0(i>j)(i,\ j=1,\ 2,\ \cdots,\ n)$，即 $\boldsymbol{A}$ 的主对角线以下的元素全为零，则称 $\boldsymbol{A}$ 为 $\boldsymbol{n}$ **阶上三角矩阵**. 即

$$A=\begin{bmatrix} a_{11} & a_{12} & \cdots & a_{1n} \\ 0 & a_{22} & \cdots & a_{2n} \\ \vdots & \vdots & & \vdots \\ 0 & 0 & \cdots & a_{nn} \end{bmatrix}.$$

如果 n 阶方阵 $\boldsymbol{A}=(a_{ij})$ 中元素满足条件 $a_{ij}=0(i<j)(i,\ j=1,\ 2,\ \cdots,\ n)$，即 $\boldsymbol{A}$ 的主对角线以上的元素全为零，则称 $\boldsymbol{A}$ 为 n **阶下三角矩阵**. 即

$$\boldsymbol{A}=\begin{bmatrix} a_{11} & 0 & \cdots & 0 \\ a_{21} & a_{22} & \cdots & 0 \\ \vdots & \vdots & & \vdots \\ a_{n1} & a_{n2} & \cdots & a_{nn} \end{bmatrix}.$$

上三角矩阵与下三角矩阵统称为**三角矩阵**.

2. 对角矩阵

如果 n 阶方阵 $\boldsymbol{A}=(a_{ij})$ 中元素满足条件 $a_{ij}=0(i\neq j)$，即 $\boldsymbol{A}$ 的主对角线以外的元素全为零，则称 $\boldsymbol{A}$ 为 $\boldsymbol{n}$ **阶对角矩阵**. 即

$$A=\begin{bmatrix}a_{11}&0&\cdots&0\\0&a_{22}&\cdots&0\\\vdots&\vdots&&\vdots\\0&0&\cdots&a_{nn}\end{bmatrix}.$$

我们也记 $A=\mathrm{diag}(a_{11}, a_{22}, \cdots, a_{nn})$.

3. 数量矩阵

如果在 n 阶对角矩阵 $A=(a_{ij})$ 中元素满足条件 $a_{ii}=a(i=1, 2, \cdots, n)$，则称 A 为**数量矩阵**. 即

$$A=\begin{bmatrix}a&0&\cdots&0\\0&a&\cdots&0\\\vdots&\vdots&&\vdots\\0&0&\cdots&a\end{bmatrix}.$$

4. 单位矩阵

如果在 n 阶对角矩阵 $A=(a_{ij})$ 中元素满足条件 $a_{ii}=1(i=1, 2, \cdots, n)$，则称 A 为 **n 阶单位矩阵**，记为 E_n. 即

$$E_n=\begin{bmatrix}1&0&\cdots&0\\0&1&\cdots&0\\\vdots&\vdots&&\vdots\\0&0&\cdots&1\end{bmatrix}.$$

2.2 矩阵的运算

如果两个 $m\times n$ 矩阵 A 与 B 的对应元素都相等，即 $a_{ij}=b_{ij}(i=1, 2, \cdots, m, j=1, 2, \cdots, n)$，则称这两个矩阵**相等**，记为 $A=B$.

1. 矩阵的加法

定义 2.2 设有两个 $m\times n$ 矩阵 $A=(a_{ij})$，$B=(b_{ij})$，那么 A 与 B 的和记为 $A+B$，规定为

$$A+B=\begin{bmatrix}a_{11}+b_{11}&a_{12}+b_{12}&\cdots&a_{1n}+b_{1n}\\a_{21}+b_{21}&a_{22}+b_{22}&\cdots&a_{2n}+b_{2n}\\\vdots&\vdots&&\vdots\\a_{m1}+b_{m1}&a_{m2}+b_{m2}&\cdots&a_{mn}+b_{mn}\end{bmatrix}.$$

注意：只有当两个矩阵同型时，才能进行加法运算.

矩阵的加法满足以下运算规律：

(1) $A+B=B+A$（交换律）；

(2) $(A+B)+C=A+(B+C)$（结合律）；

(3) $\boldsymbol{A}+\boldsymbol{0}=\boldsymbol{A}$.

其中，$\boldsymbol{A}$，$\boldsymbol{B}$，$\boldsymbol{C}$，$\boldsymbol{0}$ 都是 $m\times n$ 矩阵.

2. 数与矩阵相乘

定义 2.3　数 λ 与矩阵 $\boldsymbol{A}$ 的乘积记作 $\lambda\boldsymbol{A}$，规定为

$$\lambda\boldsymbol{A}=\begin{bmatrix}\lambda a_{11} & \lambda a_{12} & \cdots & \lambda a_{1n}\\ \lambda a_{21} & \lambda a_{22} & \cdots & \lambda a_{2n}\\ \vdots & \vdots & & \vdots\\ \lambda a_{m1} & \lambda a_{m2} & \cdots & \lambda a_{mn}\end{bmatrix}.$$

数乘矩阵满足下列运算规律：

(1) $(\lambda\mu)\boldsymbol{A}=\lambda(\mu\boldsymbol{A})$；

(2) $(\lambda+\mu)\boldsymbol{A}=\lambda\boldsymbol{A}+\mu\boldsymbol{A}$；

(3) $\lambda(\boldsymbol{A}+\boldsymbol{B})=\lambda\boldsymbol{A}+\lambda\boldsymbol{B}$.

设矩阵 $\boldsymbol{A}=(a_{ij})$，记 $-\boldsymbol{A}=(-1)\cdot\boldsymbol{A}=(-1\cdot a_{ij})=(-a_{ij})$，$-\boldsymbol{A}$ 称为 $\boldsymbol{A}$ 的**负矩阵**，显然有

$$\boldsymbol{A}+(-\boldsymbol{A})=\boldsymbol{0}.$$

其中，$\boldsymbol{0}$ 为各元素均为 0 的同型矩阵. 由此规定

$$\boldsymbol{A}-\boldsymbol{B}=\boldsymbol{A}+(-\boldsymbol{B}).$$

3. 矩阵的乘法

定义 2.4　设 $\boldsymbol{A}=(a_{ij})_{m\times s}$，$\boldsymbol{B}=(b_{ij})_{s\times n}$，那么规定矩阵 $\boldsymbol{A}$ 与 $\boldsymbol{B}$ 的乘积是

$$\boldsymbol{C}=(c_{ij})_{m\times n},$$

其中

$$c_{ij}=a_{i1}b_{1j}+a_{i2}b_{2j}+\cdots+a_{is}b_{sj}=\sum_{k=1}^{s}a_{ik}b_{kj}$$

$$(i=1,2,\cdots,m;\ j=1,2,\cdots,n),$$

（即表示用 $\boldsymbol{A}$ 的第 i 行元素依次乘 B 的第 j 列相应元素，然后相加），记作 $\boldsymbol{C}=\boldsymbol{AB}$. 记号 $\boldsymbol{AB}$ 读作 $\boldsymbol{A}$ 左乘 $\boldsymbol{B}$ 或 $\boldsymbol{B}$ 右乘 $\boldsymbol{A}$.

注意：只有当第一个矩阵（左矩阵）的列数与第二个矩阵（右矩阵）的行数相等时，两个矩阵才能相乘.

例 2.1

$$\boldsymbol{A}=\begin{bmatrix}1 & 0 & 2\\ 3 & 1 & 0\end{bmatrix},\ \boldsymbol{B}=\begin{bmatrix}2 & 1\\ 1 & 4\\ 0 & 3\end{bmatrix},$$

求 $\boldsymbol{AB}$.

解

$$\boldsymbol{AB}=\begin{bmatrix}1 & 0 & 2\\ 3 & 1 & 0\end{bmatrix}\begin{bmatrix}2 & 1\\ 1 & 4\\ 0 & 3\end{bmatrix}$$

$$=\begin{bmatrix}1\times2+0\times1+2\times0 & 1\times1+0\times4+2\times3\\ 3\times2+1\times1+0\times0 & 3\times1+1\times4+0\times3\end{bmatrix}$$

$$=\begin{bmatrix}2 & 7\\ 7 & 7\end{bmatrix}$$

例 2.2 设 $\boldsymbol{A}$, $\boldsymbol{B}$ 分别是 $n\times 1$ 和 $1\times n$ 矩阵, 且

$$\boldsymbol{A}=\begin{bmatrix} a_1 \\ a_2 \\ \vdots \\ a_n \end{bmatrix},\ \boldsymbol{B}=(b_1\quad b_2\quad \cdots\quad b_n),$$

计算 $\boldsymbol{AB}$ 和 $\boldsymbol{BA}$.

解

$$\boldsymbol{AB}=\begin{bmatrix} a_1 \\ a_2 \\ \vdots \\ a_n \end{bmatrix}(b_1\quad b_2\quad \cdots\quad b_n)=\begin{bmatrix} a_1b_1 & a_1b_2 & \cdots & a_1b_n \\ a_2b_1 & a_2b_2 & \cdots & a_2b_n \\ \vdots & \vdots & & \vdots \\ a_nb_1 & a_nb_2 & \cdots & a_nb_n \end{bmatrix}.$$

$$\boldsymbol{BA}=(b_1\quad b_2\quad \cdots\quad b_n)\begin{bmatrix} a_1 \\ a_2 \\ \vdots \\ a_n \end{bmatrix}=a_1b_1+a_2b_2+\cdots+a_nb_n.$$

$\boldsymbol{AB}$ 是 n 阶矩阵, $\boldsymbol{BA}$ 是 1 阶矩阵(运算的最后结果为 1 阶矩阵时, 可以把它与数等同看待, 不必加矩阵符号, 但是在运算过程中, 一般不能把 1 阶矩阵看成数).

例 2.3 已知 $\boldsymbol{A}=\begin{bmatrix} -2 & 4 \\ 1 & -2 \end{bmatrix}$, $\boldsymbol{B}=\begin{bmatrix} 2 & 4 \\ -3 & -6 \end{bmatrix}$, 求 $\boldsymbol{AB}$ 与 $\boldsymbol{BA}$.

解 $\boldsymbol{AB}=\begin{bmatrix} -2 & 4 \\ 1 & -2 \end{bmatrix}\begin{bmatrix} 2 & 4 \\ -3 & -6 \end{bmatrix}=\begin{bmatrix} -16 & -32 \\ 8 & 16 \end{bmatrix}$

$\boldsymbol{BA}=\begin{bmatrix} 2 & 4 \\ -3 & -6 \end{bmatrix}\begin{bmatrix} -2 & 4 \\ 1 & -2 \end{bmatrix}=\begin{bmatrix} 0 & 0 \\ 0 & 0 \end{bmatrix}$

注意: (1) 一般情况下, 矩阵的乘法不满足交换律, 即 $\boldsymbol{AB}\neq\boldsymbol{BA}$. 若 $\boldsymbol{AB}=\boldsymbol{BA}$, 则称 $\boldsymbol{A}$ 与 $\boldsymbol{B}$ 可交换.

(2) 当 $\boldsymbol{AB}=0$ 时, 不一定有 $\boldsymbol{A}=\boldsymbol{0}$ 或 $\boldsymbol{B}=\boldsymbol{0}$.

(3) 矩阵的乘法不满足消去律, 即当 $\boldsymbol{AC}=\boldsymbol{BC}$, 且 $\boldsymbol{C}\neq\boldsymbol{0}$ 时, 不一定有 $\boldsymbol{A}=\boldsymbol{B}$.

例如: $\boldsymbol{A}=\begin{bmatrix} 1 & 2 \\ 0 & 3 \end{bmatrix}$, $\boldsymbol{B}=\begin{bmatrix} 1 & 0 \\ 0 & 4 \end{bmatrix}$, $\boldsymbol{C}=\begin{bmatrix} 1 & 1 \\ 0 & 0 \end{bmatrix}$,

则

$$\boldsymbol{AC}=\begin{bmatrix} 1 & 2 \\ 0 & 3 \end{bmatrix}\begin{bmatrix} 1 & 1 \\ 0 & 0 \end{bmatrix}=\begin{bmatrix} 1 & 1 \\ 0 & 0 \end{bmatrix}$$

$$\boldsymbol{BC}=\begin{bmatrix} 1 & 0 \\ 0 & 4 \end{bmatrix}\begin{bmatrix} 1 & 1 \\ 0 & 0 \end{bmatrix}=\begin{bmatrix} 1 & 1 \\ 0 & 0 \end{bmatrix}$$

显然 $\boldsymbol{AC}=\boldsymbol{BC}$, 且 $\boldsymbol{C}\neq 0$, 但 $\boldsymbol{A}\neq\boldsymbol{B}$.

在假设运算都可行的情况下, 矩阵的乘法具有以下性质:

(1) $(\boldsymbol{AB})\boldsymbol{C}=\boldsymbol{A}(\boldsymbol{BC})$ (结合律);

(2) $\boldsymbol{A}(\boldsymbol{B}+\boldsymbol{C})=\boldsymbol{AB}+\boldsymbol{AC}$ (左分配律), $(\boldsymbol{B}+\boldsymbol{C})\boldsymbol{A}=\boldsymbol{BA}+\boldsymbol{CA}$ (右分配律);

(3) $\lambda(\boldsymbol{AB})=(\lambda\boldsymbol{A})\boldsymbol{B}$ (其中 λ 为数).

对于单位矩阵 $\boldsymbol{E}$，容易验证

$$\boldsymbol{E}_m\boldsymbol{A}_{m\times n}=\boldsymbol{A}_{m\times n},\ \boldsymbol{A}_{m\times n}\boldsymbol{E}_n=\boldsymbol{A}_{m\times n}.$$

若 $\boldsymbol{A}$ 为方阵，则 $\boldsymbol{A}(\boldsymbol{A}\cdot\boldsymbol{A})=\boldsymbol{A}^3$ 称为方阵 $\boldsymbol{A}$ 的 3 次幂. 一般地，称 $\boldsymbol{A}^n=\underbrace{\boldsymbol{A}\cdot\boldsymbol{A}\cdot\cdots\cdot\boldsymbol{A}}_{n个}$ 为方阵 $\boldsymbol{A}$ 的 n **次幂**，规定

$$\boldsymbol{A}^0=\boldsymbol{E}.$$

例 2.4　已知矩阵

$$\boldsymbol{A}=\begin{bmatrix}\lambda & 1\\0 & \lambda\end{bmatrix}(\lambda\ 为实数),$$

求 $\boldsymbol{A}^n$.

解　先计算 $\boldsymbol{A}^2$，$\boldsymbol{A}^3$，…然后总结规律求出 $\boldsymbol{A}^n$.

$$\boldsymbol{A}^2=\begin{bmatrix}\lambda & 1\\0 & \lambda\end{bmatrix}\begin{bmatrix}\lambda & 1\\0 & \lambda\end{bmatrix}=\begin{bmatrix}\lambda^2 & 2\lambda\\0 & \lambda^2\end{bmatrix},$$

$$\boldsymbol{A}^3=\boldsymbol{A}^2\boldsymbol{A}=\begin{bmatrix}\lambda^2 & 2\lambda\\0 & \lambda^2\end{bmatrix}\begin{bmatrix}\lambda & 1\\0 & \lambda\end{bmatrix}=\begin{bmatrix}\lambda^3 & 3\lambda^2\\0 & \lambda^3\end{bmatrix}$$

于是可以推知：$\boldsymbol{A}^n=\begin{bmatrix}\lambda^n & n\lambda^{n-1}\\0 & \lambda^n\end{bmatrix}$.

根据矩阵乘法和矩阵相等的定义，线性方程组

$$\begin{cases}a_{11}x_1+a_{12}x_2+\cdots+a_{1n}x_n=b_1,\\a_{21}x_1+a_{22}x_2+\cdots+a_{2n}x_n=b_2,\\\qquad\cdots\\a_{m1}x_1+a_{m2}x_2+\cdots+a_{mn}x_n=b_m\end{cases}$$

可表示成如下矩阵形式

$$\boldsymbol{AX}=\boldsymbol{B},$$

这和一元一次方程 $ax=b$ 类似，说明了矩阵使各类线性方程组有了一种统一的格式.

4. 矩阵的转置

定义 2.5　把矩阵 $\boldsymbol{A}$ 的所有行换成相应的列所得到的新矩阵，称为矩阵 $\boldsymbol{A}$ 的**转置矩阵**，记作 $\boldsymbol{A}^{\mathrm{T}}$(或 $\boldsymbol{A}'$)，例如矩阵

$$\boldsymbol{A}=\begin{bmatrix}0 & 0 & 0\\a & b & c\end{bmatrix}$$

的转置矩阵

$$\boldsymbol{A}^{\mathrm{T}}=\begin{bmatrix}0 & a\\0 & b\\0 & c\end{bmatrix}.$$

转置矩阵具有下列性质：

(1) $(\boldsymbol{A}^{\mathrm{T}})^{\mathrm{T}}=\boldsymbol{A}$；

(2) $(\boldsymbol{A}+\boldsymbol{B})^{\mathrm{T}}=\boldsymbol{A}^{\mathrm{T}}+\boldsymbol{B}^{\mathrm{T}}$；

(3) $(\lambda\boldsymbol{A})^{\mathrm{T}}=\lambda\boldsymbol{A}^{\mathrm{T}}$；

(4) $(\boldsymbol{AB})^{\mathrm{T}}=\boldsymbol{B}^{\mathrm{T}}\boldsymbol{A}^{\mathrm{T}}$，$(\boldsymbol{A}^{n})^{\mathrm{T}}=(\boldsymbol{A}^{\mathrm{T}})^{n}$.

证明：设 $\boldsymbol{A}=(a_{ij})_{m\times s}$，$\boldsymbol{B}=(b_{ij})_{s\times n}$，记 $\boldsymbol{AB}=\boldsymbol{C}=(c_{ij})_{m\times n}$，$\boldsymbol{B}^{\mathrm{T}}\boldsymbol{A}^{\mathrm{T}}=\boldsymbol{D}=(d_{ij})_{n\times m}$，于是有

$$c_{ji}=\sum_{k=1}^{s}a_{jk}b_{ki}.$$

而

$$d_{ij}=(b_{1i}\quad b_{2i}\quad\cdots\quad b_{si})\begin{bmatrix}a_{j1}\\a_{j2}\\\vdots\\a_{js}\end{bmatrix}=\sum_{k=1}^{s}b_{ki}a_{jk}=\sum_{k=1}^{s}a_{jk}b_{ki},$$

所以 $c_{ji}=d_{ij}(i=1,2,\cdots,n;j=1,2,\cdots,m)$，即 $\boldsymbol{C}^{\mathrm{T}}=\boldsymbol{D}$，也就是$(\boldsymbol{AB})^{\mathrm{T}}=\boldsymbol{B}^{\mathrm{T}}\boldsymbol{A}^{\mathrm{T}}$.

设 $\boldsymbol{A}$ 为 n 阶方阵，若 $\boldsymbol{A}^{\mathrm{T}}=\boldsymbol{A}$，即

$$a_{ij}=a_{ji}(i,j=1,2,\cdots,n),$$

那么，$\boldsymbol{A}$ 称为**对称矩阵**；若 $\boldsymbol{A}^{\mathrm{T}}=-\boldsymbol{A}$，即

$$a_{ij}=-a_{ji}(i,j=1,2,\cdots,n),$$

那么，$\boldsymbol{A}$ 称为**反对称矩阵**.

对称矩阵的特点是：它的元素以主对角线为对称轴对应相等，如矩阵$\begin{bmatrix}10&6&1\\6&5&0\\1&0&3\end{bmatrix}$；而反对称矩阵的特点是：以主对角线为对称轴的对应元素互为相反数，且主对角线上各元素均为0，如矩阵$\begin{bmatrix}0&6&-1\\-6&0&7\\1&-7&0\end{bmatrix}$.

例 2.5 设

$$\boldsymbol{A}=\begin{bmatrix}1&-1&2\\1&0&3\\-1&2&-1\end{bmatrix},\ \boldsymbol{B}=\begin{bmatrix}1&1\\2&-1\\3&2\end{bmatrix},$$

那么

$$\boldsymbol{AB}=\begin{bmatrix}5&6\\10&7\\0&-5\end{bmatrix},$$

$$\boldsymbol{A}^{\mathrm{T}}=\begin{bmatrix}1&1&-1\\-1&0&2\\2&3&-1\end{bmatrix},\ \boldsymbol{B}^{\mathrm{T}}=\begin{bmatrix}1&2&3\\1&-1&2\end{bmatrix},$$

$$\boldsymbol{B}^{\mathrm{T}}\boldsymbol{A}^{\mathrm{T}}=\begin{bmatrix}5&10&0\\6&7&-5\end{bmatrix}=(\boldsymbol{AB})^{\mathrm{T}}.$$

例 2.6 设 $\boldsymbol{A}$ 是 n 阶反对称矩阵，$\boldsymbol{B}$ 是 n 阶对称矩阵，证明

(1) $\boldsymbol{AB}+\boldsymbol{BA}$ 是 n 阶反对称矩阵；

(2) $\boldsymbol{AB}-\boldsymbol{BA}$ 是 n 阶对称矩阵.

证　(1)因为 $\boldsymbol{A}^{\mathrm{T}}=-\boldsymbol{A}$，$\boldsymbol{B}^{\mathrm{T}}=\boldsymbol{B}$，

$$\begin{aligned}(\boldsymbol{AB}+\boldsymbol{BA})^{\mathrm{T}}&=(\boldsymbol{AB})^{\mathrm{T}}+(\boldsymbol{BA})^{\mathrm{T}}=\boldsymbol{B}^{\mathrm{T}}\boldsymbol{A}^{\mathrm{T}}+\boldsymbol{A}^{\mathrm{T}}\boldsymbol{B}^{\mathrm{T}}\\&=\boldsymbol{B}(-\boldsymbol{A})+(-\boldsymbol{A})\boldsymbol{B}=-(\boldsymbol{AB}+\boldsymbol{BA}).\end{aligned}$$

所以 $\boldsymbol{AB}+\boldsymbol{BA}$ 是 n 阶反对称矩阵.

(2) $$\begin{aligned}(\boldsymbol{AB}-\boldsymbol{BA})^{\mathrm{T}}&=(\boldsymbol{AB})^{\mathrm{T}}-(\boldsymbol{BA})^{\mathrm{T}}=\boldsymbol{B}^{\mathrm{T}}\boldsymbol{A}^{\mathrm{T}}-\boldsymbol{A}^{\mathrm{T}}\boldsymbol{B}^{\mathrm{T}}\\&=\boldsymbol{B}(-\boldsymbol{A})-(-\boldsymbol{A})\boldsymbol{B}=\boldsymbol{AB}-\boldsymbol{BA}.\end{aligned}$$

所以 $\boldsymbol{AB}-\boldsymbol{BA}$ 是 n 阶对称矩阵.

5. 方阵的行列式

定义 2.6　由 n 阶方阵 $\boldsymbol{A}$ 的元素按原来的次序所构成的行列式，称为**方阵 $\boldsymbol{A}$ 的行列式**，记作 $|\boldsymbol{A}|$ 或 $\det\boldsymbol{A}$.

设 $\boldsymbol{A}$，$\boldsymbol{B}$ 为 n 阶方阵，λ 为实数，则有：

(1) $|\boldsymbol{A}^{\mathrm{T}}|=|\boldsymbol{A}|$；

(2) $|\lambda\boldsymbol{A}|=\lambda^{n}|\boldsymbol{A}|$；

(3) $|\boldsymbol{AB}|=|\boldsymbol{A}|\cdot|\boldsymbol{B}|$.

例 2.7　已知 $\boldsymbol{A}=\begin{bmatrix}1&3\\2&-2\end{bmatrix}$，$\boldsymbol{B}=\begin{bmatrix}2&5\\3&4\end{bmatrix}$求 $|\boldsymbol{AB}|$，$|\boldsymbol{BA}|$.

解　$\boldsymbol{AB}=\begin{bmatrix}1&3\\2&-2\end{bmatrix}\begin{bmatrix}2&5\\3&4\end{bmatrix}=\begin{bmatrix}11&17\\-2&2\end{bmatrix}$，

$\boldsymbol{BA}=\begin{bmatrix}2&5\\3&4\end{bmatrix}\begin{bmatrix}1&3\\2&-2\end{bmatrix}=\begin{bmatrix}12&-4\\11&1\end{bmatrix}$，

所以

$$|\boldsymbol{AB}|=\begin{vmatrix}11&17\\-2&2\end{vmatrix}=56$$

或

$$|\boldsymbol{AB}|=|\boldsymbol{A}||\boldsymbol{B}|=\begin{vmatrix}1&3\\2&-2\end{vmatrix}\begin{vmatrix}2&5\\3&4\end{vmatrix}=56,$$

$$|\boldsymbol{BA}|=\begin{vmatrix}12&-4\\11&1\end{vmatrix}=56.$$

例 2.8　设矩阵

$$\boldsymbol{A}=\begin{bmatrix}a&b&c&d\\-b&a&-d&c\\-c&d&a&-b\\-d&-c&b&a\end{bmatrix},$$

计算 $|\boldsymbol{A}|$.

解　因为 $\boldsymbol{AA}^{\mathrm{T}}=\begin{bmatrix}a&b&c&d\\-b&a&-d&c\\-c&d&a&-b\\-d&-c&b&a\end{bmatrix}\begin{bmatrix}a&-b&-c&-d\\b&a&d&-c\\c&-d&a&b\\d&c&-b&a\end{bmatrix}$

$$=\begin{bmatrix} a^2+b^2+c^2+d^2 & 0 & 0 & 0 \\ 0 & a^2+b^2+c^2+d^2 & 0 & 0 \\ 0 & 0 & a^2+b^2+c^2+d^2 & 0 \\ 0 & 0 & 0 & a^2+b^2+c^2+d^2 \end{bmatrix},$$

所以

$$|\boldsymbol{A}\boldsymbol{A}^{\mathrm{T}}|=\begin{vmatrix} a^2+b^2+c^2+d^2 & 0 & 0 & 0 \\ 0 & a^2+b^2+c^2+d^2 & 0 & 0 \\ 0 & 0 & a^2+b^2+c^2+d^2 & 0 \\ 0 & 0 & 0 & a^2+b^2+c^2+d^2 \end{vmatrix}$$

$$=(a^2+b^2+c^2+d^2)^4,$$

因为$|\boldsymbol{A}\boldsymbol{A}^{\mathrm{T}}|=|\boldsymbol{A}||\boldsymbol{A}^{\mathrm{T}}|=|\boldsymbol{A}|^2$，所以$|\boldsymbol{A}|=\pm(a^2+b^2+c^2+d^2)^2$.

又因为$|\boldsymbol{A}|$中a^4项为主对角线元素乘积，系数为1，所以$|\boldsymbol{A}|=(a^2+b^2+c^2+d^2)^2$.

2.3 逆矩阵

定义 2.7 对于n阶方阵$\boldsymbol{A}$，如果存在n阶方阵$\boldsymbol{B}$，使得

$$\boldsymbol{AB}=\boldsymbol{BA}=\boldsymbol{E},$$

则称方阵$\boldsymbol{A}$是**可逆**的，而$\boldsymbol{B}$称为$\boldsymbol{A}$的**逆矩阵**.

定理 2.1 如果A是可逆的，则A的逆矩阵唯一.

证 设$\boldsymbol{B}$、$\boldsymbol{C}$都是$\boldsymbol{A}$的逆矩阵，则一定有

$$\boldsymbol{B}=\boldsymbol{BE}=\boldsymbol{B}(\boldsymbol{AC})=(\boldsymbol{BA})\boldsymbol{C}=\boldsymbol{EC}=\boldsymbol{C}.$$

$\boldsymbol{A}$的逆矩阵记作$\boldsymbol{A}^{-1}$，即若$\boldsymbol{AB}=\boldsymbol{BA}=\boldsymbol{E}$，则$\boldsymbol{B}=\boldsymbol{A}^{-1}$.

定义 2.8 设$\boldsymbol{A}$为n阶方阵，若$|\boldsymbol{A}|=0$，则称$\boldsymbol{A}$为**奇异矩阵**；否则，称$\boldsymbol{A}$为**非奇异矩阵**.

定义 2.9 若$\boldsymbol{A}=(a_{ij})$为n阶方阵，行列式$|\boldsymbol{A}|$的各元素a_{ij}的代数余子式A_{ij}亦可构成如下方阵

$$\boldsymbol{A}^*=\begin{bmatrix} A_{11} & A_{21} & \cdots & A_{n1} \\ A_{12} & A_{22} & \cdots & A_{n2} \\ \vdots & \vdots & & \vdots \\ A_{1n} & A_{2n} & \cdots & A_{nn} \end{bmatrix},$$

称为$\boldsymbol{A}$的**伴随矩阵**.

显然，由行列式按行(列)展开公式，可验证

$$\boldsymbol{A}^*\boldsymbol{A}=\boldsymbol{A}\boldsymbol{A}^*=|\boldsymbol{A}|\boldsymbol{E}.$$

定理 2.2 n阶方阵$\boldsymbol{A}$是可逆的充分必要条件为$\boldsymbol{A}$是非奇异矩阵，且$\boldsymbol{A}^{-1}=\dfrac{1}{|\boldsymbol{A}|}\boldsymbol{A}^*$，其中$\boldsymbol{A}^*$为$\boldsymbol{A}$的伴随矩阵.

证 先证必要性. 由于$\boldsymbol{A}$是可逆的，即有$\boldsymbol{A}^{-1}$，使$\boldsymbol{A}^{-1}\boldsymbol{A}=\boldsymbol{E}$，故$|\boldsymbol{A}^{-1}\boldsymbol{A}|=|\boldsymbol{E}|=1$，即$|\boldsymbol{A}^{-1}||\boldsymbol{A}|=1$. 所以$|\boldsymbol{A}|\neq 0$，说明$\boldsymbol{A}$是非奇异矩阵.

下面证充分性. 设 $\boldsymbol{A}$ 为非奇异矩阵，即 $|\boldsymbol{A}|\neq 0$；由伴随矩阵 $\boldsymbol{A}^*$ 的性质，有

$$\boldsymbol{A}\boldsymbol{A}^*=\boldsymbol{A}^*\boldsymbol{A}=|\boldsymbol{A}|\boldsymbol{E}.$$

因 $|\boldsymbol{A}|\neq 0$，则

$$\boldsymbol{A}\left[\frac{1}{|\boldsymbol{A}|}\boldsymbol{A}^*\right]=\left[\frac{1}{|\boldsymbol{A}|}\boldsymbol{A}^*\right]\boldsymbol{A}=\boldsymbol{E}.$$

由定义 2.7 知 $\boldsymbol{A}$ 可逆，且 $\boldsymbol{A}^{-1}=\dfrac{1}{|\boldsymbol{A}|}\boldsymbol{A}^*$.

推论　对于 n 阶方阵 $\boldsymbol{A}$，若存在 n 阶方阵 $\boldsymbol{B}$，使 $\boldsymbol{AB}=\boldsymbol{E}$（或 $\boldsymbol{BA}=\boldsymbol{E}$），则 $\boldsymbol{A}$ 一定可逆，且$\boldsymbol{B}=\boldsymbol{A}^{-1}$.

证　由 $\boldsymbol{AB}=\boldsymbol{E}$，有 $|\boldsymbol{A}||\boldsymbol{B}|=1\neq 0$，得 $|\boldsymbol{A}|\neq 0$，故 $\boldsymbol{A}^{-1}$ 存在，

且 $\boldsymbol{B}=\boldsymbol{EB}=(\boldsymbol{A}^{-1}\boldsymbol{A})\boldsymbol{B}=\boldsymbol{A}^{-1}(\boldsymbol{AB})=\boldsymbol{A}^{-1}\boldsymbol{E}=\boldsymbol{A}^{-1}$.

该推论说明，如果 $\boldsymbol{A}$、$\boldsymbol{B}$ 同为 $\boldsymbol{n}$ 阶方阵，则有：

$$\boldsymbol{AB}=\boldsymbol{E}\Leftrightarrow \boldsymbol{B}=\boldsymbol{A}^{-1}\Leftrightarrow \boldsymbol{BA}=\boldsymbol{E}.$$

设 $\boldsymbol{A}$，$\boldsymbol{B}$ 均为同阶可逆方阵，数 $\lambda\neq 0$，有如下逆矩阵的相关性质：

(1) $\boldsymbol{A}^{-1}$ 亦可逆，且 $(\boldsymbol{A}^{-1})^{-1}=\boldsymbol{A}$；

(2) $\lambda\boldsymbol{A}$ 亦可逆，且 $(\lambda\boldsymbol{A})^{-1}=\dfrac{1}{\lambda}\boldsymbol{A}^{-1}$；

(3) $\boldsymbol{AB}$ 亦可逆，且 $(\boldsymbol{AB})^{-1}=\boldsymbol{B}^{-1}\boldsymbol{A}^{-1}$.

若 $\boldsymbol{A}=\boldsymbol{B}$，则 $(\boldsymbol{A}^2)^{-1}=(\boldsymbol{A}^{-1})^2$，一般地有 $(\boldsymbol{A}^n)^{-1}=(\boldsymbol{A}^{-1})^n$.

(4) $\boldsymbol{A}^{\mathrm{T}}$ 亦可逆，且 $(\boldsymbol{A}^{\mathrm{T}})^{-1}=(\boldsymbol{A}^{-1})^{\mathrm{T}}$.

例 2.9　求方阵

$$\boldsymbol{A}=\begin{bmatrix}2&2&3\\1&-1&0\\-1&2&1\end{bmatrix}$$

的逆矩阵 $\boldsymbol{A}^{-1}$.

解　先求 $\boldsymbol{A}$ 的行列式 $|\boldsymbol{A}|=\begin{vmatrix}2&2&3\\1&-1&0\\-1&2&1\end{vmatrix}=-1\neq 0$，所以 $\boldsymbol{A}^{-1}$ 存在.

先求 $\boldsymbol{A}$ 的伴随矩阵 $\boldsymbol{A}^*$，

$$\boldsymbol{A}_{11}=-1,\ \boldsymbol{A}_{12}=-1,\ \boldsymbol{A}_{13}=1,$$
$$\boldsymbol{A}_{21}=4,\ \boldsymbol{A}_{22}=5,\ \boldsymbol{A}_{23}=-6,$$
$$\boldsymbol{A}_{31}=3,\ \boldsymbol{A}_{32}=3,\ \boldsymbol{A}_{33}=-4,$$

所以

$$\boldsymbol{A}^*=\begin{bmatrix}-1&4&3\\-1&5&3\\1&-6&-4\end{bmatrix},$$

$$\boldsymbol{A}^{-1}=\frac{1}{|\boldsymbol{A}|}\boldsymbol{A}^*=\frac{1}{-1}\begin{bmatrix}-1&4&3\\-1&5&3\\1&-6&-4\end{bmatrix}=\begin{bmatrix}1&-4&-3\\1&-5&-3\\-1&6&4\end{bmatrix}.$$

例 2.10 设

$$A=\begin{bmatrix}1&2&3\\2&2&1\\3&4&3\end{bmatrix},\ B=\begin{bmatrix}2&1\\5&3\end{bmatrix},\ C=\begin{bmatrix}1&3\\2&0\\3&1\end{bmatrix},$$

求矩阵 X 使满足

$$AXB=C.$$

解 若 A^{-1}、B^{-1} 均存在，则用 A^{-1} 左乘上式，B^{-1} 右乘上式，有

$$A^{-1}AXBB^{-1}=A^{-1}CB^{-1},$$

由矩阵乘法的结合律有

$$(A^{-1}A)X(BB^{-1})=EXE=A^{-1}CB^{-1},$$

即

$$X=A^{-1}CB^{-1}.$$

由于 $|A|=2$，$|B|=1$，故 A^{-1}、B^{-1} 存在，且

$$A^{-1}=\begin{bmatrix}1&3&-2\\-\frac{3}{2}&-3&\frac{5}{2}\\1&1&-1\end{bmatrix},\ B^{-1}=\begin{bmatrix}3&-1\\-5&2\end{bmatrix},$$

于是

$$X=A^{-1}CB^{-1}=\begin{bmatrix}1&3&-2\\-\frac{3}{2}&-3&\frac{5}{2}\\1&1&-1\end{bmatrix}\begin{bmatrix}1&3\\2&0\\3&1\end{bmatrix}\begin{bmatrix}3&-1\\-5&2\end{bmatrix}$$

$$=\begin{bmatrix}1&1\\0&-2\\0&2\end{bmatrix}\begin{bmatrix}3&-1\\-5&2\end{bmatrix}=\begin{bmatrix}-2&1\\10&-4\\-10&4\end{bmatrix}.$$

2.4 矩阵分块法

在矩阵的讨论和运算中，有时需要将一个矩阵分成若干个块，即把大矩阵看成由一些小矩阵组成，这就是分块矩阵.

1. 分块矩阵的概念

定义 2.10 将矩阵 A 用若干条纵线和横线分成许多个小矩阵，每个小矩阵称为 A 的**子块**，以子块为元素的矩阵称为**分块矩阵**.

例如

$$A=\begin{bmatrix}a_{11}&a_{12}&a_{13}&a_{14}\\a_{21}&a_{22}&a_{23}&a_{24}\\a_{31}&a_{32}&a_{33}&a_{34}\end{bmatrix},$$

将 $\boldsymbol{A}$ 分成子块的分法很多，下面列举三种分块形式：

$$(1)\left[\begin{array}{cc:cc} a_{11} & a_{12} & a_{13} & a_{14} \\ a_{21} & a_{22} & a_{23} & a_{24} \\ \hdashline a_{31} & a_{32} & a_{33} & a_{34} \end{array}\right];\ (2)\left[\begin{array}{cc:cc} a_{11} & a_{12} & a_{13} & a_{14} \\ \hdashline a_{21} & a_{22} & a_{23} & a_{24} \\ a_{31} & a_{32} & a_{33} & a_{34} \end{array}\right];\ (3)\left[\begin{array}{ccc:c} a_{11} & a_{12} & a_{13} & a_{14} \\ a_{21} & a_{22} & a_{23} & a_{24} \\ \hdashline a_{31} & a_{32} & a_{33} & a_{34} \end{array}\right].$$

在情况(1)中，记

$$\boldsymbol{A}=\begin{bmatrix} \boldsymbol{A}_{11} & \boldsymbol{A}_{12} \\ \boldsymbol{A}_{21} & \boldsymbol{A}_{22} \end{bmatrix},$$

其中

$$\boldsymbol{A}_{11}=\begin{bmatrix} a_{11} & a_{12} \\ a_{21} & a_{22} \end{bmatrix},\ \boldsymbol{A}_{12}=\begin{bmatrix} a_{13} & a_{14} \\ a_{23} & a_{24} \end{bmatrix},$$

$$\boldsymbol{A}_{21}=[a_{31} \quad a_{32}],\ \boldsymbol{A}_{22}=[a_{33} \quad a_{34}],$$

即 $\boldsymbol{A}_{11}$，$\boldsymbol{A}_{12}$，$\boldsymbol{A}_{21}$，$\boldsymbol{A}_{22}$ 为 $\boldsymbol{A}$ 的子块，而 $\boldsymbol{A}$ 成为以 $\boldsymbol{A}_{11}$，$\boldsymbol{A}_{12}$，$\boldsymbol{A}_{21}$，$\boldsymbol{A}_{22}$ 为元素的矩阵. 对于第(2)、(3)种情况的分块形式请读者自己写出来.

2. 分块矩阵的运算

分块矩阵的运算与普通矩阵的运算法则类似，具体讨论如下.

(1)分块矩阵的加法.

设矩阵 $\boldsymbol{A}$ 与 $\boldsymbol{B}$ 为同型矩阵，采用同样的分块法，有

$$\boldsymbol{A}=\begin{bmatrix} \boldsymbol{A}_{11} & \boldsymbol{A}_{12} & \cdots & \boldsymbol{A}_{1r} \\ \boldsymbol{A}_{21} & \boldsymbol{A}_{22} & \cdots & \boldsymbol{A}_{2r} \\ \vdots & \vdots & & \vdots \\ \boldsymbol{A}_{s1} & \boldsymbol{A}_{s2} & \cdots & \boldsymbol{A}_{sr} \end{bmatrix},\ \boldsymbol{B}=\begin{bmatrix} \boldsymbol{B}_{11} & \boldsymbol{B}_{12} & \cdots & \boldsymbol{B}_{1r} \\ \boldsymbol{B}_{21} & \boldsymbol{B}_{22} & \cdots & \boldsymbol{B}_{2r} \\ \vdots & \vdots & & \vdots \\ \boldsymbol{B}_{s1} & \boldsymbol{B}_{s2} & \cdots & \boldsymbol{B}_{sr} \end{bmatrix},$$

其中，$\boldsymbol{A}_{ij}$ 与 $\boldsymbol{B}_{ij}$ 亦为同型矩阵. 则

$$\boldsymbol{A}+\boldsymbol{B}=\begin{bmatrix} \boldsymbol{A}_{11}+\boldsymbol{B}_{11} & \boldsymbol{A}_{12}+\boldsymbol{B}_{12} & \cdots & \boldsymbol{A}_{1r}+\boldsymbol{B}_{1r} \\ \boldsymbol{A}_{21}+\boldsymbol{B}_{21} & \boldsymbol{A}_{22}+\boldsymbol{B}_{22} & \cdots & \boldsymbol{A}_{2r}+\boldsymbol{B}_{2r} \\ \vdots & \vdots & & \vdots \\ \boldsymbol{A}_{s1}+\boldsymbol{B}_{s1} & \boldsymbol{A}_{s2}+\boldsymbol{B}_{s2} & \cdots & \boldsymbol{A}_{sr}+\boldsymbol{B}_{sr} \end{bmatrix}.$$

(2)分块矩阵的乘法.

设 $\boldsymbol{A}$ 为 $m\times l$ 矩阵，$\boldsymbol{B}$ 为 $l\times n$ 矩阵，将 $\boldsymbol{A}$，$\boldsymbol{B}$ 分成

$$\boldsymbol{A}=\begin{bmatrix} \boldsymbol{A}_{11} & \cdots & \boldsymbol{A}_{1t} \\ \vdots & & \vdots \\ \boldsymbol{A}_{s1} & \cdots & \boldsymbol{A}_{st} \end{bmatrix},\ \boldsymbol{B}=\begin{bmatrix} \boldsymbol{B}_{11} & \cdots & \boldsymbol{B}_{1r} \\ \vdots & & \vdots \\ \boldsymbol{B}_{s1} & \cdots & \boldsymbol{B}_{sr} \end{bmatrix},$$

其中，$\boldsymbol{A}_{i1}$，$\boldsymbol{A}_{i2}$，$\cdots$，$\boldsymbol{A}_{it}$ 的列数分别等于 $\boldsymbol{B}_{1j}$，$\boldsymbol{B}_{2j}$，$\cdots$，$\boldsymbol{B}_{sj}$ 的行数，则有

$$\boldsymbol{AB}=\begin{bmatrix} \boldsymbol{C}_{11} & \cdots & \boldsymbol{C}_{1r} \\ \vdots & & \vdots \\ \boldsymbol{C}_{s1} & \cdots & \boldsymbol{C}_{sr} \end{bmatrix},$$

其中，$C_{ij}=\sum\limits_{k=1}^{t}A_{ik}B_{kj}(i=1,2,\cdots,s;j=1,2,\cdots,r)$.

例 2.11

$$A=\begin{bmatrix}1&0&0&0\\0&1&0&0\\-1&2&1&0\\1&1&0&1\end{bmatrix},\ B=\begin{bmatrix}1&0&1&0\\-1&2&0&1\\1&0&4&1\\-1&-1&2&0\end{bmatrix},$$

求 AB.

解 A、B 分块成

$$A=\left[\begin{array}{cc:cc}1&0&0&0\\0&1&0&0\\\hdashline -1&2&1&0\\1&1&0&1\end{array}\right]=\begin{bmatrix}E&O\\A_1&E\end{bmatrix},\ B=\left[\begin{array}{cc:cc}1&0&1&0\\-1&2&0&1\\\hdashline 1&0&4&1\\-1&-1&2&0\end{array}\right]=\begin{bmatrix}B_{11}&E\\B_{21}&B_{22}\end{bmatrix},$$

$$AB=\begin{bmatrix}E&O\\A_1&E\end{bmatrix}\begin{bmatrix}B_{11}&E\\B_{21}&B_{22}\end{bmatrix}=\begin{bmatrix}B_{11}&E\\A_1B_{11}+B_{21}&A_1+B_{22}\end{bmatrix},$$

$$\begin{aligned}A_1B_{11}+B_{21}&=\begin{bmatrix}-1&2\\1&1\end{bmatrix}\begin{bmatrix}1&0\\-1&2\end{bmatrix}+\begin{bmatrix}1&0\\-1&-1\end{bmatrix},\\&=\begin{bmatrix}-3&4\\0&2\end{bmatrix}+\begin{bmatrix}1&0\\-1&-1\end{bmatrix}\\&=\begin{bmatrix}-2&4\\-1&1\end{bmatrix},\end{aligned}$$

$$A_1+B_{22}=\begin{bmatrix}-1&2\\1&1\end{bmatrix}+\begin{bmatrix}4&1\\2&0\end{bmatrix}=\begin{bmatrix}3&3\\3&1\end{bmatrix},$$

$$AB=\begin{bmatrix}1&0&1&0\\-1&2&0&1\\-2&4&3&3\\-1&1&3&1\end{bmatrix}.$$

(3)分块矩阵的转置.

设

$$A=\begin{bmatrix}A_{11}&A_{12}&\cdots&A_{1r}\\A_{21}&A_{22}&\cdots&A_{2r}\\\vdots&\vdots&&\vdots\\A_{s1}&A_{s2}&\cdots&A_{sr}\end{bmatrix},$$

则

$$A^{\mathrm T}=\begin{bmatrix}A_{11}^{\mathrm T}&A_{21}^{\mathrm T}&\cdots&A_{s1}^{\mathrm T}\\A_{12}^{\mathrm T}&A_{22}^{\mathrm T}&\cdots&A_{s2}^{\mathrm T}\\\vdots&\vdots&&\vdots\\A_{1r}^{\mathrm T}&A_{2r}^{\mathrm T}&\cdots&A_{sr}^{\mathrm T}\end{bmatrix}.$$

(4)准对角矩阵.

设方阵 $\boldsymbol{A}$ 的分块矩阵为

$$\boldsymbol{A}=\begin{bmatrix}\boldsymbol{A}_1 & & & \\ & \boldsymbol{A}_2 & \boldsymbol{O} & \\ & \boldsymbol{O} & \ddots & \\ & & & \boldsymbol{A}_m\end{bmatrix}.$$

除主对角线上的子块外,其余子块都为零矩阵,且 $\boldsymbol{A}_i(i=1,2,\cdots,m)$ 为方阵,则 $\boldsymbol{A}$ 称为**分块对角矩阵**(或**准对角矩阵**).

准对角矩阵的行列式为

$$\det\boldsymbol{A}=|\boldsymbol{A}_1||\boldsymbol{A}_2|\cdots|\boldsymbol{A}_m|.$$

若有与 $\boldsymbol{A}$ 同阶的准对角矩阵

$$\boldsymbol{B}=\begin{bmatrix}\boldsymbol{B}_1 & & & \\ & \boldsymbol{B}_2 & \boldsymbol{O} & \\ & \boldsymbol{O} & \ddots & \\ & & & \boldsymbol{B}_m\end{bmatrix},$$

其中,$\boldsymbol{A}_i$ 与 $\boldsymbol{B}_i(i=1,2,\cdots,m)$ 亦为同阶方阵,则有

$$\boldsymbol{AB}=\begin{bmatrix}\boldsymbol{A}_1\boldsymbol{B}_1 & & & \\ & \boldsymbol{A}_2\boldsymbol{B}_2 & \boldsymbol{O} & \\ & \boldsymbol{O} & \ddots & \\ & & & \boldsymbol{A}_m\boldsymbol{B}_m\end{bmatrix}.$$

若 $\boldsymbol{A}$ 可逆,则有

$$\boldsymbol{A}^{-1}=\begin{bmatrix}\boldsymbol{A}_1^{-1} & & & \\ & \boldsymbol{A}_2^{-1} & \boldsymbol{O} & \\ & \boldsymbol{O} & \ddots & \\ & & & \boldsymbol{A}_m^{-1}\end{bmatrix}.$$

例 2.12 设 $\boldsymbol{A}=\begin{bmatrix}5&0&0\\0&3&1\\0&2&1\end{bmatrix}$,求 $\boldsymbol{A}^{-1}$.

解

$$\boldsymbol{A}=\left[\begin{array}{c:cc}5&0&0\\ \hdashline 0&3&1\\0&2&1\end{array}\right]=\begin{bmatrix}\boldsymbol{A}_1&\boldsymbol{O}\\ \boldsymbol{O}&\boldsymbol{A}_2\end{bmatrix},$$

$$\boldsymbol{A}_1=(5),\ \boldsymbol{A}_1^{-1}=\begin{bmatrix}\frac{1}{5}\end{bmatrix};\ \boldsymbol{A}_2=\begin{bmatrix}3&1\\2&1\end{bmatrix},\ \boldsymbol{A}_2^{-1}=\begin{bmatrix}1&-1\\-2&3\end{bmatrix},$$

于是,有

$$\boldsymbol{A}^{-1}=\begin{bmatrix}\boldsymbol{A}_1^{-1}&\\ &\boldsymbol{A}_2^{-1}\end{bmatrix}=\begin{bmatrix}\frac{1}{5}&0&0\\0&1&-1\\0&-2&3\end{bmatrix}.$$

例 2.13 设 $\boldsymbol{A}$, $\boldsymbol{C}$ 分别为 r 阶, s 阶可逆的矩阵, 求分块矩阵

$$\boldsymbol{X}=\begin{bmatrix}\boldsymbol{O} & \boldsymbol{A}\\ \boldsymbol{C} & \boldsymbol{B}\end{bmatrix}$$

的逆矩阵.

解 设分块矩阵

$$\boldsymbol{X}^{-1}=\begin{bmatrix}\boldsymbol{X}_{11} & \boldsymbol{X}_{12}\\ \boldsymbol{X}_{21} & \boldsymbol{X}_{22}\end{bmatrix},$$

$$\boldsymbol{X}\boldsymbol{X}^{-1}=\begin{bmatrix}\boldsymbol{O} & \boldsymbol{A}\\ \boldsymbol{C} & \boldsymbol{B}\end{bmatrix}\begin{bmatrix}\boldsymbol{X}_{11} & \boldsymbol{X}_{12}\\ \boldsymbol{X}_{21} & \boldsymbol{X}_{22}\end{bmatrix}=\boldsymbol{E},$$

即

$$\begin{bmatrix}\boldsymbol{A}\boldsymbol{X}_{21} & \boldsymbol{A}\boldsymbol{X}_{22}\\ \boldsymbol{C}\boldsymbol{X}_{11}+\boldsymbol{B}\boldsymbol{X}_{21} & \boldsymbol{C}\boldsymbol{X}_{12}+\boldsymbol{B}\boldsymbol{X}_{22}\end{bmatrix}=\begin{bmatrix}\boldsymbol{E}_r & \boldsymbol{O}\\ \boldsymbol{O} & \boldsymbol{E}_s\end{bmatrix}.$$

比较等式两边对应的子块, 可得矩阵方程组

$$\begin{cases}\boldsymbol{A}\boldsymbol{X}_{21}=\boldsymbol{E}_r,\\ \boldsymbol{A}\boldsymbol{X}_{22}=\boldsymbol{O},\\ \boldsymbol{C}\boldsymbol{X}_{11}+\boldsymbol{B}\boldsymbol{X}_{21}=\boldsymbol{O},\\ \boldsymbol{C}\boldsymbol{X}_{12}+\boldsymbol{B}\boldsymbol{X}_{22}=\boldsymbol{E}_s,\end{cases}$$

注意到 $\boldsymbol{A}$, $\boldsymbol{C}$ 可逆, 可解得

$$\boldsymbol{X}_{21}=\boldsymbol{A}^{-1},\ \boldsymbol{X}_{22}=\boldsymbol{O},$$

$$\boldsymbol{X}_{11}=-\boldsymbol{C}^{-1}\boldsymbol{B}\boldsymbol{A}^{-1},\ \boldsymbol{X}_{12}=\boldsymbol{C}^{-1},$$

所以

$$\boldsymbol{X}^{-1}=\begin{bmatrix}\boldsymbol{X}_{11} & \boldsymbol{X}_{12}\\ \boldsymbol{X}_{21} & \boldsymbol{X}_{22}\end{bmatrix}=\begin{bmatrix}-\boldsymbol{C}^{-1}\boldsymbol{B}\boldsymbol{A}^{-1} & \boldsymbol{C}^{-1}\\ \boldsymbol{A}^{-1} & \boldsymbol{O}\end{bmatrix}.$$

特别地, 当 $\boldsymbol{B}=0$ 时

$$\begin{bmatrix}\boldsymbol{O} & \boldsymbol{A}\\ \boldsymbol{C} & \boldsymbol{O}\end{bmatrix}^{-1}=\begin{bmatrix}\boldsymbol{O} & \boldsymbol{C}^{-1}\\ \boldsymbol{A}^{-1} & \boldsymbol{O}\end{bmatrix}.$$

这一结论还可推广到一般情形, 即分块矩阵

$$\boldsymbol{A}=\begin{bmatrix} & & & \boldsymbol{A}_1\\ & & \boldsymbol{A}_2 & \\ & \iddots & & \\ \boldsymbol{A}_s & & & \end{bmatrix},$$

若子矩阵 $\boldsymbol{A}_i(i=1,2,\cdots,s)$ 都可逆, 则

$$\boldsymbol{A}^{-1}=\begin{bmatrix} & & & \boldsymbol{A}_s^{-1}\\ & & \boldsymbol{A}_{s-1}^{-1} & \\ & \iddots & & \\ \boldsymbol{A}_1^{-1} & & & \end{bmatrix}.$$

2.5　矩阵的初等变换及初等矩阵

1. 用消元法解线性方程组

例 2.14　求解线性方程组

$$\begin{cases}6x_1+3x_2=3, & (2.1)\\ x_1+2x_2=5. & (2.2)\end{cases}$$

交换方程(2.1)、方程(2.2)，得

$$\begin{cases}x_1+2x_2=5, & (2.3)\\ 6x_1+3x_2=3, & (2.4)\end{cases}$$

方程(2.3)×(−6)加到方程(2.4)，可消去第 1 列的 $6x_1$，得

$$\begin{cases}x_1+2x_2=5, & (2.5)\\ -9x_2=-27, & (2.6)\end{cases}$$

方程(2.6)$\times\left(-\dfrac{1}{9}\right)$，得

$$\begin{cases}x_1+2x_2=5, & (2.7)\\ x_2=3, & (2.8)\end{cases}$$

方程(2.8)×(−2)加到方程(2.7)，可消去第 2 列的 $2x_2$，得

$$\begin{cases}x_1=-1,\\ x_2=3.\end{cases}$$

仔细观察，我们会发现上述用消元法求解线性方程组的过程中其实是在反复实施如下三种同解的变换：

(1)交换两个方程；

(2)用非零的常数 k 乘某个方程；

(3)某个方程乘 k 加到另一个方程.

在此过程中，上述变换实际只是对系数和常数进行，未知数并未直接参与到运算中，因此我们可以将上面的求解过程简化如下

$$\begin{bmatrix}6&3&3\\1&2&5\end{bmatrix}\xrightarrow{r_1\leftrightarrow r_2}\begin{bmatrix}1&2&5\\6&3&3\end{bmatrix}\xrightarrow{-6r_1+r_2}\begin{bmatrix}1&2&5\\0&-9&-27\end{bmatrix}$$

$$\xrightarrow{-\frac{1}{9}r_2}\begin{bmatrix}1&2&5\\0&1&3\end{bmatrix}\xrightarrow{-2r_2+r_1}\begin{bmatrix}1&0&-1\\0&1&3\end{bmatrix},$$

即

$$\begin{cases}x_1=-1,\\ x_2=3.\end{cases}$$

2. 矩阵的初等变换

现在我们将例题 2.14 反复实施的三种变换用于矩阵，可以得到如下定义：

定义 2.11 对矩阵施行以下 3 种变换称为矩阵的**初等行(列)变换**：

(1) 交换矩阵的第 i 行(列)和第 j 行(列)，记为 $r_i \leftrightarrow r_j(c_i \leftrightarrow c_j)$.

(2) 以一个非零的数 k 乘矩阵的第 i 行(列)，记为 $kr_i(kc_i)$.

(3) 把矩阵的第 i 行(列)所有元素的 k 倍加到第 j 行(列)对应的元素上，记为 $kr_i+r_j(kc_i+c_j)$.

初等行变换与初等列变换统称为矩阵的**初等变换**.

显然，初等变换都是可逆的，且逆交换也是同类的初等交换. 例如，$r_i \leftrightarrow r_j$ 的逆变换仍为 $r_i \leftrightarrow r_j$，kr_i 的逆交换为$\frac{1}{k}r_i$，kr_i+r_j 的逆交换为$-kr_i+r_j$.

定义 2.12 如果矩阵 $\boldsymbol{A}$ 通过有限次初等变换得到矩阵 $\boldsymbol{B}$，我们称矩阵 $\boldsymbol{A}$ 与 $\boldsymbol{B}$ **等价**，记为 $\boldsymbol{A} \cong \boldsymbol{B}$. 矩阵的等价关系满足下列性质：

(1) 反身性：$\boldsymbol{A}$ 与自身等价，即 $\boldsymbol{A} \cong \boldsymbol{A}$；

(2) 对称性：如果 $\boldsymbol{A}$ 与 $\boldsymbol{B}$ 等价，则 $\boldsymbol{B}$ 与 $\boldsymbol{A}$ 等价，即 $\boldsymbol{A} \cong \boldsymbol{B} \Rightarrow \boldsymbol{B} \cong \boldsymbol{A}$；

(3) 传递性：如果 $\boldsymbol{A}$ 与 $\boldsymbol{B}$ 等价且 $\boldsymbol{B}$ 与 $\boldsymbol{C}$ 等价，那么 $\boldsymbol{A}$ 与 $\boldsymbol{C}$ 等价，即 $\boldsymbol{A} \cong \boldsymbol{B}$，$\boldsymbol{B} \cong \boldsymbol{C} \Rightarrow \boldsymbol{A} \cong \boldsymbol{C}$.

例 2.15 已知 $\boldsymbol{A}=\begin{bmatrix} 3 & 2 & 9 & 6 \\ -1 & -3 & 4 & -17 \\ 1 & 4 & -7 & 3 \\ -1 & -4 & 7 & -3 \end{bmatrix}$，对其作如下初等行变换

$$\boldsymbol{A} \xrightarrow{r_1 \leftrightarrow r_3} \begin{bmatrix} 1 & 4 & -7 & 3 \\ -1 & -3 & 4 & -17 \\ 3 & 2 & 9 & 6 \\ -1 & -4 & 7 & -3 \end{bmatrix} \xrightarrow[\substack{-3r_1+r_3 \\ r_1+r_4}]{r_1+r_2} \begin{bmatrix} 1 & 4 & -7 & 3 \\ 0 & 1 & -3 & -14 \\ 0 & -10 & 30 & -3 \\ 0 & 0 & 0 & 0 \end{bmatrix}$$

$$\xrightarrow{10r_2+r_3} \begin{bmatrix} 1 & 4 & -7 & 3 \\ 0 & 1 & -3 & -14 \\ 0 & 0 & 0 & -143 \\ 0 & 0 & 0 & 0 \end{bmatrix} = \boldsymbol{B}.$$

显然 $\boldsymbol{A} \cong \boldsymbol{B}$. 我们称矩阵 $\boldsymbol{B}$ 为一个**行阶梯形矩阵**，它具有下列特征：

(1) 元素全为零的行(简称为零行)位于非零行的下方；

(2) 各非零行的首非零元(即从左至右的第一个不为零的元素)的列标随着行标的增大而严格增大(即首非零元的列标一定不小于行标).

对矩阵 $\boldsymbol{B}$ 再作初等行变换：

$$\boldsymbol{B} \xrightarrow{-\frac{1}{143}r_3} \begin{bmatrix} 1 & 4 & -7 & 3 \\ 0 & 1 & -3 & -14 \\ 0 & 0 & 0 & 1 \\ 0 & 0 & 0 & 0 \end{bmatrix} \xrightarrow{-4r_2+r_1} \begin{bmatrix} 1 & 0 & 5 & 59 \\ 0 & 1 & -3 & -14 \\ 0 & 0 & 0 & 1 \\ 0 & 0 & 0 & 0 \end{bmatrix} \xrightarrow[14r_3+r_2]{-59r_3+r_1} \begin{bmatrix} 1 & 0 & 5 & 0 \\ 0 & 1 & -3 & 0 \\ 0 & 0 & 0 & 1 \\ 0 & 0 & 0 & 0 \end{bmatrix} = \boldsymbol{C}.$$

显然 $\boldsymbol{B}\cong\boldsymbol{C}$，从而 $\boldsymbol{A}\cong\boldsymbol{C}$. 我们称矩阵 $\boldsymbol{C}$ 为**行最简形矩阵**，它具有下列特征：

(1) 是行阶梯形矩阵；

(2) 各非零行的首非零元都是 1；

(3) 每个首非零元所在列的其余元素都是 0.

对矩阵 C 再作初等列交换.

$$\boldsymbol{C}\xrightarrow[3c_2+c_3]{-5c_1+c_3}\begin{bmatrix}1&0&0&0\\0&1&0&0\\0&0&0&1\\0&0&0&0\end{bmatrix}\xrightarrow{c_3\leftrightarrow c_4}\begin{bmatrix}1&0&0&0\\0&1&0&0\\0&0&1&0\\0&0&0&0\end{bmatrix}=\begin{bmatrix}\boldsymbol{E}_3&\boldsymbol{O}\\\boldsymbol{O}&\boldsymbol{O}\end{bmatrix}=\boldsymbol{D}.$$

显然 $\boldsymbol{C}\cong\boldsymbol{D}$，从而 $\boldsymbol{A}\cong\boldsymbol{D}$. 矩阵 $\boldsymbol{D}$ 的左上角为一个单位矩阵 $\boldsymbol{E}_3$，其他各分块都是零矩阵. 我们称矩阵 $\boldsymbol{D}$ 为矩阵 $\boldsymbol{A}$ 的**等价标准形**.

事实上，我们有下面的结论：

定理 2.3　任何一个矩阵 $\boldsymbol{A}$ 总可以经过有限次初等行变换化为行阶梯形矩阵，并进一步化为行最简形矩阵.

定理 2.4　任何一个矩阵都有等价标准形，矩阵 $\boldsymbol{A}$ 与 $\boldsymbol{B}$ 等价，当且仅当它们有相同的等价标准形.

注意　与矩阵 $\boldsymbol{A}$ 等价的行阶梯形矩阵不是唯一的，但行最简形矩阵和等价标准形是唯一的.

3. 初等矩阵

两个等价的矩阵不一定是相等的，那么它们之间有什么关系呢？为此，我们引入初等矩阵的概念.

定义 2.13　由单位矩阵 $\boldsymbol{E}$ 经过一次初等变换得到的矩阵称为**初等矩阵**.

显然，初等矩阵都是方阵，交换 $\boldsymbol{E}$ 的第 i 行和第 j 行(或交换 E 的第 i 列和第 j 列)，得

$$\boldsymbol{E}(i,j)=\begin{bmatrix}1&&&&&&\\&\ddots&&&&&\\&&0&\cdots&1&&\\&&&1&&&\\&&\vdots&\ddots&\vdots&&\\&&&&1&&\\&&1&\cdots&0&&\\&&&&&\ddots&\\&&&&&&1\end{bmatrix}\begin{matrix}\\\\第\ i\ 行\\\\\\\\第\ j\ 行\\\\\\\end{matrix};$$

用常数 k 乘 $\boldsymbol{E}$ 的第 i 行(或第 i 列)，得

$$
\boldsymbol{E}(i(k))=\begin{bmatrix}1&&&&&&\\&\ddots&&&&&\\&&1&&&&\\&&&k&&&\\&&&&1&&\\&&&&&\ddots&\\&&&&&&1\end{bmatrix}\text{第 } i \text{ 行};
$$

将 $\boldsymbol{E}$ 的第 j 行的 k 倍加到第 i 行(或将第 j 列的 k 倍加到第 i 列), 得

$$
\boldsymbol{E}(i+j(k))=\begin{bmatrix}1&&&&&&\\&\ddots&&&&&\\&&1&\cdots&k&&\\&&&\ddots&\vdots&&\\&&&&1&&\\&&&&&\ddots&\\&&&&&&1\end{bmatrix}\begin{matrix}\\\\\text{第 } i \text{ 行}\\\\\text{第 } j \text{ 行}\\\\\\end{matrix}.
$$

这三类矩阵就是全部的初等矩阵. 显然

$$
\boldsymbol{E}(i,j)^{-1}=\boldsymbol{E}(i,j),\ \boldsymbol{E}(i(k))^{-1}=\boldsymbol{E}\left(i\left(\frac{1}{k}\right)\right),
$$

$$
\boldsymbol{E}(i+j(k))^{-1}=\boldsymbol{E}(i+j(-k)).
$$

定理 2.5 对一个 $m\times n$ 矩阵 $\boldsymbol{A}$ 施行一次初等变换, 相当于用同种的 m 阶初等矩阵左乘 $\boldsymbol{A}$; 对 $\boldsymbol{A}$ 施行一次初等列变换, 相当于用同种的 n 阶初等矩阵右乘 $\boldsymbol{A}$.

证 我们只证初等行变换的情形, 初等列变换的情形可同样证明.

将矩阵 $\boldsymbol{A}$ 分块

$$
\boldsymbol{A}=\begin{bmatrix}A_1\\A_2\\\vdots\\A_i\\\vdots\\A_j\\\vdots\\A_m\end{bmatrix},
$$

其中, $\boldsymbol{A}_k=(a_{k1},a_{k2},\cdots,a_{kn})$. 由矩阵的分块乘法, 得

$$
\boldsymbol{E}(i,j)\boldsymbol{A}=\begin{bmatrix}A_1\\\vdots\\A_j\\\vdots\\A_i\\\vdots\\A_m\end{bmatrix},
$$

这相当于把 $\boldsymbol{A}$ 的第 i 行与第 j 行交换.

$$\boldsymbol{E}(i(k))\boldsymbol{A}=\begin{bmatrix}A_1\\ \vdots\\ kA_i\\ \vdots\\ A_m\end{bmatrix},$$

这相当于用 k 乘 $\boldsymbol{A}$ 的第 i 行.

$$\boldsymbol{E}(i+j(k))\boldsymbol{A}=\begin{bmatrix}A_1\\ \vdots\\ A_i+kA_j\\ \vdots\\ A_j\\ \vdots\\ A_m\end{bmatrix},$$

这相当于把 $\boldsymbol{A}$ 的第 j 行的 k 倍加到第 i 行.

推论　矩阵 $\boldsymbol{A}$ 与 $\boldsymbol{B}$ 等价的充分必要条件是：存在初等方阵 $\boldsymbol{P}_1$, …, $\boldsymbol{P}_s$, $\boldsymbol{Q}_1$, …, $\boldsymbol{Q}_t$, 使

$$\boldsymbol{A}=\boldsymbol{P}_1\cdots\boldsymbol{P}_s\boldsymbol{B}\boldsymbol{Q}_1\cdots\boldsymbol{Q}_t.$$

2.6　初等变换求逆矩阵

在 2.3 节中，我们给出了求逆矩阵的公式法——伴随矩阵法. 用这种方法求较高阶矩阵的逆矩阵，计算量太大. 下面我们给出另一种简便可行的方法——初等变换法.

定理 2.6　设 $\boldsymbol{A}$ 是 n 阶方阵，则下面的命题等价：

(1) $\boldsymbol{A}$ 是可逆的；

(2) $\boldsymbol{A}\cong\boldsymbol{E}$, $\boldsymbol{E}$ 是 n 阶单位矩阵；

(3) 存在 n 阶初等矩阵 $\boldsymbol{P}_1$, $\boldsymbol{P}_2$, …, $\boldsymbol{P}_s$, 使

$$\boldsymbol{A}=\boldsymbol{P}_1, \boldsymbol{P}_2, \cdots, \boldsymbol{P}_s;$$

(4) $\boldsymbol{A}$ 可经过一系列初等行(列)变换化为 $\boldsymbol{E}$.

定理 **2.6** 的证明是简单的，详细的证明过程请读者自己完成.

若 $\boldsymbol{A}$ 可逆，由定理 **2.6(4)** 和定理 **2.5**，则存在初等矩阵 $\boldsymbol{P}_1$, $\boldsymbol{P}_2$, …, $\boldsymbol{P}_m$, 使

$$\boldsymbol{P}_m\cdots\boldsymbol{P}_2\boldsymbol{P}_1\boldsymbol{A}=\boldsymbol{E}. \tag{2.9}$$

上式两边同时右乘 $\boldsymbol{A}^{-1}$，则有

$$\boldsymbol{P}_m\cdots\boldsymbol{P}_2\boldsymbol{P}_1\boldsymbol{E}=\boldsymbol{A}^{-1}. \tag{2.10}$$

式(**2.9**)和式(**2.10**)表明，对 $\boldsymbol{A}$ 施行一系列初等变换化为 $\boldsymbol{E}$，则对 $\boldsymbol{E}$ 施行相同的一系列初等行变换可化为 $\boldsymbol{A}^{-1}$. 于是得到初等变换求逆矩阵的方法：构造一个 $n\times 2n$ 矩阵 $[\boldsymbol{A}\vdots\boldsymbol{E}]$，用初等行变换将它左边的一半化为 $\boldsymbol{E}$，这时，右边的一半便同时化为了 $\boldsymbol{A}^{-1}$.

$$[\boldsymbol{A}\vdots\boldsymbol{E}]\xrightarrow{\text{初等行变换}}[\boldsymbol{E}\vdots\boldsymbol{A}^{-1}].$$

例 2.16 设

$$A=\begin{bmatrix}0&1&2\\1&1&4\\2&-1&0\end{bmatrix}, \text{求 } A^{-1}.$$

解 对 $[A \vdots E]$ 作初等行变换

$$[A \vdots E]=\left[\begin{array}{ccc:ccc}0&1&2&1&0&0\\1&1&4&0&1&0\\2&-1&0&0&0&1\end{array}\right]\xrightarrow{r_1\leftrightarrow r_2}\left[\begin{array}{ccc:ccc}1&1&4&0&1&0\\0&1&2&1&0&0\\2&-1&0&0&0&1\end{array}\right]$$

$$\xrightarrow{-2r_1+r_3}\left[\begin{array}{ccc:ccc}1&1&4&0&1&0\\0&1&2&1&0&0\\0&-3&-8&0&-2&1\end{array}\right]\xrightarrow{3r_2+r_3}\left[\begin{array}{ccc:ccc}1&1&4&0&1&0\\0&1&2&1&0&0\\0&0&-2&3&-2&1\end{array}\right]$$

$$\xrightarrow[r_3+r_2]{2r_3+r_1}\left[\begin{array}{ccc:ccc}1&1&0&6&-3&2\\0&1&0&4&-2&1\\0&0&-2&3&-2&1\end{array}\right]\xrightarrow[-\frac{1}{2}r_3]{-r_2+r_1}\left[\begin{array}{ccc:ccc}1&0&0&2&-1&1\\0&1&0&4&-2&1\\0&0&1&-\frac{3}{2}&1&-\frac{1}{2}\end{array}\right].$$

于是

$$A^{-1}=\begin{bmatrix}2&-1&1\\4&-2&1\\-\frac{3}{2}&1&-\frac{1}{2}\end{bmatrix}.$$

注意 也可以利用初等列变换的方法求逆矩阵.

$$\begin{bmatrix}A\\ \cdots\\ E\end{bmatrix}\xrightarrow{\text{初等列变换}}\begin{bmatrix}E\\ \cdots\\ A^{-1}\end{bmatrix}.$$

若按初等列变化的方法求解过程如下,

解 对 $\begin{bmatrix}A\\ \cdots\\ E\end{bmatrix}$ 作初等列变换

$$\begin{bmatrix}A\\ \cdots\\ E\end{bmatrix}=\begin{bmatrix}0&1&2\\1&1&4\\2&-1&0\\ \cdots&\cdots&\cdots\\1&0&0\\0&1&0\\0&0&1\end{bmatrix}\xrightarrow{c_1\leftrightarrow c_2}\begin{bmatrix}1&0&2\\1&1&4\\-1&2&0\\ \cdots&\cdots&\cdots\\0&1&0\\1&0&0\\0&0&1\end{bmatrix}\xrightarrow{-2c_1+c_3}\begin{bmatrix}1&0&0\\1&1&2\\-1&2&2\\ \cdots&\cdots&\cdots\\0&1&0\\1&0&-2\\0&0&1\end{bmatrix}$$

$$\xrightarrow[-c_2+c_1]{-2c_2+c_3}\begin{bmatrix}1&0&0\\0&1&0\\-3&2&-2\\\cdots&\cdots&\cdots\\-1&1&-2\\1&0&-2\\0&0&1\end{bmatrix}\xrightarrow[-\frac{3}{2}c_3+c_1]{c_3+c_2}\begin{bmatrix}1&0&0\\0&1&0\\0&0&-2\\\cdots&\cdots&\cdots\\2&-1&-2\\4&-2&-2\\-\dfrac{3}{2}&1&1\end{bmatrix}\xrightarrow{-\frac{1}{2}c_3}\begin{bmatrix}1&0&0\\0&1&0\\0&0&1\\\cdots&\cdots&\cdots\\2&-1&1\\4&-2&1\\-\dfrac{3}{2}&1&-\dfrac{1}{2}\end{bmatrix},$$

于是

$$A^{-1}=\begin{bmatrix}2&-1&1\\4&-2&1\\-\dfrac{3}{2}&1&-\dfrac{1}{2}\end{bmatrix}.$$

2.7　矩阵的秩

为了便于后续讨论方程组解的问题，我们引进矩阵秩的概念.

定义 2.14　在一个 $m\times n$ 矩阵 $\boldsymbol{A}$ 中，任意选定 r 行和 r 列，位于这些选定的行和列的交叉位置的 r^2 个元素按原来的次序所组成的 r 阶行列式，称为 $\boldsymbol{A}$ 的一个 **r 阶子式**.

显然，$r\leqslant\min\{m, n\}$（m，n 中较小的一个）.

例 2.17　在矩阵

$$\boldsymbol{A}=\begin{bmatrix}1&1&3&6&1\\0&1&-2&4&0\\0&0&0&5&3\\0&1&1&0&2\end{bmatrix}$$

中，选定第 1，3 行和第 3，4 列，则位于其交叉位置的元素所组成的 2 阶行列式

$$\begin{vmatrix}3&6\\0&5\end{vmatrix}$$

就是 $\boldsymbol{A}$ 的一个 2 阶子式. 易证，$\boldsymbol{A}$ 的 2 阶子式的个数为 $C_4^2\cdot C_5^2=60$ 个. 一般地，$m\times n$ 矩阵 $\boldsymbol{A}$ 的 r 阶子式共有 $C_m^r\cdot C_n^r$ 个.

定义 2.15　设 $\boldsymbol{A}$ 为 $m\times n$ 矩阵，若矩阵 $\boldsymbol{A}$ 至少有一个 r 阶子式不为零，而所有高于 r 阶的子行列式（如果有）都为零，则称数 r 为矩阵 $\boldsymbol{A}$ 的**秩**，记为 $R(\boldsymbol{A})$. 并规定零矩阵的秩等于 0.

由行列式的性质可知，在 $\boldsymbol{A}$ 中，当所有 $r+1$ 阶子式都为 0 时，所有高于 $r+1$ 阶的子式也都为 0. 因此，矩阵 $\boldsymbol{A}$ 的秩 $R(\boldsymbol{A})$ 就是 $\boldsymbol{A}$ 的非零子式的最高阶数. 若 $R(\boldsymbol{A})=r$，则 $\boldsymbol{A}$ 一定存在一个 r 阶非零子式，称为 $\boldsymbol{A}$ 的**最高阶非零子式**. 一般来说，$\boldsymbol{A}$ 的最高阶非零子式可能不只一个.

例 2.18　求矩阵

$$\boldsymbol{A}=\begin{bmatrix}1&2&3\\2&3&-5\\4&7&1\end{bmatrix}\text{的秩.}$$

解　在 $\boldsymbol{A}$ 中，存在一个 2 阶子式

$$|\boldsymbol{A}|=\begin{vmatrix}1 & 3\\ 2 & -5\end{vmatrix}\neq 0,$$

又 $\boldsymbol{A}$ 的 3 阶子式只有 $|\boldsymbol{A}|$，且

$$|\boldsymbol{A}|=\begin{vmatrix}1 & 2 & 3\\ 2 & 3 & -5\\ 4 & 7 & 1\end{vmatrix}=0.$$

故 $R(\boldsymbol{A})=2$.

例 2.19　求矩阵

$$\boldsymbol{A}=\begin{bmatrix}2 & -1 & 0 & 3 & -2\\ 0 & 3 & 1 & -2 & 5\\ 0 & 0 & 0 & 4 & -3\\ 0 & 0 & 0 & 0 & 0\end{bmatrix}\text{的秩.}$$

解　$\boldsymbol{A}$ 是一个行阶梯形矩阵，其非零行只有 3 行，故知 $\boldsymbol{A}$ 的所有 4 阶子式全为零. 此外，$\boldsymbol{A}$ 存在一个 3 阶子式

$$\begin{vmatrix}2 & -1 & 3\\ 0 & 3 & -2\\ 0 & 0 & 4\end{vmatrix}=24\neq 0.$$

所以 $R(\boldsymbol{A})=3$.

设矩阵 $\boldsymbol{A}$ 是一个 $m\times n$ 矩阵，当 $R(\boldsymbol{A})=\min\{m, n\}$ 时，我们称 $\boldsymbol{A}$ 为**满秩矩阵**，否则称 $\boldsymbol{A}$ 为**降秩矩阵**.

利用定义计算矩阵的秩，需要由高阶到低阶考虑矩阵的子式，当矩阵的行数与列数较高时，按定义求秩是非常麻烦的. 由于行阶梯形矩阵的秩很容易判断，行阶梯形矩阵的秩实际上就是其非零行的行数，而任意矩阵都可以经过初等行变换化为行阶梯形矩阵. 因而可考虑借助初等变换来求矩阵的秩.

定理 2.7　两个同型矩阵等价的充分必要条件是：它们的秩相等.

证　设 $\boldsymbol{A}$ 与 $\boldsymbol{B}$ 是两个同型矩阵，我们首先证明：若 $\boldsymbol{A}\cong\boldsymbol{B}$，则 $R(\boldsymbol{A})=R(\boldsymbol{B})$.

这只需证明每一类初等行(列)变换不改变矩阵的秩就行了. 显然第一类和第二类初等变换不改变矩阵的秩，因此只就第三类初等变换来证明即可.

设 $\boldsymbol{A}\xrightarrow{kr_i+r_j}\boldsymbol{B}$，我们考察 $\boldsymbol{B}$ 的任意 $R(\boldsymbol{A})+1$ 阶子式 $|\boldsymbol{B}_1|$：

若 $\boldsymbol{B}_1$ 不含 $\boldsymbol{B}$ 的第 j 行，则 $|\boldsymbol{B}_1|$ 也是 $\boldsymbol{A}$ 的 $R(\boldsymbol{A})+1$ 阶子式，从而 $|\boldsymbol{B}_1|=0$；

若 $\boldsymbol{B}_1$ 既含 $\boldsymbol{B}$ 的第 j 行也含 $\boldsymbol{B}$ 的第 i 行，由行列式的性质知，$|\boldsymbol{B}_1|$ 与 $\boldsymbol{A}$ 的一个 $R(\boldsymbol{A})+1$ 阶子式相等，从而 $|\boldsymbol{B}_1|=0$；

若 $\boldsymbol{B}_1$ 含有 $\boldsymbol{B}$ 的第 j 行但不含 $\boldsymbol{B}$ 的第 i 行，由行列式的性质，有 $|\boldsymbol{B}_1|=|\boldsymbol{A}_1|+k|\boldsymbol{A}_2|$，这里 $|\boldsymbol{A}_1|$ 与 $|\boldsymbol{A}_2|$ 都是 $\boldsymbol{A}$ 的 $R(\boldsymbol{A})+1$ 阶子式，从而也有 $|\boldsymbol{B}_1|=0$.

综上所述，$\boldsymbol{B}$ 的任意 $R(\boldsymbol{A})+1$ 阶子式都为零，于是 $R(\boldsymbol{B})\leqslant R(\boldsymbol{A})$.

注意到 $\boldsymbol{B}\xrightarrow{-kr_i+r_j}\boldsymbol{A}$，同上面的讨论知，$R(\boldsymbol{A})\leqslant R(\boldsymbol{B})$. 因此有 $R(\boldsymbol{A})=R(\boldsymbol{B})$.

反过来，设 $R(\boldsymbol{A})=R(\boldsymbol{B})=r$，则 $\boldsymbol{A}$ 与 $\boldsymbol{B}$ 都具有相同的等价标准形 $\begin{pmatrix} \boldsymbol{E}_r & \boldsymbol{O} \\ \boldsymbol{O} & \boldsymbol{O} \end{pmatrix}$，故 $\boldsymbol{A}\cong\boldsymbol{B}$. 从而定理证毕.

例 2.20　设 $\boldsymbol{A}=\begin{bmatrix} 3 & 2 & 0 & 5 & 0 \\ 3 & -2 & 3 & 6 & -1 \\ 2 & 0 & 1 & 5 & -3 \\ 1 & 6 & -4 & -1 & 4 \end{bmatrix}$，求 $R(\boldsymbol{A})$，并求 $\boldsymbol{A}$ 的一个最高阶非零子式.

解　对 $\boldsymbol{A}$ 作初等行变换化为行阶梯形矩阵：

$$\boldsymbol{A}=\begin{bmatrix} 3 & 2 & 0 & 5 & 0 \\ 3 & -2 & 3 & 6 & -1 \\ 2 & 0 & 1 & 5 & -3 \\ 1 & 6 & -4 & -1 & 4 \end{bmatrix}\xrightarrow{r_1\leftrightarrow r_4}\begin{bmatrix} 1 & 6 & -4 & -1 & 4 \\ 3 & -2 & 3 & 6 & -1 \\ 2 & 0 & 1 & 5 & -3 \\ 3 & 2 & 0 & 5 & 0 \end{bmatrix}$$

$$\xrightarrow[\substack{-2r_1+r_3 \\ -3r_1+r_4}]{-r_4+r_2}\begin{bmatrix} 1 & 6 & -4 & -1 & 4 \\ 0 & -4 & 3 & 1 & -1 \\ 0 & -12 & 9 & 7 & -11 \\ 0 & -16 & 12 & 8 & -12 \end{bmatrix}\xrightarrow[-4r_2+r_4]{-3r_2+r_3}\begin{bmatrix} 1 & 6 & -4 & -1 & 4 \\ 0 & -4 & 3 & 1 & -1 \\ 0 & 0 & 0 & 4 & -8 \\ 0 & 0 & 0 & 4 & -8 \end{bmatrix}$$

$$\xrightarrow{-r_3+r_4}\begin{bmatrix} 1 & 6 & -4 & -1 & 4 \\ 0 & -4 & 3 & 1 & -1 \\ 0 & 0 & 0 & 4 & -8 \\ 0 & 0 & 0 & 0 & 0 \end{bmatrix}=\boldsymbol{B}.$$

因为行阶梯形矩阵有 3 个非零行，故 $R(\boldsymbol{A})=3$.

再求 $\boldsymbol{A}$ 的一个最高阶非零子式. 因 $R(\boldsymbol{A})=3$，知 $\boldsymbol{A}$ 的最高阶非零子式为 3 阶子式，$\boldsymbol{A}$ 的 3 阶子式共有 $C_4^3\cdot C_5^3=40$ 个，要从 40 个 3 阶子式中找出一个非零子式是相当麻烦的. 由于只进行了行的初等变换，因而可在所化得的行阶梯形矩阵 $\boldsymbol{B}$ 中对应的列选取. 如矩阵 $\boldsymbol{B}$ 中第 1，2，4 列形成的行阶梯形矩阵是

$$\begin{bmatrix} 1 & 6 & -1 \\ 0 & -4 & 1 \\ 0 & 0 & 4 \\ 0 & 0 & 0 \end{bmatrix},$$

我们可以对应选取矩阵 $\boldsymbol{A}$ 中的第 1，2，4 列，即有矩阵

$$\boldsymbol{C}=\begin{bmatrix} 3 & 2 & 5 \\ 3 & -2 & 6 \\ 2 & 0 & 5 \\ 1 & 6 & -1 \end{bmatrix},$$

因此 $R(\boldsymbol{C})=3$. 故 $\boldsymbol{C}$ 中必有 3 阶非零子式. $\boldsymbol{C}$ 的 3 阶非零子式共有 $C_4^3=4$ 个，在 $\boldsymbol{C}$ 的 4 个 3 阶子式中选取一个非零子式显然要方便些. 事实上，$\boldsymbol{C}$ 的前三行构成的子式

$$\begin{vmatrix} 3 & 2 & 5 \\ 3 & -2 & 6 \\ 2 & 0 & 5 \end{vmatrix}=-16\neq 0,$$

因此这个子式便是 $\boldsymbol{A}$ 的一个最高阶非零子式.

例 2.21 设

$$\boldsymbol{A}=\begin{bmatrix}1 & -1 & 1 & 2\\ 3 & \lambda & -1 & 2\\ 5 & 3 & \mu & 6\end{bmatrix},$$

已知 $R(\boldsymbol{A})=2$, 求 λ 与 μ 的值.

解 $$\boldsymbol{A}=\begin{bmatrix}1 & -1 & 1 & 2\\ 3 & \lambda & -1 & 2\\ 5 & 3 & \mu & 6\end{bmatrix}\xrightarrow[-5r_1+r_3]{-3r_1+r_2}\begin{bmatrix}1 & -1 & 1 & 2\\ 0 & \lambda+3 & -4 & -4\\ 0 & 8 & \mu-5 & -4\end{bmatrix}$$

$$\xrightarrow{-r_2+r_3}\begin{bmatrix}1 & -1 & 1 & 2\\ 0 & \lambda+3 & -4 & -4\\ 0 & 5-\lambda & \mu-1 & 0\end{bmatrix}.$$

由于 $R(\boldsymbol{A})=2$, 则 $5-\lambda=0$, $\mu-1=0$, 即 $\lambda=5$, $\mu=1$.

小　结

一、本章内容结构

- 矩阵的定义
- 特殊矩阵——零矩阵、行(列)矩阵、单位矩阵、数量矩阵、三角矩阵、对角矩阵
- 矩阵的运算
  - 线性运算——加法运算、数乘运算
  - 乘法运算
  - 线性方程组的矩阵表示
  - 转置运算
- 矩阵与行列式的关系(各种运算间的不同)
- 矩阵的初等变换与初等矩阵
- 求逆矩阵
  - 伴随矩阵法
  - 初等变换法
- 矩阵的秩
- 分块矩阵

二、知识点小结

矩阵是线性代数学习的重点，在本章中应理解矩阵的概念；熟练掌握矩阵的加(减)法、数乘、乘法、转置及方阵的幂的运算方法和性质；理解逆矩阵的概念，熟悉逆矩阵的性质，掌握逆矩阵的求法；理解矩阵分块的意义，掌握分块乘法运算和分块上三角形方阵求逆的方法；理解矩阵的初等变换和初等矩阵的概念，掌握用初等变换求逆矩阵及相关运算方法.

矩阵的线性运算(加法运算和数乘运算)要注意两点：①只有同型的矩阵才能相加；②数乘矩阵要将数乘矩阵的每一个元素，这一点不要与行列式某一行(列)的公因子相混淆了.

关于矩阵的乘法运算，这里我们要强调几点：①只有当左矩阵的列数与右矩阵的行数相等时，这两个矩阵才能相乘；②矩阵的乘法满足结合律、分配律，但不满足交换律和消去律，也就是说 $\boldsymbol{AB}=\boldsymbol{BA}$ 不一定成立(若 $\boldsymbol{AB}=\boldsymbol{BA}$ 成立的话，则称 $\boldsymbol{A}$、$\boldsymbol{B}$ 可交换). 同样地，也不能由 $\boldsymbol{AB}=\boldsymbol{AC}$ 且 $\boldsymbol{A}\neq 0$ 而推出 $\boldsymbol{B}=\boldsymbol{C}$；③要注意 $\boldsymbol{AB}-2\boldsymbol{B}=(\boldsymbol{A}-2)\boldsymbol{B}$ 是错误的，正确的写法应是 $\boldsymbol{AB}-2\boldsymbol{B}=(\boldsymbol{A}-2\boldsymbol{E})\boldsymbol{B}$；④按照矩阵乘法的定义，只有方阵才能自乘，由此我们可以规定方阵的幂运算.

在矩阵的运算里是没有除法运算的，但我们引入了逆矩阵的概念. 判断一个方阵 $\boldsymbol{A}$ 是否可逆，一般有两种方法：一种是利用定义；另一种是利用方阵的行列式 $|\boldsymbol{A}|$ 是否为零. 需要指出的是：从方阵可逆的定义我们知道，如果 n 阶方阵 $\boldsymbol{A}$ 可逆，则一定存在一个 n 阶方阵 $\boldsymbol{B}$ 满足如下两个条件：①$\boldsymbol{AB}=\boldsymbol{BA}$(即 $\boldsymbol{A}$ 与 $\boldsymbol{B}$ 可交换)；②$\boldsymbol{AB}=\boldsymbol{E}$(或 $\boldsymbol{BA}=\boldsymbol{E}$). 但从 2. 3 节的推论，我们知道，只要上面的条件②，即 $\boldsymbol{AB}=\boldsymbol{E}$(或 $\boldsymbol{BA}=\boldsymbol{E}$)成立，则 $\boldsymbol{A}$、$\boldsymbol{B}$ 均可逆，且 $\boldsymbol{A}^{-1}=\boldsymbol{B}$，$\boldsymbol{B}^{-1}=\boldsymbol{A}$.

关于逆矩阵的计算，我们主要介绍了两种方法：一种是公式法(或者称为伴随矩阵法)，即利用求逆矩阵的计算公式：$\boldsymbol{A}^{-1}=\dfrac{1}{|\boldsymbol{A}|}\boldsymbol{A}^*$，其中 $\boldsymbol{A}^*$ 为 $\boldsymbol{A}$ 的伴随矩阵，然而，这种方法计算量比较大，通常运用在理论上或者是阶数较低的方阵(一般不超过 3 阶)的逆矩阵的计算；另一种是初等变换法，这是求逆矩阵的主要方法. 需要注意的是：在利用初等变换求逆矩阵时，我们构造了一个 $n\times 2n$ 矩阵 $(\boldsymbol{A}\vdots\boldsymbol{E})$，只须对该矩阵施行初等行变换将左边的子块 $\boldsymbol{A}$ 化为单位矩阵 $\boldsymbol{E}$，则右边的子块随之可得到逆矩阵 $\boldsymbol{A}^{-1}$. 此外，对于某些阶数较高的可逆方阵，我们也可以根据矩阵的分块，然后利用分块矩阵的逆矩阵的有关性质来求逆矩阵.

所谓矩阵方程就是在一个等式中含有已知矩阵和未知矩阵. 对于形如 $\boldsymbol{AX}=\boldsymbol{B}$，$\boldsymbol{XA}=\boldsymbol{B}$，$\boldsymbol{A}\times\boldsymbol{B}=\boldsymbol{C}$ 的简单矩阵方程，当 $\boldsymbol{A}$，$\boldsymbol{B}$ 均为已知可逆方阵时，可求出其解分别为 $\boldsymbol{X}=\boldsymbol{A}^{-1}\boldsymbol{B}$，$\boldsymbol{X}=\boldsymbol{BA}^{-1}$ 和 $\boldsymbol{X}=\boldsymbol{A}^{-1}\boldsymbol{CB}^{-1}$. 事实上，求矩阵方程的解实质上就是作矩阵运算.

方阵与方阵的行列式是两个不同的概念. n 阶方阵是 n^2 个数按一定的方式排成的数表，而 n 阶方阵的行列式则是由这个方阵的元素按照原来的位置不变构成的 n 阶行列式，它是一个确定的数值(实数或复数). 要熟练地掌握方阵的行列式有关性质. 这里我们列举出一些常用的方阵的行列式的性质：

设则 A、B 均为 $\boldsymbol{n}$ 阶方阵，则下列等式成立：

(1) $|\boldsymbol{A}^{\mathrm{T}}|=|\boldsymbol{A}|$；

(2) $|\lambda\boldsymbol{A}|=\lambda^n|\boldsymbol{A}|$($\lambda$ 为实数)；

(3) $|\boldsymbol{AB}|=|\boldsymbol{A}||\boldsymbol{B}|$；

(4) $|\boldsymbol{A}^k|=|\boldsymbol{A}|^k$($k$ 为正整数)；

(5) $|\boldsymbol{A}^*|=|\boldsymbol{A}|^{n-1}$($\boldsymbol{A}^*$ 为 $\boldsymbol{A}$ 的伴随矩阵)；

(6) $|\boldsymbol{A}^{-1}|=|\boldsymbol{A}|^{-1}$($\boldsymbol{A}$ 可逆).

对于行数和列数比较多的矩阵，为简化运算，在计算过程中经常采用“矩阵分块法”，使大矩阵的运算转化为小矩阵的运算. 对于矩阵的分块有多种形式，可根据具体需要而定. 分块矩阵的运算与普通矩阵的运算法则相类似. 分块时要注意，运算的两矩阵按块要能运算，并且参与运算的子块也能运算，即内外都能运算. 关于准对角矩阵的运算性质，希望读者能够熟练掌握.

矩阵的秩在研究线性方程组的求解问题时起着很重要的作用，要充分理解矩阵的秩这一概念. 关于矩阵的秩的计算，主要有两种方法：一种是定义法(或称为子式法)，即从矩阵 $\boldsymbol{A}$ 的最高阶子式开始，从高阶到低阶逐渐考虑矩阵 $\boldsymbol{A}$ 的子式，若第一个不为零的子式是 r 阶，则 $R(\boldsymbol{A})=r$，这种方法对于行数与列数较高的矩阵由于计算量大并不太适合；另一种方法是初等变换法，即利用初等变换将矩阵 $\boldsymbol{A}$ 化为行阶梯形矩阵，则行阶梯形矩阵的非零行的行数就是 $\boldsymbol{A}$ 的秩 $R(\boldsymbol{A})$. 下面，我们补充一些有关矩阵的秩的性质：

(1) $R(\boldsymbol{A})=R(\boldsymbol{A}^{\mathrm{T}})$；

(2) 当 $\lambda\neq 0$ 时，$R(\lambda\boldsymbol{A})=R(\boldsymbol{A})$；

(3) $R(\boldsymbol{A}+\boldsymbol{B})\leqslant R(\boldsymbol{A})+R(\boldsymbol{B})$；

(4) $R(\boldsymbol{AB})\leqslant\min\{R(\boldsymbol{A}),R(\boldsymbol{B})\}$；

(5) 如果 $\boldsymbol{A}$ 可逆，则 $R(\boldsymbol{AB})=R(\boldsymbol{B})$，$R(\boldsymbol{CA})=R(\boldsymbol{C})$.

习　题

1. 设 $\boldsymbol{A}=\begin{bmatrix}1&3\\2&-1\end{bmatrix}$，$\boldsymbol{B}=\begin{bmatrix}2&-1\\3&4\end{bmatrix}$，

求：(1) $2\boldsymbol{A}-3\boldsymbol{B}$；(2) $\boldsymbol{A}^2+\boldsymbol{B}^2$；(3) $\boldsymbol{AB}-\boldsymbol{BA}$

2. 计算下列矩阵的乘积.

(1) $\begin{bmatrix}1\\2\\1\\0\end{bmatrix}[3\quad -2\quad -1\quad 1]$；　　(2) $\begin{bmatrix}2&0&0\\0&1&1\\-1&2&1\end{bmatrix}\begin{bmatrix}3\\-1\\2\end{bmatrix}$；

(3) $(1,2,3,-1)\begin{bmatrix}2\\0\\1\\3\end{bmatrix}$；　　(4) $(x_1,x_2,x_3)\begin{bmatrix}a_{11}&a_{12}&a_{13}\\a_{21}&a_{22}&a_{23}\\a_{31}&a_{32}&a_{33}\end{bmatrix}\begin{bmatrix}x_1\\x_2\\x_3\end{bmatrix}$；

(5) $\begin{bmatrix}a_{11}&a_{12}&a_{13}\\a_{21}&a_{22}&a_{23}\\a_{31}&a_{32}&a_{33}\end{bmatrix}\begin{bmatrix}1&0&0\\0&1&1\\0&0&1\end{bmatrix}$；　　(6) $\begin{bmatrix}1&2&3&0\\0&1&-1&4\\0&0&3&1\\0&0&0&2\end{bmatrix}\begin{bmatrix}1&0&2&1\\0&1&3&-2\\0&0&-1&1\\0&0&0&-2\end{bmatrix}$.

3. 设 $\boldsymbol{A}=\begin{bmatrix}1&2&1\\-1&1&0\\0&-1&3\end{bmatrix}$，$\boldsymbol{B}=\begin{bmatrix}1&-2&4\\2&3&-1\\0&1&3\end{bmatrix}$，求：(1) $3\boldsymbol{B}-2\boldsymbol{A}$；(2) $\boldsymbol{AB}-\boldsymbol{BA}$；(3) $(\boldsymbol{A}+\boldsymbol{B})(\boldsymbol{A}-\boldsymbol{B})=\boldsymbol{A}^2-\boldsymbol{B}^2$ 吗?

4. 举例说明下列命题是错误的.

(1) 若 $\boldsymbol{A}^2=\boldsymbol{O}$，则 $\boldsymbol{A}=\boldsymbol{O}$；

(2) 若 $\boldsymbol{A}^2=\boldsymbol{A}$，则 $\boldsymbol{A}=\boldsymbol{O}$ 或 $\boldsymbol{A}=\boldsymbol{E}$；

(3) 若 $\boldsymbol{AX}=\boldsymbol{AY}$，$\boldsymbol{A}\neq\boldsymbol{O}$，则 $\boldsymbol{X}=\boldsymbol{Y}$.

5. 设 $\boldsymbol{A}=\begin{bmatrix}1&2\\1&3\end{bmatrix}$，$\boldsymbol{B}=\begin{bmatrix}1&0\\1&2\end{bmatrix}$，问：

(1) $\boldsymbol{AB}=\boldsymbol{BA}$ 吗？

(2) $(\boldsymbol{A}+\boldsymbol{B})^2=\boldsymbol{A}^2+2\boldsymbol{AB}+\boldsymbol{B}^2$ 吗？

(3) $(\boldsymbol{A}+\boldsymbol{B})(\boldsymbol{A}-\boldsymbol{B})=\boldsymbol{A}^2-\boldsymbol{B}^2$ 吗？

6. 设 $\boldsymbol{A}=\begin{bmatrix}1&\lambda\\0&1\end{bmatrix}$，求 $\boldsymbol{A}^2$，$\boldsymbol{A}^3$，…，$\boldsymbol{A}^k$.

7. $\boldsymbol{A}=\begin{bmatrix}\lambda&1&0\\0&\lambda&1\\0&0&\lambda\end{bmatrix}$，求 $\boldsymbol{A}^2$，$\boldsymbol{A}^3$.

8. 把下列矩阵化为行最简形矩阵.

(1) $\begin{bmatrix}1&0&2&-1\\2&0&3&1\\3&0&4&-3\end{bmatrix}$；　　(2) $\begin{bmatrix}0&2&-3&1\\0&3&-4&3\\0&4&-7&-1\end{bmatrix}$；

(3) $\begin{bmatrix}1&-1&3&-4&3\\3&-3&5&-4&1\\2&-2&3&-2&0\\3&-3&4&-2&-1\end{bmatrix}$；　　(4) $\begin{bmatrix}2&3&1&-3&-7\\1&2&0&-2&-4\\3&-2&8&3&0\\2&-3&7&4&3\end{bmatrix}$.

9. 求下列矩阵的秩，并求一个最高阶非零子式.

(1) $\begin{bmatrix}3&1&0&2\\1&-1&2&-1\\1&3&-4&4\end{bmatrix}$；　　(2) $\begin{bmatrix}3&2&-1&-3&-1\\2&-1&3&1&-3\\7&0&5&-1&-8\end{bmatrix}$；

(3) $\begin{bmatrix}2&1&8&3&7\\2&-3&0&7&-5\\3&-2&5&8&0\\1&0&3&2&0\end{bmatrix}$.

10. 已知线性变换

$$\begin{cases}x_1=2y_1+y_2,\\x_2=-2y_1+3y_2+2y_3,\\x_3=4y_1+y_2+5y_3,\end{cases}\quad\begin{cases}y_1=-3z_1+z_2,\\y_2=2z_1+z_3,\\y_3=-z_2+3z_3,\end{cases}$$

利用矩阵乘法求从 z_1，z_2，z_3 到 x_1，x_2，x_3 的线性变换.

11. 设 $\boldsymbol{A}$，$\boldsymbol{B}$ 为 n 阶方阵，且 $\boldsymbol{A}$ 为对称阵，证明：$\boldsymbol{B}^{\mathrm{T}}\boldsymbol{AB}$ 也是对称阵.

12. 设 $\boldsymbol{A}$，$\boldsymbol{B}$ 为 n 阶对称方阵，证明：$\boldsymbol{AB}$ 为对称阵的充分必要条件是 $\boldsymbol{AB}=\boldsymbol{BA}$.

13. $\boldsymbol{A}$ 为 n 阶对称矩阵，$\boldsymbol{B}$ 为 n 阶反对称矩阵，证明：

(1) $\boldsymbol{B}^2$ 是对称矩阵；

(2) $\boldsymbol{AB}-\boldsymbol{BA}$ 是对称矩阵，$\boldsymbol{AB}+\boldsymbol{BA}$ 是反对称矩阵.

14. 求下列矩阵的逆矩阵.

(1) $\begin{bmatrix}1&2\\2&3\end{bmatrix}$；　　(2) $\begin{bmatrix}1&3&2\\0&1&4\\0&0&1\end{bmatrix}$；

(3) $\begin{bmatrix}1 & 2 & -1\\2 & 3 & -2\\1 & 1 & 0\end{bmatrix}$;　　(4) $\begin{bmatrix}1 & 0 & 0 & 0\\-1 & 3 & 0 & 0\\2 & 1 & 3 & 0\\3 & 4 & 1 & 2\end{bmatrix}$.

15. 利用逆矩阵，解线性方程组

$$\begin{cases}x_1+x_2-x_3=1,\\x_2-2x_3=-1,\\3x_1-x_2=2.\end{cases}$$

16. 证明下列命题.

(1)若 $\boldsymbol{A}$, $\boldsymbol{B}$ 是同阶可逆矩阵，则 $(\boldsymbol{AB})^*=\boldsymbol{B}^*\boldsymbol{A}^*$;

(2)若 $\boldsymbol{A}$ 可逆，则 $\boldsymbol{A}^*$ 可逆且 $(\boldsymbol{A}^*)^{-1}=(\boldsymbol{A}^*)^{-1}$;

(3)若 $\boldsymbol{AA}^{\mathrm{T}}=\boldsymbol{E}$，则 $(\boldsymbol{A}^*)^{\mathrm{T}}=(\boldsymbol{A}^*)^{-1}$.

17. 解下列矩阵方程.

(1) $\begin{bmatrix}1 & 0\\1 & 2\end{bmatrix}\boldsymbol{X}=\begin{bmatrix}3 & -2\\2 & 1\end{bmatrix}$;

(2) $\boldsymbol{X}\begin{bmatrix}1 & 1 & -1\\2 & 1 & 0\\0 & -1 & 1\end{bmatrix}=\begin{bmatrix}1 & 0 & -3\\2 & 1 & 0\\1 & -1 & 1\end{bmatrix}$;

(3) $\begin{bmatrix}1 & 2\\-1 & 3\end{bmatrix}\boldsymbol{X}\begin{bmatrix}2 & 1\\0 & 1\end{bmatrix}=\begin{bmatrix}2 & 0\\1 & -1\end{bmatrix}$;

(4) $\begin{bmatrix}0 & 1 & 0\\1 & 0 & 0\\0 & 0 & 1\end{bmatrix}\boldsymbol{X}\begin{bmatrix}1 & 0 & 0\\0 & 0 & 1\\0 & 1 & 0\end{bmatrix}=\begin{bmatrix}1 & -1 & 2\\3 & 0 & -2\\1 & -1 & 1\end{bmatrix}$.

18. 设方阵 $\boldsymbol{A}$ 满足 $\boldsymbol{A}^2-\boldsymbol{A}-2\boldsymbol{E}=\boldsymbol{O}$，证明 $\boldsymbol{A}$ 及 $\boldsymbol{A}+2\boldsymbol{E}$ 都可逆，并求 $\boldsymbol{A}^{-1}$ 及 $(\boldsymbol{A}+2\boldsymbol{E})^{-1}$.

19. 设 $\boldsymbol{A}=\begin{bmatrix}4 & 2 & 3\\1 & 1 & 0\\-1 & 2 & 3\end{bmatrix}$, $\boldsymbol{AB}=\boldsymbol{A}+2\boldsymbol{B}$，求 $\boldsymbol{B}$.

20. 设 n 阶方阵 $\boldsymbol{A}$ 的伴随矩阵为 $\boldsymbol{A}^*$，证明:

(1)若 $|\boldsymbol{A}|=0$，则 $|\boldsymbol{A}^*|=0$;

(2) $|\boldsymbol{A}^*|=\boldsymbol{A}^{n-1}$.

21. 用矩阵分块的方法，证明下列矩阵可逆，并求其逆矩阵.

(1) $\begin{bmatrix}1 & 2 & 0 & 0 & 0\\2 & 5 & 0 & 0 & 0\\0 & 0 & 3 & 0 & 0\\0 & 0 & 0 & 1 & 0\\0 & 0 & 0 & 1 & 1\end{bmatrix}$;　　(2) $\begin{bmatrix}0 & 0 & 3 & -1\\0 & 0 & 2 & 1\\2 & 1 & 0 & 0\\-2 & 3 & 0 & 0\end{bmatrix}$;

(3) $\begin{bmatrix} 2 & 0 & 1 & 0 & 2 \\ 0 & 2 & 0 & 1 & 3 \\ 0 & 0 & 1 & 0 & 0 \\ 0 & 0 & 0 & 1 & 0 \\ 0 & 0 & 0 & 0 & 1 \end{bmatrix}$.

22. 利用初等变换求下列矩阵的逆矩阵.

(1) $\begin{bmatrix} 1 & 2 & 1 \\ 2 & 1 & 5 \\ 1 & 0 & 4 \end{bmatrix}$;　　(2) $\begin{bmatrix} 1 & 1 & 0 & 0 \\ 1 & 2 & 0 & 1 \\ 1 & -2 & -1 & -2 \\ 3 & 1 & 2 & 1 \end{bmatrix}$;

(3) $\begin{bmatrix} -1 & 2 & 3 \\ 2 & 1 & 0 \\ 4 & -1 & 5 \end{bmatrix}$;　　(4) $\begin{bmatrix} 1 & 1 & 1 & 1 \\ 1 & 1 & 1 & 0 \\ 1 & 1 & 0 & 0 \\ 1 & 0 & 0 & 0 \end{bmatrix}$.

23. 求下列矩阵的秩.

(1) $\begin{bmatrix} 2 & 4 & -1 \\ 1 & 7 & 2 \\ 3 & 11 & 1 \end{bmatrix}$;　　(2) $\begin{bmatrix} 1 & -2 & 3 & -1 \\ 3 & -1 & 5 & -3 \\ 2 & 1 & 2 & -2 \end{bmatrix}$;

(3) $\begin{bmatrix} 1 & 2 & 3 & 4 & 1 \\ 2 & 3 & 4 & 1 & 1 \\ 3 & 5 & 7 & 5 & 2 \\ 1 & 1 & 1 & -3 & 0 \end{bmatrix}$;　　(4) $\begin{bmatrix} 1 & 0 & 0 & 1 & 4 \\ 0 & 1 & 0 & 2 & 5 \\ 0 & 0 & 1 & 3 & 6 \\ 1 & 2 & 3 & 14 & 32 \\ 4 & 5 & 6 & 32 & 77 \end{bmatrix}$;

(5) $\begin{bmatrix} 1 & 0 & 1 & 0 & 0 \\ 1 & 1 & 0 & 0 & 0 \\ 0 & 1 & 1 & 0 & 0 \\ 0 & 0 & 1 & 1 & 0 \\ 0 & 1 & 0 & 1 & 1 \end{bmatrix}$;　　(6) $\begin{bmatrix} 1 & a & a & a \\ a & 1 & a & a \\ a & a & 1 & a \\ a & a & a & 1 \end{bmatrix}$.

第 3 章

向量及向量空间

本章讨论 n 维向量组的线性相关性、向量组的秩、向量空间的概念.

3.1 向量组及其线性组合

在空间解析几何中，空间上每个点的位置可以用它的坐标来描述，点的坐标是一个三维有序数组(x, y, z).

一个 n 元方程 $a_1x_1+a_2x_2+\cdots+a_nx_n=b$ 可以用一个 $n+1$ 元有序数组$(a_1, a_2, \cdots, a_n, b)$来表示.

$1\times n$ 矩阵和 $n\times 1$ 矩阵也可以看作有序数组. 有序数组的应用非常广泛，有必要对它们进行深入的讨论.

1. n 维向量的定义

定义 3.1 由 n 个数组成的一个有序数组

$$\boldsymbol{\alpha}=(a_1, a_2, \cdots, a_n)$$

称为一个 **n 维向量**. 其中 $a_1, a_2, \cdots, a_n$ 称为 $\boldsymbol{\alpha}$ 的**分量**(或**坐标**). 分量都是实数的向量称为**实向量**；分量是复数的向量称为**复向量**.

根据讨论问题需要，我们也常常写成

$$\boldsymbol{\alpha}=\begin{bmatrix} a_1 \\ a_2 \\ \vdots \\ a_n \end{bmatrix}$$

为了区别，前者称为**行向量**，后者称为**列向量**. 一般，我们用小写的粗黑体字母，如 $\boldsymbol{\alpha}$, $\boldsymbol{\beta}$, $\boldsymbol{\gamma}$, …来表示向量，它们的区别只是写法上的不同.

实际上，n 维行向量可以看成 $1\times n$ 矩阵，n 维列向量也常看成 $n\times 1$ 矩阵.

2. n 维向量的加法与数乘运算

下面我们只讨论实向量. 设 k 和 l 为两个任意的常数. $\boldsymbol{\alpha}$, $\boldsymbol{\beta}$ 和 $\boldsymbol{\gamma}$ 为三个任意的 n 维向量，

其中

$$\boldsymbol{\alpha}=(a_1, a_2, \cdots, a_n), \quad \boldsymbol{\beta}=(b_1, b_2, \cdots, b_n).$$

定义 3.2　如果 $\boldsymbol{\alpha}$ 和 $\boldsymbol{\beta}$ 对应的分量都相等，即

$$a_i=b_i, (i=1, 2, \cdots, n)$$

就称这**两个向量相等**，记为 $\boldsymbol{\alpha}=\boldsymbol{\beta}$.

定义 3.3　向量$(a_1+b_1, a_2+b_2, \cdots, a_n+b_n)$称为 $\boldsymbol{\alpha}$ 与 $\boldsymbol{\beta}$ 的和，记为 $\boldsymbol{\alpha}+\boldsymbol{\beta}$.

定义 3.4　向量$(ka_1, ka_2, \cdots, ka_n)$为 $\boldsymbol{\alpha}$ 与 k 的**数量乘积**，简称**数乘**，记为 $k\boldsymbol{\alpha}$.

定义 3.5　分量全为零的向量 $(0, 0, \cdots, 0)$称为**零向量**，记为 $\mathbf{0}$.

定义 3.6　$\boldsymbol{\alpha}$ 与-1 的数乘 $(-1)\boldsymbol{\alpha}=(-a_1, -a_2, \cdots, -a_n)$称为 $\boldsymbol{\alpha}$ 的**负向量**，记为$-\boldsymbol{\alpha}$.

定义 3.7　我们称 $\boldsymbol{\alpha}-\boldsymbol{\beta}=\boldsymbol{\alpha}+(-\boldsymbol{\beta})$为向量的**减法**.

向量的加法与数乘运算具有下列性质：

(1)$\boldsymbol{\alpha}+\boldsymbol{\beta}=\boldsymbol{\beta}+\boldsymbol{\alpha}$;

(2)$(\boldsymbol{\alpha}+\boldsymbol{\beta})+\boldsymbol{\gamma}=\boldsymbol{\alpha}+(\boldsymbol{\beta}+\boldsymbol{\gamma})$;

(3)$\boldsymbol{\alpha}+\mathbf{0}=\boldsymbol{\alpha}$;

(4)$\boldsymbol{\alpha}+(-\boldsymbol{\alpha})=\mathbf{0}$;

(5)$k(\boldsymbol{\alpha}+\boldsymbol{\beta})=k\boldsymbol{\alpha}+k\boldsymbol{\beta}$;

(6)$(k+l)\boldsymbol{\alpha}=k\boldsymbol{\alpha}+l\boldsymbol{\alpha}$;

(7)$k(l\boldsymbol{\alpha})=(kl)\boldsymbol{\alpha}$;

(8)$1\cdot\boldsymbol{\alpha}=\boldsymbol{\alpha}$;

(9)$0\cdot\boldsymbol{\alpha}=\mathbf{0}$;

(10)$k\cdot\mathbf{0}=\mathbf{0}$.

在数学中，满足(1)～(8)的运算称为**线性运算**.

显然，n 维行向量的相等和加法、减法及数乘运算的定义，与把它们看作行矩阵时的相等和加法、减法及数乘运算的定义是一致的. 对应地，我们也可以定义列向量的加法、减法和数乘运算，这些运算与把它们看成列矩阵时的加法、减法和数乘运算也是一致的，并且同样具有上述性质.

例 3.1　设$\boldsymbol{\alpha}_1=(1, 1, 0, 2)$，$\boldsymbol{\alpha}_2=(0, 1, 1, 3)$，求 $2\boldsymbol{\alpha}_1+3\boldsymbol{\alpha}_2$.

解　$2\boldsymbol{\alpha}_1+3\boldsymbol{\alpha}_2=2(1, 1, 0, 2)+3(0, 1, 1, 3)$

$$=(2, 2, 0, 4)+(0, 3, 3, 9)=(2, 5, 3, 13)$$

通常把维数相同的一组向量简称为一个**向量组**，n 维行量组 $\boldsymbol{\alpha}_1, \boldsymbol{\alpha}_2, \cdots, \boldsymbol{\alpha}_s$ 可以排列成一个 $s\times n$ 矩阵

$$\boldsymbol{A}=\begin{bmatrix}\boldsymbol{\alpha}_1\\ \boldsymbol{\alpha}_2\\ \vdots\\ \boldsymbol{\alpha}_s\end{bmatrix},$$

其中 $\boldsymbol{\alpha}_i(i=1, 2, \cdots, s)$为由 $\boldsymbol{A}$ 的第 i 行形成的子块，$\boldsymbol{\alpha}_1, \boldsymbol{\alpha}_2, \cdots, \boldsymbol{\alpha}_s$ 称为 $\boldsymbol{A}$ 的**行向量组**.

类似地，n 维列向量组$\boldsymbol{\beta}_1, \boldsymbol{\beta}_2, \cdots, \boldsymbol{\beta}_s$ 可以排成一个 $n\times s$ 矩阵 $\boldsymbol{B}=(\boldsymbol{\beta}_1, \boldsymbol{\beta}_2, \cdots, \boldsymbol{\beta}_s)$，其中 $\boldsymbol{\beta}_j(j=1, 2, \cdots, s)$为 $\boldsymbol{B}$ 的第 j 列形成的子块，$\boldsymbol{\beta}_1, \boldsymbol{\beta}_2, \cdots, \boldsymbol{\beta}_s$ 称为 $\boldsymbol{B}$ 的**列向量组**.

综上，矩阵 $\boldsymbol{A}$ 就与其列向量组或行向量组之间建立了一一对应关系. 向量组之间的关系

可用矩阵来研究；反过来，矩阵的问题也可用向量组来研究.

3.2　向量组的线性相关性

1. 向量组的线性表示

定义 3.8　设有 n 维向量 $\boldsymbol{\beta}$，$\boldsymbol{\alpha}_1$，$\boldsymbol{\alpha}_2$，…，$\boldsymbol{\alpha}_s$，如果存在一组数 k_1，k_2，…，k_s，使得

$$\boldsymbol{\beta}=k_1\boldsymbol{\alpha}_1+k_2\boldsymbol{\alpha}_2+\cdots+k_s\boldsymbol{\alpha}_s \tag{3.1}$$

则称 $\boldsymbol{\beta}$ 是 $\boldsymbol{\alpha}_1$，$\boldsymbol{\alpha}_2$，…，$\boldsymbol{\alpha}_s$ 的**线性组合**，或称 $\boldsymbol{\beta}$ 能由 $\boldsymbol{\alpha}_1$，$\boldsymbol{\alpha}_2$，…，$\boldsymbol{\alpha}_s$ **线性表示**(**线性表出**).

例 3.2　设 $\boldsymbol{\alpha}_1=(1,\ 2,\ 3)$，$\boldsymbol{\alpha}_2=(2,\ 3,\ 1)$，$\boldsymbol{\alpha}_3=(3,\ 1,\ 2)$，$\boldsymbol{\beta}=(0,\ 4,\ 2)$. 试问 $\boldsymbol{\beta}$ 能否由 $\boldsymbol{\alpha}_1$，$\boldsymbol{\alpha}_2$，$\boldsymbol{\alpha}_3$ 线性表出？若能，写出具体表达式.

解　由式(3.1)，令

$$\boldsymbol{\beta}=k_1\boldsymbol{\alpha}_1+k_2\boldsymbol{\alpha}_2+k_3\boldsymbol{\alpha}_3$$

于是得线性方程组

$$\begin{cases}k_1+2k_2+3k_3=0,\\2k_1+3k_2+k_3=4,\\3k_1+k_2+2k_3=2,\end{cases}$$

因为

$$D=\begin{vmatrix}1&2&3\\2&3&1\\3&1&2\end{vmatrix}=-18\neq 0,$$

由定理 1.4(克莱姆法则)，线性方程组有唯一解，即

$$k_1=1,\ k_2=1,\ k_3=-1$$

所以

$$\boldsymbol{\beta}=\boldsymbol{\alpha}_1+\boldsymbol{\alpha}_2-\boldsymbol{\alpha}_3,$$

即 $\boldsymbol{\beta}$ 能由 $\boldsymbol{\alpha}_1$，$\boldsymbol{\alpha}_2$，$\boldsymbol{\alpha}_3$ 线性表出.

例 3.3　设 $\boldsymbol{\alpha}=(2,\ -3,\ 0)$，$\boldsymbol{\beta}=(0,\ -1,\ 2)$，$\gamma=(0,\ -7,\ -4)$，试问 $\boldsymbol{\gamma}$ 能否由 $\boldsymbol{\alpha}$，$\boldsymbol{\beta}$ 线性表出？

解　设

$$\boldsymbol{\gamma}=k_1\boldsymbol{\alpha}+k_2\boldsymbol{\beta}$$

于是得方程组

$$\begin{cases}2k_1=0,\\-3k_1-k_2=-7,\\2k_2=-4,\end{cases}$$

由第一个方程得 $k_1=0$，代入第二个方程得 $k_2=7$，但 k_2 不满足第三个方程，故方程组无解. 所以 $\boldsymbol{\gamma}$ 不能由 $\boldsymbol{\alpha}$，$\boldsymbol{\beta}$ 线性表出.

不难看出非齐次线性方程组

$$\begin{cases} a_{11}x_1+a_{12}x_2+\cdots+a_{1n}x_n=b_1, \\ a_{21}x_1+a_{22}x_2+\cdots+a_{2n}x_n=b_2, \\ \quad\cdots \\ a_{m1}x_1+a_{m2}x_2+\cdots+a_{mn}x_n=b_m \end{cases} \tag{3.2}$$

的向量形式即为

$$x_1\boldsymbol{\alpha}_1+x_2\boldsymbol{\alpha}_2+\cdots+x_n\boldsymbol{\alpha}_n=\boldsymbol{\beta},$$

其中，$\boldsymbol{\alpha}_j=(a_{1j}, a_{2j}, \cdots, a_{mj})^{\mathrm{T}}(j=1, 2, \cdots, n)$，$\boldsymbol{\beta}=(b_1, b_2, \cdots, b_m)^{\mathrm{T}}$ 都为 m 维列向量. 因而有如下结论：

定理 3.1　$\boldsymbol{\beta}$ **是** $\boldsymbol{\alpha}_1$，$\boldsymbol{\alpha}_2$，$\cdots$，$\boldsymbol{\alpha}_s$ 的线性组合的充分必要条件是非齐次线性方程组(3.2)有解.

2. 向量组的线性相关和线性无关

定义 3.9　设 $\boldsymbol{\alpha}_1$，$\boldsymbol{\alpha}_2$，$\cdots$，$\boldsymbol{\alpha}_s$ 为 s 个 n 维向量，如果存在一组不全为零的数 k_1，k_2，$\cdots$，k_s，使得

$$\sum_{i=1}^{s} k_i\boldsymbol{\alpha}_i=k_1\boldsymbol{\alpha}_1+k_2\boldsymbol{\alpha}_2+\cdots+k_s\boldsymbol{\alpha}_s=\mathbf{0}. \tag{3.3}$$

成立，则称向量组 $\boldsymbol{\alpha}_1$，$\boldsymbol{\alpha}_2$，$\cdots$，$\boldsymbol{\alpha}_s$ **线性相关**；

如果仅当 $k_1=k_2=\cdots=k_s=0$ 时上式才成立，则称 $\boldsymbol{\alpha}_1$，$\boldsymbol{\alpha}_2$，$\cdots$，$\boldsymbol{\alpha}_s$ **线性无关**.（或者当 $\sum_{i=1}^{s} k_i\boldsymbol{\alpha}_i=k_1\boldsymbol{\alpha}_1+k_2\boldsymbol{\alpha}_2+\cdots+k_s\boldsymbol{\alpha}_s=\mathbf{0}$ 时，必有 $k_1=k_2=\cdots=k_s=0$）.

显然，单个零向量构成的向量组是线性相关的.

例 3.4　判断向量组

$$\begin{cases} \boldsymbol{\varepsilon}_1=(1, 0, \cdots, 0), \\ \boldsymbol{\varepsilon}_2=(0, 1, \cdots, 0), \\ \quad\cdots \\ \boldsymbol{\varepsilon}_n=(0, 0, \cdots, 1) \end{cases}$$

的线性相关性.

解　对任意的常数 k_1，k_2，$\cdots$，k_n 都有

$$k_1\boldsymbol{\varepsilon}_1+k_2\boldsymbol{\varepsilon}_2+\cdots+k_n\boldsymbol{\varepsilon}_n=(k_1, k_2, \cdots, k_n),$$

所以

$$k_1\boldsymbol{\varepsilon}_1+k_2\boldsymbol{\varepsilon}_2+\cdots+k_n\boldsymbol{\varepsilon}_n=\mathbf{0},$$

当且仅当 $k_1=k_2=\cdots=k_n=0$. 因此 $\boldsymbol{\varepsilon}_1$，$\boldsymbol{\varepsilon}_2$，$\cdots$，$\boldsymbol{\varepsilon}_n$ 线性无关.

$\boldsymbol{\varepsilon}_1$，$\boldsymbol{\varepsilon}_2$，$\cdots$，$\boldsymbol{\varepsilon}_n$ 称为 **n 维标准单位向量**.

例 3.5　判断向量组

$$\boldsymbol{\alpha}_1=(1, 1, 1), \boldsymbol{\alpha}_2=(0, 2, 5), \boldsymbol{\alpha}_3=(1, 3, 6)$$

的线性相关性.

解　对任意的常数 k_1，k_2，k_3，都有

$$k_1\boldsymbol{\alpha}_1+k_2\boldsymbol{\alpha}_2+k_3\boldsymbol{\alpha}_3=(k_1+k_3, k_1+2k_2+3k_3, k_1+5k_2+6k_3),$$

所以

$$k_1\boldsymbol{\alpha}_1+k_2\boldsymbol{\alpha}_2+k_3\boldsymbol{\alpha}_3=\mathbf{0}$$

当且仅当

$$\begin{cases}k_1+k_3=0,\\k_1+2k_2+3k_3=0,\\k_1+5k_2+6k_3=0.\end{cases}$$

由于

$$k_1=1,\ k_2=1,\ k_3=-1$$

满足上述的方程组，因此有不全为 0 的 k_i 满足

$$1\boldsymbol{\alpha}_1+1\boldsymbol{\alpha}_2+(-1)\boldsymbol{\alpha}_3=\boldsymbol{\alpha}_1+\boldsymbol{\alpha}_2-\boldsymbol{\alpha}_3=\mathbf{0}.$$

所以 $\boldsymbol{\alpha}_1$，$\boldsymbol{\alpha}_2$，$\boldsymbol{\alpha}_3$ 线性相关.

例 3.6 设向量组 $\boldsymbol{\alpha}$，$\boldsymbol{\beta}$，$\boldsymbol{\gamma}$ 线性无关，试证向量组 $\boldsymbol{\alpha}+\boldsymbol{\beta}$，$\boldsymbol{\beta}+\boldsymbol{\gamma}$，$\boldsymbol{\alpha}+\boldsymbol{\gamma}$ 也线性无关.

证 设

$$k_1(\boldsymbol{\alpha}+\boldsymbol{\beta})+k_2(\boldsymbol{\beta}+\boldsymbol{\gamma})+k_3(\boldsymbol{\alpha}+\boldsymbol{\gamma})=(k_1+k_3)\boldsymbol{\alpha}+(k_1+k_2)\boldsymbol{\beta}+(k_2+k_3)\boldsymbol{\gamma}.$$

由 $\boldsymbol{\alpha}$，$\boldsymbol{\beta}$，$\boldsymbol{\gamma}$ 线性无关，故有

$$\begin{cases}k_1+k_3=0,\\k_1+k_2=0,\\k_2+k_3=0.\end{cases}$$

由于满足此方程组的 k_1，k_2，k_3 的取值只有

$$k_1=k_2=k_3=0,$$

所以 $\boldsymbol{\alpha}+\boldsymbol{\beta}$，$\boldsymbol{\beta}+\boldsymbol{\gamma}$，$\boldsymbol{\alpha}+\boldsymbol{\gamma}$ 线性无关.

齐次线性方程组

$$\begin{cases}a_{11}x_1+a_{12}x_2+\cdots+a_{1n}x_n=0,\\a_{21}x_1+a_{22}x_2+\cdots+a_{2n}x_n=0,\\\qquad\cdots\\a_{m1}x_1+a_{m2}x_2+\cdots+a_{mn}x_n=0\end{cases}\tag{3.4}$$

的向量形式即为

$$x_1\boldsymbol{\alpha}_1+x_2\boldsymbol{\alpha}_2+\cdots+x_n\boldsymbol{\alpha}_n=\mathbf{0},$$

其中，$\boldsymbol{\alpha}_j=(a_{1j},\ a_{2j},\ \cdots,\ a_{mj})^{\mathrm{T}}(j=1,\ 2,\ \cdots,\ n)$ 都为 m 维列向量. 因而判断向量组的线性相关性相当于判断其所对应的齐次线性方程组是否有非零解，于是有如下结论：

定理 3.2 向量组 $\boldsymbol{\alpha}_1$，$\boldsymbol{\alpha}_2$，$\cdots$，$\boldsymbol{\alpha}_n$ 线性无关的充分必要条件是齐次线性方程组(3.4)仅有零解；向量组 $\boldsymbol{\alpha}_1$，$\boldsymbol{\alpha}_2$，$\cdots$，$\boldsymbol{\alpha}_n$ 线性相关的充分必要条件是齐次线性方程组(3.4)有非零解.

3. 向量组线性相关性的相关判别

定理 3.3 向量组 $\boldsymbol{\alpha}_1$，$\boldsymbol{\alpha}_2$，$\cdots$，$\boldsymbol{\alpha}_s(s\geqslant 2)$ 线性相关的充要条件是其中至少有一个向量能由其余向量线性表出.

证 先证必要性. 若 $\boldsymbol{\alpha}_1$，$\boldsymbol{\alpha}_2$，$\cdots$，$\boldsymbol{\alpha}_s$ 中有一个向量能由其余向量线性表出，不妨设

$$\boldsymbol{\alpha}_1=k_1\boldsymbol{\alpha}_1+k_2\boldsymbol{\alpha}_2+\cdots+k_s\boldsymbol{\alpha}_s,$$

那么

$$-\boldsymbol{\alpha}_1+k_1\boldsymbol{\alpha}_1+k_2\boldsymbol{\alpha}_2+\cdots+k_s\boldsymbol{\alpha}_s=\mathbf{0},$$

即存在一组不全为0的数-1，k_2，…，k_s 使得式(3.3)成立，所以 $\boldsymbol{\alpha}_1$，$\boldsymbol{\alpha}_2$，…，$\boldsymbol{\alpha}_s$ 线性相关.

再证充分性. 如果 $\boldsymbol{\alpha}_1$，$\boldsymbol{\alpha}_2 \cdots \boldsymbol{\alpha}_s$ 线性相关，就有不全为零的数 k_1，k_2，$\cdots k_s$，使

$$k_1\boldsymbol{\alpha}_1+k_2\boldsymbol{\alpha}_2+\cdots+k_s\boldsymbol{\alpha}_s=\mathbf{0}.$$

不妨设 $k_1 \neq 0$，那么

$$\boldsymbol{\alpha}_1=-\frac{k_2}{k_1}\boldsymbol{\alpha}_2-\frac{k_3}{k_1}\boldsymbol{\alpha}_3-\cdots-\frac{k_s}{k_1}\boldsymbol{\alpha}_s.$$

即 $\boldsymbol{\alpha}_1$ 能由 $\boldsymbol{\alpha}_2$，$\boldsymbol{\alpha}_3$，…，$\boldsymbol{\alpha}_s$ 线性表出.

例如，向量组

$$\boldsymbol{\alpha}_1=(-1,\ 3,\ 1),\ \boldsymbol{\alpha}_2=(-2,\ 5,\ 4),\ \boldsymbol{\alpha}_3=(-1,\ 4,\ -1)$$

是线性相关的，因为

$$\boldsymbol{\alpha}_3=3\boldsymbol{\alpha}_1-\boldsymbol{\alpha}_2.$$

显然，向量组 $\boldsymbol{\alpha}_1$，$\boldsymbol{\alpha}_2$ 线性相关的充分必要条件是存在常数 k，使得两向量的对应分量成比例. 在三维的情形，这就表示向量 $\boldsymbol{\alpha}_1$ 与 $\boldsymbol{\alpha}_2$ 共线. 三个向量 $\boldsymbol{\alpha}_1$，$\boldsymbol{\alpha}_2$，$\boldsymbol{\alpha}_3$ 线性相关的几何意义就是它们共面.

定理 3.4　设向量组 $\boldsymbol{\beta}_1$，$\boldsymbol{\beta}_2$，…，$\boldsymbol{\beta}_t$ 线性无关，而向量组 $\boldsymbol{\beta}_1$，$\boldsymbol{\beta}_2$，…，$\boldsymbol{\beta}_t$，$\boldsymbol{\alpha}$ 线性相关，则 $\boldsymbol{\alpha}$ 能由向量组 $\boldsymbol{\beta}_1$，$\boldsymbol{\beta}_2$，…，$\boldsymbol{\beta}_t$ 线性表出，且表示式是唯一的.

证　由于 $\boldsymbol{\beta}_1$，$\boldsymbol{\beta}_2$，…，$\boldsymbol{\beta}_t$，$\boldsymbol{\alpha}$ 线性相关，就有不全为零的数 k_1，k_2，$\cdots k_t$，k，使

$$k_1\boldsymbol{\beta}_1+k_2\boldsymbol{\beta}_2+\cdots+k_t\boldsymbol{\beta}_t+k\boldsymbol{\alpha}=\mathbf{0}.$$

若 $k=0$，则有不全为零的数 k_1，k_2，…，k_t，使得

$$k_1\boldsymbol{\beta}_1+k_2\boldsymbol{\beta}_2+\cdots+k_t\boldsymbol{\beta}_t=\mathbf{0}.$$

由定义 3.9 知 $\boldsymbol{\beta}_1$，$\boldsymbol{\beta}_2$，…，$\boldsymbol{\beta}_t$ 线性相关，这与题设 $\boldsymbol{\beta}_1$，$\boldsymbol{\beta}_2$，…，$\boldsymbol{\beta}_t$ 线性无关矛盾，所以 $k \neq 0$. 因此

$$\boldsymbol{\alpha}=-\frac{k_1}{k}\boldsymbol{\beta}_1-\frac{k_2}{k}\boldsymbol{\beta}_2-\cdots-\frac{k_t}{k}\boldsymbol{\beta}_t,$$

即 $\boldsymbol{\alpha}$ 可由 $\boldsymbol{\beta}_1$，$\boldsymbol{\beta}_2$，…，$\boldsymbol{\beta}_t$ 线性表出.

下面证明表示式是唯一的.

设有两组常数 l_1，l_2，…，l_t 和 h_1，h_2，…，h_t 使得

$$\boldsymbol{\alpha}=l_1\boldsymbol{\beta}_1+l_2\boldsymbol{\beta}_2+\cdots+l_t\boldsymbol{\beta}_t,$$
$$\boldsymbol{\alpha}=h_1\boldsymbol{\beta}_1+h_2\boldsymbol{\beta}_2+\cdots+h_t\boldsymbol{\beta}_t,$$

由于

$$\begin{aligned}\boldsymbol{\alpha}-\boldsymbol{\alpha}&=l_1\boldsymbol{\beta}_1+l_2\boldsymbol{\beta}_2+\cdots+l_t\boldsymbol{\beta}_t-(h_1\boldsymbol{\beta}_1+h_2\boldsymbol{\beta}_2+\cdots+h_t\boldsymbol{\beta}_t)\\&=(l_1-h_1)\boldsymbol{\beta}_1+(l_2-h_2)\boldsymbol{\beta}_2+\cdots(l_t-h_t)\boldsymbol{\beta}_t=\mathbf{0}\end{aligned}$$

由于 $\boldsymbol{\beta}_1$，$\boldsymbol{\beta}_2$，…，$\boldsymbol{\beta}_t$ 线性无关可以得到

$$l_i=h_i \quad (i=1,\ 2,\ \cdots,\ t)$$

因此表示式是唯一的.

注　定理 3.3 和定理 3.4 向我们展示了向量组的线性相关性及其与线性组合之间的关系.

定义 3.10　如果向量组 $\boldsymbol{\alpha}_1$，$\boldsymbol{\alpha}_2$，…，$\boldsymbol{\alpha}_s$ 中每个向量都可由向量组 $\boldsymbol{\beta}_1$，$\boldsymbol{\beta}_2$，…，$\boldsymbol{\beta}_t$ 线性表出，就称向量组 $\boldsymbol{\alpha}_1$，$\boldsymbol{\alpha}_2$，…，$\boldsymbol{\alpha}_s$ 可由向量组 $\boldsymbol{\beta}_1$，$\boldsymbol{\beta}_2$，…，$\boldsymbol{\beta}_t$ 线性表出，如果两个向量组互相可

以线性表出，就称它们**等价**.

显然，每一个向量组都可以由它自身线性表出. 同时，如果向量组 $\boldsymbol{\alpha}_1, \boldsymbol{\alpha}_2, \cdots, \boldsymbol{\alpha}_s$ 可以由向量组 $\boldsymbol{\beta}_1, \boldsymbol{\beta}_2, \cdots, \boldsymbol{\beta}_t$ 线性表出，向量组 $\boldsymbol{\beta}_1, \boldsymbol{\beta}_2, \cdots, \boldsymbol{\beta}_t$ 可以由向量组 $\boldsymbol{\gamma}_1, \boldsymbol{\gamma}_2, \cdots, \boldsymbol{\gamma}_p$ 线性表出，那么向量组 $\boldsymbol{\alpha}_1, \boldsymbol{\alpha}_2, \cdots, \boldsymbol{\alpha}_s$ 可以由向量组 $\boldsymbol{\gamma}_1, \boldsymbol{\gamma}_2, \cdots, \boldsymbol{\gamma}_p$ 线性表出.

事实上，如果

$$\boldsymbol{\alpha}_i = \sum_{j=1}^{t} k_{ij}\boldsymbol{\beta}_j \quad (i = 1, 2, \cdots, s)$$

$$\boldsymbol{\beta}_j = \sum_{m=1}^{p} l_{jm}\boldsymbol{\gamma}_m \quad (j = 1, 2, \cdots, t)$$

那么

$$\boldsymbol{\alpha}_i = \sum_{j=1}^{t} k_{ij}\sum_{m=1}^{p} l_{jm}\boldsymbol{\gamma}_m = \sum_{j=1}^{t}\sum_{m=1}^{p} k_{ij}l_{jm}\boldsymbol{\gamma}_m = \sum_{m=1}^{p}\left[\sum_{j=1}^{t} k_{ij}l_{jm}\right]\boldsymbol{\gamma}_m.$$

这就是说，向量组 $\boldsymbol{\alpha}_1, \boldsymbol{\alpha}_2, \cdots, \boldsymbol{\alpha}_s$ 中每一个向量都可以由向量组 $\boldsymbol{\gamma}_1, \boldsymbol{\gamma}_2, \cdots, \boldsymbol{\gamma}_p$ 线性表出. 因而，向量组 $\boldsymbol{\alpha}_1, \boldsymbol{\alpha}_2, \cdots, \boldsymbol{\alpha}_s$ 可以由向量组 $\boldsymbol{\gamma}_1, \boldsymbol{\gamma}_2, \cdots, \boldsymbol{\gamma}_p$ 线性表出.

由上述结论，得到向量组的等价具有下述性质.

(1) **反身性**：向量组 $\boldsymbol{\alpha}_1, \boldsymbol{\alpha}_2, \cdots, \boldsymbol{\alpha}_s$ 与它自己等价.

(2) **对称性**：如果向量组 $\boldsymbol{\alpha}_1, \boldsymbol{\alpha}_2, \cdots, \boldsymbol{\alpha}_s$ 与 $\boldsymbol{\beta}_1, \boldsymbol{\beta}_2, \cdots, \boldsymbol{\beta}_t$ 等价，那么 $\boldsymbol{\beta}_1, \boldsymbol{\beta}_2, \cdots, \boldsymbol{\beta}_t$ 也与 $\boldsymbol{\alpha}_1, \boldsymbol{\alpha}_2, \cdots, \boldsymbol{\alpha}_s$ 等价.

(3) **传递性**：如果向量组 $\boldsymbol{\alpha}_1, \boldsymbol{\alpha}_2, \cdots, \boldsymbol{\alpha}_s$ 与 $\boldsymbol{\beta}_1, \boldsymbol{\beta}_2, \cdots, \boldsymbol{\beta}_t$ 等价，而向量组 $\boldsymbol{\beta}_1, \boldsymbol{\beta}_2, \cdots, \boldsymbol{\beta}_t$ 又与 $\boldsymbol{\gamma}_1, \boldsymbol{\gamma}_2, \cdots, \boldsymbol{\gamma}_p$ 等价，那么 $\boldsymbol{\alpha}_1, \boldsymbol{\alpha}_2, \cdots, \boldsymbol{\alpha}_s$ 与 $\boldsymbol{\gamma}_1, \boldsymbol{\gamma}_2, \cdots, \boldsymbol{\gamma}_p$ 等价.

利用定义判断向量组的线性相关性往往比较复杂，我们有时可以直接利用向量组的特点来判断它的线性相关性.

定义 3.11 向量组 $\boldsymbol{\alpha}_1, \boldsymbol{\alpha}_2, \cdots, \boldsymbol{\alpha}_s$ 中的一部分向量 $\boldsymbol{\alpha}_{i_1}, \boldsymbol{\alpha}_{i_2}, \cdots, \boldsymbol{\alpha}_{i_r}$ 组成的新向量组，称为原向量组的一个**部分组**.

定理 3.5 有一个部分组线性相关的向量组一定线性相关.

证 设向量组 $\boldsymbol{\alpha}_1, \boldsymbol{\alpha}_2, \cdots, \boldsymbol{\alpha}_s$ 有一个部分组线性相关. 不妨设这个部分组为 $\boldsymbol{\alpha}_1, \boldsymbol{\alpha}_2, \cdots, \boldsymbol{\alpha}_r (r \leqslant s)$. 则有不全为零的数 $k_1, k_2, \cdots, k_r$，使

$$\sum_{i=1}^{s} k_i\boldsymbol{\alpha}_i = \sum_{i=1}^{r} k_i\boldsymbol{\alpha}_i + \sum_{j=r+1}^{s} 0 \cdot \boldsymbol{\alpha}_j = 0,$$

因此 $\boldsymbol{\alpha}_1, \boldsymbol{\alpha}_2, \cdots, \boldsymbol{\alpha}_s$ 也线性相关.

推论 1 含有零向量的向量组必线性相关.

推论 2 如果一个向量组线性无关，那么它的任一部分向量组也线性无关.

定理 3.6 在 r 维向量组 $\boldsymbol{\alpha}_1, \boldsymbol{\alpha}_2, \cdots, \boldsymbol{\alpha}_s$ 的各向量添上 $n-r$ 个分量，变成 n 维向量组 $\boldsymbol{\beta}_1, \boldsymbol{\beta}_2, \cdots, \boldsymbol{\beta}_s$.

(1) 如果 $\boldsymbol{\beta}_1, \boldsymbol{\beta}_2, \cdots, \boldsymbol{\beta}_s$ 线性相关，那么 $\boldsymbol{\alpha}_1, \boldsymbol{\alpha}_2, \cdots, \boldsymbol{\alpha}_s$ 也线性相关.

(2) 如果 $\boldsymbol{\alpha}_1, \boldsymbol{\alpha}_2, \cdots, \boldsymbol{\alpha}_s$ 线性无关，那么 $\boldsymbol{\beta}_1, \boldsymbol{\beta}_2, \cdots, \boldsymbol{\beta}_s$ 也线性无关.

定理 3.7 设 $\boldsymbol{A}$ 是一个 n 阶方阵，则 $\boldsymbol{A}$ 的行(列)向量组线性相关的充分必要条件是 $|\boldsymbol{A}|=0$.

证 设 $\boldsymbol{A}=(a_{ij})_{n\times n}$，将其列向量组记为：

$$\boldsymbol{\alpha}_1=\begin{bmatrix}a_{11}\\a_{21}\\\vdots\\a_{n1}\end{bmatrix},\quad \boldsymbol{\alpha}_2\begin{bmatrix}a_{12}\\a_{22}\\\vdots\\a_{n2}\end{bmatrix},\cdots,\boldsymbol{\alpha}_n=\begin{bmatrix}a_{1n}\\a_{2n}\\\vdots\\a_{nn}\end{bmatrix}.$$

令

$$x_1\boldsymbol{\alpha}_1+x_2\boldsymbol{\alpha}_2+\cdots+x_n\boldsymbol{\alpha}_n=\mathbf{0},$$

此为齐次线性方程组(3. 4)的向量形式, 由定理 3. 2 知, 向量组 $\boldsymbol{\alpha}_1$, $\boldsymbol{\alpha}_2$, $\cdots$, $\boldsymbol{\alpha}_n$ 线性相关的充分必要条件是齐次线性方程组(3. 4)有非零解.

即齐次线性方程组

$$\boldsymbol{A}\begin{bmatrix}x_1\\x_2\\\vdots\\x_n\end{bmatrix}=\mathbf{0} \tag{3. 5}$$

有非零解. 由定理 1. 5, 式(3. 5)存在非零解的充分必要条件是 $|\boldsymbol{A}|=0$. 从而定理得证.

对 $\boldsymbol{A}^{\mathrm{T}}$ 作类似的讨论, 可以证明行向量组的情形.

该定理亦可叙述如下:

定理 3. 7'　对 n 个 n 维向量 $\boldsymbol{\alpha}_1$, $\boldsymbol{\alpha}_2$, $\cdots$, $\boldsymbol{\alpha}_n$, 线性相关的充分必要条件是其所对应的行列式 $|\boldsymbol{\alpha}_1, \boldsymbol{\alpha}_2, \cdots, \boldsymbol{\alpha}_n|=0$; 其线性无关的充分必要条件是 $|\boldsymbol{\alpha}_1, \boldsymbol{\alpha}_2, \cdots, \boldsymbol{\alpha}_n|\neq 0$.

推论 1　n 阶方阵 $\boldsymbol{A}$ 可逆的充分必要条件是 $\boldsymbol{A}$ 的行(列)向量组线性无关.

推论 2　$n+1$ 个 n 维向量 $\boldsymbol{\alpha}_1$, $\boldsymbol{\alpha}_2$, $\cdots$, $\boldsymbol{\alpha}_n$, $\boldsymbol{\alpha}_{n+1}$ 必线性相关.

证　对每个 $\boldsymbol{\alpha}_i$ 添加等于零的第 $n+1$ 个分量, 得到 $n+1$ 维向量 $\boldsymbol{\beta}_1$, $\boldsymbol{\beta}_2$, $\cdots$, $\boldsymbol{\beta}_{n+1}$. 易见, 由 $\boldsymbol{\beta}_1$, $\boldsymbol{\beta}_2$, $\cdots$, $\boldsymbol{\beta}_{n+1}$ 构成的方阵的行列式等于零, 因而 $\boldsymbol{\beta}_1$, $\boldsymbol{\beta}_2$, $\cdots$, $\boldsymbol{\beta}_{n+1}$ 线性相关, 由定理 3. 7, 易知 $\boldsymbol{\alpha}_1$, $\boldsymbol{\alpha}_2$, $\cdots$, $\boldsymbol{\alpha}_n$, $\boldsymbol{\alpha}_{n+1}$ 也线性相关.

推论 3　当 $m>n$ 时, m 个 n 维向量线性相关.

例 3. 7　讨论下列矩阵的行向量组的线性相关性

$$\boldsymbol{B}=\begin{bmatrix}1&2&3\\2&2&1\\3&4&3\end{bmatrix},\ \boldsymbol{C}=\begin{bmatrix}1&3&-2\\0&2&-1\\-2&0&1\end{bmatrix}.$$

解　由于 $|\boldsymbol{B}|=2\neq 0$, 因此 $\boldsymbol{B}$ 的行(列)向量组线性无关; 由于 $|\boldsymbol{C}|=0$, 所以 $\boldsymbol{C}$ 的行(列)向量组线性相关.

定理 3. 8　如果向量组 $\boldsymbol{\alpha}_1$, $\boldsymbol{\alpha}_2$, $\cdots$, $\boldsymbol{\alpha}_s$ 可由 $\boldsymbol{\beta}_1$, $\boldsymbol{\beta}_2$, $\cdots$, $\boldsymbol{\beta}_t$ 线性表出且 $s>t$, 那么 $\boldsymbol{\alpha}_1$, $\boldsymbol{\alpha}_2$, $\cdots$, $\boldsymbol{\alpha}_s$ 线性相关.

推论 1　如果向量组 $\boldsymbol{\alpha}_1$, $\boldsymbol{\alpha}_2$, $\cdots$, $\boldsymbol{\alpha}_s$ 可由向量组 $\boldsymbol{\beta}_1$, $\boldsymbol{\beta}_2$, $\cdots$, $\boldsymbol{\beta}_t$ 线性表出, 且 $\boldsymbol{\alpha}_1$, $\boldsymbol{\alpha}_2$, $\cdots$, $\boldsymbol{\alpha}_s$ 线性无关, 那么 $s\leqslant t$.

推论 2　两个等价的线性无关的向量组必含有相同个数的向量.

3.3 向量组的极大线性无关组与秩

一个向量组所含的向量个数可能很多，甚至有无穷多个. 一般我们通过它的一部分向量来进行研究.

定义 3.12 设向量组 $\boldsymbol{\alpha}_1, \boldsymbol{\alpha}_2, \cdots, \boldsymbol{\alpha}_s$ 的一个部分组 $\boldsymbol{\alpha}_{i_1}, \boldsymbol{\alpha}_{i_2}, \cdots, \boldsymbol{\alpha}_{i_r}$，满足

(1) 部分组 $\boldsymbol{\alpha}_{i_1}, \boldsymbol{\alpha}_{i_2}, \cdots \boldsymbol{\alpha}_{i_r}$ 线性无关；

(2) 对任意的 $\boldsymbol{\alpha}_i (1 \leqslant i \leqslant s)$，都可由 $\boldsymbol{\alpha}_{i_1}, \boldsymbol{\alpha}_{i_2}, \cdots \boldsymbol{\alpha}_{i_r}$ 线性表示.

则称部分组 $\boldsymbol{\alpha}_{i_1}, \boldsymbol{\alpha}_{i_2}, \cdots, \boldsymbol{\alpha}_{i_r}$ 是向量组 $\boldsymbol{\alpha}_1, \boldsymbol{\alpha}_2, \cdots, \boldsymbol{\alpha}_s$ 的一个**极大线性无关组**(简称为**极大无关组**).

例 3.8 在向量组 $\boldsymbol{\alpha}_1=(1, 3, 1)$，$\boldsymbol{\alpha}_2=(2, 5, 4)$，$\boldsymbol{\alpha}_3=(1, 4, -1)$ 中，$\boldsymbol{\alpha}_1, \boldsymbol{\alpha}_2$ 为它的一个极大线性无关组.

首先，因为 $\boldsymbol{\alpha}_1$ 与 $\boldsymbol{\alpha}_2$ 的分量不成比例，所以 $\boldsymbol{\alpha}_1, \boldsymbol{\alpha}_2$ 线性无关，再添入 $\boldsymbol{\alpha}_3$ 以后，由

$$\boldsymbol{\alpha}_3 = 3\boldsymbol{\alpha}_1 - \boldsymbol{\alpha}_2$$

可知所得部分组线性相关，因此 $\boldsymbol{\alpha}_1, \boldsymbol{\alpha}_2$ 为该向量组的一个极大线性无关组. 不难验证 $\boldsymbol{\alpha}_2, \boldsymbol{\alpha}_3$ 也为一个极大线性无关组.

向量组的极大线性无关组具有以下性质：

性质 3.1 一向量组的极大线性无关组与向量组本身等价.

从例 3.8 我们发现：向量组的极大线性无关组可能不是唯一的，但是我们有下面的结论.

性质 3.2 一向量组的任意两个极大线性无关组都等价.

性质 3.3 一向量组的任意两个极大线性无关组都含有相同个数的向量.

性质 3.3 表明向量组的极大线性无关组所含向量的个数与极大线性无关组的选择无关，它反映了向量组本身的特征.

定义 3.13 向量组 $\boldsymbol{\alpha}_1, \boldsymbol{\alpha}_2, \cdots, \boldsymbol{\alpha}_s$ 的极大线性无关组所含向量的个数称为这个向量组的**秩**，记为 $R(\boldsymbol{\alpha}_1, \boldsymbol{\alpha}_2, \cdots, \boldsymbol{\alpha}_s)$.

例如，例 3.8 中向量组 $\boldsymbol{\alpha}_1, \boldsymbol{\alpha}_2, \boldsymbol{\alpha}_3$ 的秩为 2.

线性无关向量组本身就是它的极大线性无关组，所以我们有：一向量组线性无关的充要条件为它的秩与它所含向量的个数相同.

我们知道每个向量组都与它的极大线性无关组等价，由等价的传递性可知，任意两个等价的向量组的极大线性无关组也等价，因而等价的向量组必有相同的秩.

定理 3.9 如果向量组 $\boldsymbol{\alpha}_1, \boldsymbol{\alpha}_2, \cdots, \boldsymbol{\alpha}_s$ 能由向量组 $\boldsymbol{\beta}_1, \boldsymbol{\beta}_2, \cdots, \boldsymbol{\beta}_t$ 线性表出，则 $\boldsymbol{\alpha}_1, \boldsymbol{\alpha}_2, \cdots, \boldsymbol{\alpha}_s$ 的秩不超过 $\boldsymbol{\beta}_1, \boldsymbol{\beta}_2, \cdots, \boldsymbol{\beta}_t$ 的秩，即 $R(\boldsymbol{\alpha}_1, \boldsymbol{\alpha}_2, \cdots, \boldsymbol{\alpha}_s) \leqslant R(\boldsymbol{\beta}_1, \boldsymbol{\beta}_2, \cdots, \boldsymbol{\beta}_t)$.

证 由于向量组 $\boldsymbol{\alpha}_1, \boldsymbol{\alpha}_2, \cdots, \boldsymbol{\alpha}_s$ 能由向量组 $\boldsymbol{\beta}_1, \boldsymbol{\beta}_2, \cdots, \boldsymbol{\beta}_t$ 线性表出，那么 $\boldsymbol{\alpha}_1, \boldsymbol{\alpha}_2, \cdots, \boldsymbol{\alpha}_s$ 的极大线性无关组可由 $\boldsymbol{\beta}_1, \boldsymbol{\beta}_2, \cdots, \boldsymbol{\beta}_t$ 的极大线性无关组线性表出. 因此 $\boldsymbol{\alpha}_1, \boldsymbol{\alpha}_2, \cdots, \boldsymbol{\alpha}_s$ 的秩不超过 $\boldsymbol{\beta}_1, \boldsymbol{\beta}_2, \cdots, \boldsymbol{\beta}_t$ 的秩.

推论 秩为 r 的向量组中任意含 r 个向量的线性无关的部分组都是极大线性无关组.

例 3.9 求向量组 $\boldsymbol{\alpha}_1=(1, -1, 0, 3)$，$\boldsymbol{\alpha}_2=(0, 1, -1, 2)$，$\boldsymbol{\alpha}_3=(1, 0, -1, 5)$，

$\boldsymbol{\alpha}_4=(0, 0, 0, 2)$的一个极大线性无关组及秩.

解　$\boldsymbol{\alpha}_1$ 是 $\boldsymbol{\alpha}_1$，$\boldsymbol{\alpha}_2$，$\boldsymbol{\alpha}_3$，$\boldsymbol{\alpha}_4$ 的一个线性无关的部分组，显然 $\boldsymbol{\alpha}_2$ 不能由 $\boldsymbol{\alpha}_1$ 线性表示，所以 $\boldsymbol{\alpha}_1$ 可以扩充为一个线性无关的部分组 $\boldsymbol{\alpha}_1$，$\boldsymbol{\alpha}_2$. 容易发现 $\boldsymbol{\alpha}_3=\boldsymbol{\alpha}_1+\boldsymbol{\alpha}_2$，但 $\boldsymbol{\alpha}_4$ 不能由 $\boldsymbol{\alpha}_1$，$\boldsymbol{\alpha}_2$ 线性表出，所以 $\boldsymbol{\alpha}_1$，$\boldsymbol{\alpha}_2$ 又可扩充为一个线性无关的部分组 $\boldsymbol{\alpha}_1$，$\boldsymbol{\alpha}_2$，$\boldsymbol{\alpha}_4$，从而 $\boldsymbol{\alpha}_1$，$\boldsymbol{\alpha}_2$，$\boldsymbol{\alpha}_3$，$\boldsymbol{\alpha}_4$ 的秩为 3，$\boldsymbol{\alpha}_1$，$\boldsymbol{\alpha}_2$，$\boldsymbol{\alpha}_4$ 是它的一个极大线性无关组.

在第 2 章中，我们给出了矩阵的秩的定义和计算方法，那么向量组的秩与矩阵的秩有什么关系呢？

下面，我们建立向量组的秩与矩阵的秩的关系.

定理 3.10　设 $\boldsymbol{A}$ 为 $m\times n$ 矩阵，则矩阵 $\boldsymbol{A}$ 的秩等于它的列向量组的秩（称为矩阵 $\boldsymbol{A}$ 的**列秩**），也等于它的行向量组的秩（称为矩阵 $\boldsymbol{A}$ 的**行秩**）.

推论　矩阵 $\boldsymbol{A}$ 的行秩与列秩相等.

求向量组的秩，只需要将向量组中各向量作为列向量组成矩阵后，只作初等行变换将该矩阵化为行阶梯形矩阵，则可直接写出所求向量组的秩和极大无关组.

同理，也可以将向量组中的各向量作为行向量组成矩阵，通过作初等列变换来求向量组的秩和极大无关组.

例 3.10　求向量组 $\boldsymbol{\alpha}_1=(1, 4, 1, 0)$，$\boldsymbol{\alpha}_2=(2, 5, -1, -3)$，$\boldsymbol{\alpha}_3=(0, 2, 2, -1)$，$\boldsymbol{\alpha}_4=(-1, 2, 5, 6)$的秩和一个极大无关组，并把不属于极大无关组的其余向量用该极大无关组线性表出.

解　把向量组作为列向量组成矩阵 $\boldsymbol{A}$，利用初等行变换将 $\boldsymbol{A}$ 化为最简行矩阵 $\boldsymbol{B}$

$$\boldsymbol{A}=\begin{bmatrix}1&2&0&-1\\4&5&2&2\\1&-1&2&5\\0&-3&-1&6\end{bmatrix}\xrightarrow[-r_1+r_3]{-4r_1+r_2}\begin{bmatrix}1&2&0&-1\\0&-3&2&6\\0&-3&2&6\\0&-3&-1&6\end{bmatrix}$$

$$\xrightarrow[-r_2+r_4]{-r_2+r_3}\begin{bmatrix}1&2&0&-1\\0&-3&2&6\\0&0&0&0\\0&0&-3&0\end{bmatrix}\xrightarrow[r_3\leftrightarrow r_4]{-\frac{1}{3}r_4}\begin{bmatrix}1&2&0&-1\\0&-3&2&6\\0&0&1&0\\0&0&0&0\end{bmatrix}$$

$$\xrightarrow[-\frac{1}{3}r_2]{-2r_3+r_2}\begin{bmatrix}1&2&0&-1\\0&1&0&-2\\0&0&1&0\\0&0&0&0\end{bmatrix}\xrightarrow{-2r_2+r_1}\begin{bmatrix}1&0&0&3\\0&1&0&-2\\0&0&1&0\\0&0&0&0\end{bmatrix}=\boldsymbol{B}.$$

易见 $R(\boldsymbol{A})=R(\boldsymbol{B})=3$，$\boldsymbol{B}$ 的第 1，2，3 列线性无关，由于 $\boldsymbol{A}$ 的列向量与 $\boldsymbol{B}$ 的对应的列向量组有相同的线性组合关系，故与其对应的 $\boldsymbol{A}$ 的第 1，2，3 也列线性无关，即 $\boldsymbol{\alpha}_1$，$\boldsymbol{\alpha}_2$，$\boldsymbol{\alpha}_3$ 是该向量组的一个极大无关组.

又由矩阵 $\boldsymbol{B}$，易得

$$\boldsymbol{\alpha}_4=3\boldsymbol{\alpha}_1-2\boldsymbol{\alpha}_2+0\boldsymbol{\alpha}_3=3\boldsymbol{\alpha}_1-2\boldsymbol{\alpha}_2.$$

例 3.11　已知 $\boldsymbol{A}_{m\times n}$，$\boldsymbol{B}_{n\times s}$，试证：$r(\boldsymbol{AB})\leqslant\min\{r(\boldsymbol{A}), r(\boldsymbol{B})\}$.

证　设 $\boldsymbol{A}=(\boldsymbol{\alpha}_1, \boldsymbol{\alpha}_2, \cdots\boldsymbol{\alpha}_n)$，$\boldsymbol{AB}=(\boldsymbol{\gamma}_1, \boldsymbol{\gamma}_2, \cdots, \boldsymbol{\gamma}_s)$，$\boldsymbol{B}=(b_{ij})$，则

$$AB=(\boldsymbol{\gamma}_1,\boldsymbol{\gamma}_2,\cdots,\boldsymbol{\gamma}_s)=(\boldsymbol{\alpha}_1,\boldsymbol{\alpha}_2,\cdots,\boldsymbol{\alpha}_n)\begin{pmatrix} b_{11} & b_{12} & \cdots & b_{1s} \\ b_{21} & b_{22} & \cdots & b_{2s} \\ \vdots & \vdots & & \vdots \\ b_{n1} & b_{n2} & \cdots & b_{ns} \end{pmatrix},$$

即向量组 $\boldsymbol{\gamma}_1,\boldsymbol{\gamma}_2,\cdots,\boldsymbol{\gamma}_s$ 可由向量组 $\boldsymbol{\alpha}_1,\boldsymbol{\alpha}_2,\cdots\boldsymbol{\alpha}_n$ 线性表出，根据定理 3. 9 知

$$R(\boldsymbol{\gamma}_1,\boldsymbol{\gamma}_2,\cdots,\boldsymbol{\gamma}_s)\leqslant R(\boldsymbol{\alpha}_1,\boldsymbol{\alpha}_2,\cdots,\boldsymbol{\alpha}_n),$$

即

$$r(\boldsymbol{AB})\leqslant r(\boldsymbol{A}).$$

又

$$r(\boldsymbol{AB})=r[(\boldsymbol{AB})^{\mathrm{T}}]=r(\boldsymbol{B}^{\mathrm{T}}\boldsymbol{A}^{\mathrm{T}})\leqslant r(\boldsymbol{B}^{\mathrm{T}})=r(\boldsymbol{B}),$$

所以

$$r(\boldsymbol{AB})\leqslant\min\{r(\boldsymbol{A}),r(\boldsymbol{B})\}.$$

3. 4 向量空间

定义 3. 14 设 V 为 n 维向量组成的集合. 如果 V 非空，且对于向量加法及数乘运算**封闭**，即对任意的 $\boldsymbol{\alpha},\boldsymbol{\beta}\in V$ 和常数 k，都有

$$\boldsymbol{\alpha}+\boldsymbol{\beta}\in V,\ k\boldsymbol{\alpha}\in V$$

就称集合 V 为一个**向量空间**.

例 3. 12 n 维向量的全体 $\mathbf{R}^n$ 构成一个向量空间. 特别地，三维向量可以用有向线段来表示，所以 $\mathbf{R}^3$ 也可以看作以坐标原点为起点的有向线段的全体.

例 3. 13 n 维零向量所形成的集合 $\{\mathbf{0}\}$ 构成一个向量空间.

例 3. 14 集合 $V=\{x=(0,x_2,x_3,\cdots,x_n)\mid x_2,x_3,\cdots,x_n\in\mathbf{R}\}$ 构成一个向量空间.

例 3. 15 集合 $V=\{x=(1,x_2,x_3,\cdots,x_n)\mid x_2,x_3,\cdots,x_n\in\mathbf{R}\}$ 不构成向量空间.

例 3. 16 设 $\boldsymbol{\alpha}_1,\boldsymbol{\alpha}_2\cdots,\boldsymbol{\alpha}_m$ 为一个 n 维向量组，它们的线性组合

$$V=\{k_1\boldsymbol{\alpha}_1+k_2\boldsymbol{\alpha}_2+\cdots+k_m\boldsymbol{\alpha}_m\mid k_1,k_2,\cdots,k_m\in\mathbf{R}\}$$

构成一个向量空间. 这个向量空间称为**由 $\boldsymbol{\alpha}_1,\boldsymbol{\alpha}_2\cdots,\boldsymbol{\alpha}_m$ 所生成的向量空间**，记为 $\boldsymbol{L}(\boldsymbol{\alpha}_1,\boldsymbol{\alpha}_2\cdots,\boldsymbol{\alpha}_m)$.

例 3. 17 证明由等价的向量组生成的向量空间必相等.

证 设 $\boldsymbol{\alpha}_1,\boldsymbol{\alpha}_2\cdots,\boldsymbol{\alpha}_m$ 和 $\boldsymbol{\beta}_1,\boldsymbol{\beta}_2,\cdots,\boldsymbol{\beta}_s$ 是两个等价的向量组. 因为对任意的

$\boldsymbol{\alpha}\in\boldsymbol{L}(\boldsymbol{\alpha}_1,\boldsymbol{\alpha}_2\cdots,\boldsymbol{\alpha}_m)$ 都可由 $\boldsymbol{\alpha}_1,\boldsymbol{\alpha}_2\cdots,\boldsymbol{\alpha}_m$ 线性表出，而向量组 $\boldsymbol{\alpha}_1,\boldsymbol{\alpha}_2\cdots,\boldsymbol{\alpha}_m$ 又可由 $\boldsymbol{\beta}_1,\boldsymbol{\beta}_2,\cdots,\boldsymbol{\beta}_s$ 线性表出，可以知道 $\boldsymbol{\alpha}$ 也能由 $\boldsymbol{\beta}_1,\boldsymbol{\beta}_2,\cdots,\boldsymbol{\beta}_s$ 线性表出，即有 $\boldsymbol{\alpha}\in\boldsymbol{L}(\boldsymbol{\beta}_1,\boldsymbol{\beta}_2,\cdots,\boldsymbol{\beta}_s)$. 由 $\boldsymbol{\alpha}$ 的任意性，得

$$\boldsymbol{L}(\boldsymbol{\alpha}_1,\boldsymbol{\alpha}_2\cdots,\boldsymbol{\alpha}_m)\subseteq\boldsymbol{L}(\boldsymbol{\beta}_1,\boldsymbol{\beta}_2,\cdots,\boldsymbol{\beta}_s).$$

再取任意的 $\boldsymbol{\beta}\in\boldsymbol{L}(\boldsymbol{\beta}_1,\boldsymbol{\beta}_2,\cdots,\boldsymbol{\beta}_s)$，同理可得

$$\boldsymbol{L}(\boldsymbol{\beta}_1,\boldsymbol{\beta}_2,\cdots,\boldsymbol{\beta}_s)\subseteq\boldsymbol{L}(\boldsymbol{\alpha}_1,\boldsymbol{\alpha}_2\cdots,\boldsymbol{\alpha}_m).$$

于是

$$L(\boldsymbol{\alpha}_1, \boldsymbol{\alpha}_2\cdots, \boldsymbol{\alpha}_m)=L(\boldsymbol{\beta}_1, \boldsymbol{\beta}_2, \cdots, \boldsymbol{\beta}_s).$$

定义 3.15　如果 V_1 和 V_2 都是向量空间且 $V_1\subseteq V_2$，就称 V_1 是 V_2 的**子空间**.

任何由 n 维向量所组成的向量空间都是 $\mathbf{R}^n$ 的子空间. $\mathbf{R}^n$ 和 $\{\mathbf{0}\}$ 称为 $\mathbf{R}^n$ 的**平凡子空间**，其他子空间称为 $\mathbf{R}^n$ 的**非平凡子空间**.

定义 3.16　设 V 为一个向量空间. 如果 V 中的向量组 $\alpha_1, \alpha_2\cdots, \alpha_r$ 满足

(1) $\boldsymbol{\alpha}_1, \boldsymbol{\alpha}_2\cdots, \boldsymbol{\alpha}_r$ 线性无关；

(2) V 中任意向量都可由 $\boldsymbol{\alpha}_1, \boldsymbol{\alpha}_2\cdots, \boldsymbol{\alpha}_r$ 线性表出.

那么，向量组 $\boldsymbol{\alpha}_1, \boldsymbol{\alpha}_2\cdots, \alpha_r$ 就称为 V 的一个**基**，r 称为 V 的**维数**，记作 $\dim V$，并称 V 为一个 **r 维向量空间**.

如果向量空间 V 没有基，就说 V 的维数为 0，0 维向量空间只含一个零向量.

注意　如果把向量空间 V 看作向量组，那么 V 的基就是它的极大线性无关组，V 的维数就是它的秩. 当 V 由 n 维向量组成时，它的维数不会超过 n.

定义 3.17　设 $\boldsymbol{\alpha}_1, \boldsymbol{\alpha}_2, \cdots, \boldsymbol{\alpha}_r$ 是 r 维向量空间 V 的一个基，则对于任一向量 $\boldsymbol{\alpha}\in V$，有且仅有一组数 $x_1, x_2, \cdots, x_r$，使得

$$\boldsymbol{\alpha}=x_1\boldsymbol{\alpha}_1+x_2\boldsymbol{\alpha}_2+\cdots+x_r\boldsymbol{\alpha}_r,$$

有序数组 $x_1, x_2, \cdots, x_r$ 称为向量 $\boldsymbol{\alpha}$ 在基 $\boldsymbol{\alpha}_1, \boldsymbol{\alpha}_2\cdots, \boldsymbol{\alpha}_r$ 下的**坐标**，记为 $(x_1, x_2, \cdots x_n)$.

例 3.18　设

$$\boldsymbol{A}=(\boldsymbol{\alpha}_1, \boldsymbol{\alpha}_2, \boldsymbol{\alpha}_3)=\begin{bmatrix}2 & 2 & -1\\ 2 & -1 & 2\\ -1 & 2 & 2\end{bmatrix},$$

$$\boldsymbol{B}=(\boldsymbol{\beta}_1, \boldsymbol{\beta}_2)=\begin{bmatrix}1 & 4\\ 0 & 3\\ -4 & 2\end{bmatrix},$$

验证 $\boldsymbol{\alpha}_1, \boldsymbol{\alpha}_2, \boldsymbol{\alpha}_3$ 是 $\mathbf{R}^3$ 的一个基，并将 $\boldsymbol{\beta}_1, \boldsymbol{\beta}_2$ 用这个基线性表出.

解　由

$$|\boldsymbol{A}|\neq 0,$$

可以知道 $\boldsymbol{\alpha}_1, \boldsymbol{\alpha}_2, \boldsymbol{\alpha}_3$ 线性无关. 由于 $\dim\mathbf{R}^3=3$，因此 $\boldsymbol{\alpha}_1, \boldsymbol{\alpha}_2, \boldsymbol{\alpha}_3$ 是 $\mathbf{R}^3$ 的一个基.

设

$$\boldsymbol{\beta}_1=x_{11}\boldsymbol{\alpha}_1+x_{21}\boldsymbol{\alpha}_2+x_{31}\boldsymbol{\alpha}_3,$$

$$\boldsymbol{\beta}_2=x_{12}\boldsymbol{\alpha}_1+x_{22}\boldsymbol{\alpha}_2+x_{32}\boldsymbol{\alpha}_3,$$

即

$$(\boldsymbol{\beta}_1, \boldsymbol{\beta}_2)=(\boldsymbol{\alpha}_1, \boldsymbol{\alpha}_2, \boldsymbol{\alpha}_3)\begin{bmatrix}x_{11} & x_{12}\\ x_{21} & x_{22}\\ x_{31} & x_{32}\end{bmatrix},$$

那么

$$\begin{bmatrix}x_{11} & x_{12}\\ x_{21} & x_{22}\\ x_{31} & x_{32}\end{bmatrix}=\boldsymbol{A}^{-1}(\boldsymbol{\beta}_1, \boldsymbol{\beta}_2)=\boldsymbol{A}^{-1}\boldsymbol{B}.$$

下面，我们给出求 $\boldsymbol{A}^{-1}\boldsymbol{B}$ 的一个简单方法：

如果 $\boldsymbol{P}_1$，$\boldsymbol{P}_2$，…，$\boldsymbol{P}_l$ 为初等矩阵，使

$$\boldsymbol{P}_1\boldsymbol{P}_2\cdots\boldsymbol{P}_l\boldsymbol{A}=\boldsymbol{E},$$

则

$$\boldsymbol{A}^{-1}=\boldsymbol{P}_1\boldsymbol{P}_2\cdots\boldsymbol{P}_l,$$

故有

$$\boldsymbol{P}_1\boldsymbol{P}_2\cdots\boldsymbol{P}_l\boldsymbol{B}=\boldsymbol{A}^{-1}\boldsymbol{B}.$$

这相当于在使用初等矩阵 $\boldsymbol{P}_1$，$\boldsymbol{P}_2$，…，$\boldsymbol{P}_l$ 将矩阵 $\boldsymbol{A}$ 变成单位矩阵的时候，若对矩阵 $\boldsymbol{B}$ 施行相同的初等变换，$\boldsymbol{B}$ 就变成了 $\boldsymbol{A}^{-1}\boldsymbol{B}$. 因此，有

$$(\boldsymbol{A}\ \vdots\ \boldsymbol{B})\xrightarrow{\text{初等行变换}}(\boldsymbol{E}\ \vdots\ \boldsymbol{A}^{-1}\boldsymbol{B}).$$

$$(\boldsymbol{A}\ \vdots\ \boldsymbol{B})=\left[\begin{array}{ccc:cc}2&2&-1&1&4\\2&-1&2&0&3\\-1&2&2&-4&2\end{array}\right]$$

$$\xrightarrow{r_1\leftrightarrow r_3}\left[\begin{array}{ccc:cc}-1&2&2&-4&2\\2&-1&2&0&3\\2&2&-1&1&4\end{array}\right]\xrightarrow[2r_1+r_3]{2r_1+r_2}\left[\begin{array}{ccc:cc}-1&2&2&-4&2\\0&3&6&-8&7\\0&6&3&-7&8\end{array}\right]$$

$$\xrightarrow[-2r_2+r_3]{-r_1}\left[\begin{array}{ccc:cc}1&-2&-2&4&-2\\0&3&6&-8&7\\0&0&-9&9&-6\end{array}\right]\xrightarrow[\substack{-6r_3+r_2\\2r_3+r_1}]{-\frac{1}{9}r_3}\left[\begin{array}{ccc:cc}1&-2&0&2&-\frac{2}{3}\\0&3&0&-2&3\\0&0&1&-1&\frac{2}{3}\end{array}\right]$$

$$\xrightarrow[2r_2+r_1]{\frac{1}{3}r_2}\left[\begin{array}{ccc:cc}1&0&0&\frac{2}{3}&\frac{4}{3}\\0&1&0&-\frac{2}{3}&1\\0&0&1&-1&\frac{2}{3}\end{array}\right],$$

因此

$$\boldsymbol{A}^{-1}\boldsymbol{B}=\begin{bmatrix}\frac{2}{3}&\frac{4}{3}\\-\frac{2}{3}&1\\-1&\frac{2}{3}\end{bmatrix}.$$

所以

$$\boldsymbol{\beta}_1=\frac{2}{3}\boldsymbol{\alpha}_1-\frac{2}{3}\boldsymbol{\alpha}_2-\boldsymbol{\alpha}_3,\ \boldsymbol{\beta}_2=\frac{4}{3}\boldsymbol{\alpha}_1+\boldsymbol{\alpha}_2+\frac{2}{3}\boldsymbol{\alpha}_3.$$

即 $\boldsymbol{\beta}_1$ 和 $\boldsymbol{\beta}_2$ 在基 $\boldsymbol{\alpha}_1$，$\boldsymbol{\alpha}_2$，$\boldsymbol{\alpha}_3$ 下的坐标分别是 $\left(\frac{2}{3},\ -\frac{2}{3},\ -1\right)$ 和 $\left(\frac{4}{3},\ 1,\ \frac{2}{3}\right)$.

小　结

一、本章内容结构

- n 维向量的概念和运算
- 线性方程组的向量形式
- 向量组的线性相关性
  - 线性表示
  - 线性相关
  - 线性无关

  ——和线性方程组之间的关系
- 极大线性无关组和秩
- 向量空间
  - 基　　　　极大线性无关组
  - 维数 $\xrightarrow{\text{向量组}}$ 秩
  - 坐标　　　线性表达式的系数

二、知识点小结

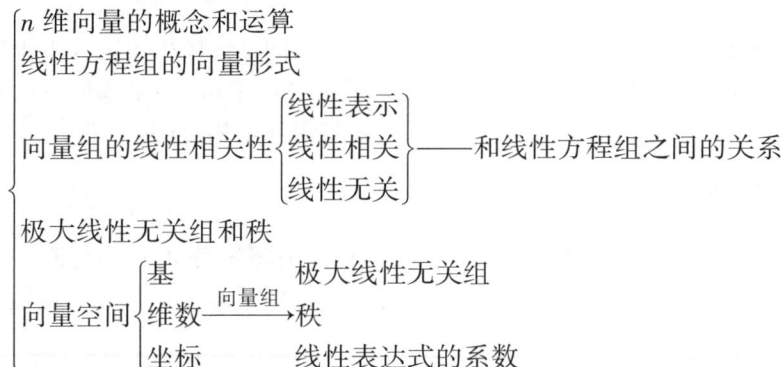

向量是线性代数中最简单的数组，在本章中，我们要理解向量的概念；掌握向量的加(减)法、向量与数的乘法运算；理解向量组的线性相关、线性无关的概念，了解其有关的重要结论，会判定向量组的线性相关性；理解向量组的极大无关组与向量组的秩的定义；会求向量组的极大无关组、向量组的秩；了解向量组等价的概念及有关性质；了解向量空间、子空间、基与维数的概念；

1. 如何正确理解向量组的线性相关(无关)的定义

过去在学习二、三维直角坐标空间的过程中接触过向量共线、共面的概念，而向量组的线性相关实际上可以看成是对向量共线、共面的概念在向量空间中的推广. 线性相关与线性无关是两个对立的概念，它们之间的不同之处主要在于：

(1)线性相关的向量组存在系数不全为零的线性组合是零向量，而线性无关的向量组只有系数全为零的线性组合是零向量；

(2)线性相关的向量组中至少有一个向量可由其余向量线性表示，而线性无关的向量组中任何一个向量都不能由其余向量线性表示；

(3)以线性相关的向量组为系数矩阵的齐次线性方程组存在非零解，而以线性无关的向量组为系数矩阵的齐次线性方程组只有零解.

2. 怎样判断向量组的线性相关性

方法一：利用定义判断. 这是判断向量组线性相关的基本方法，既适用于分量已知的向量组，也适用于分量未知的向量组.

方法二：利用行列式判断. 这种方法仅适用于向量组中向量的个数与向量的维数相等的情形. 设 $\boldsymbol{\alpha}_1$, $\boldsymbol{\alpha}_2$, …, $\boldsymbol{\alpha}_n$ 是 n 个 n 维向量, 以 $\boldsymbol{\alpha}_1$, $\boldsymbol{\alpha}_2$, …, $\boldsymbol{\alpha}_n$ 为列(行)向量组成矩阵 $\boldsymbol{A}$, 则 $\boldsymbol{\alpha}_1$, $\boldsymbol{\alpha}_2$, …, $\boldsymbol{\alpha}_n$ 线性相关的充分必要条件是 $|\boldsymbol{A}|=0$.

方法三：利用向量组的秩(或矩阵的秩)判断. 一个向量组线性无关当且仅当它的秩等于向量组所含向量的个数(即向量组构成的矩阵是满秩的). 特别地, 如果向量组所含向量的个数多于向量的维数, 则该向量组是线性相关的. (比较实用)

3. 向量组的秩与矩阵的秩之间的关系

向量组的秩定义为它的极大线性无关组所含向量的个数, 然而, 直接利用定义来求向量组的秩往往是比较麻烦的, 我们通常将向量组的秩转化为矩阵的秩来求. 如果我们将向量组的每个向量作为行(或列)向量构成矩阵 $\boldsymbol{A}$, 则该向量组的秩与矩阵是相等的.

4. 极大线性无关组的求法

初等变换法. 将向量组作为列向量组成矩阵 $\boldsymbol{A}$, 用初等行变换将矩阵 $\boldsymbol{A}$ 化为行阶梯形矩阵, 则其首非零元所在的列所对应的矩阵 $\boldsymbol{A}$ 的列向量组即为所给向量组的一个极大线性无关组. (比较实用)

习 题

1. 设 $\boldsymbol{\alpha}_1=(2, 1, 0)$, $\boldsymbol{\alpha}_2=(0, 1, 2)$, $\boldsymbol{\alpha}_3=(3, 1, 0)$, 求 $\boldsymbol{\alpha}_1-\boldsymbol{\alpha}_2$ 及 $3\boldsymbol{\alpha}_1+2\boldsymbol{\alpha}_2-\boldsymbol{\alpha}_3$.

2. 设 $2(\boldsymbol{\alpha}_1-\boldsymbol{\alpha})+3(\boldsymbol{\alpha}_2+\boldsymbol{\alpha})=4(\boldsymbol{\alpha}_3+\boldsymbol{\alpha})$, 其中 $\boldsymbol{\alpha}_1=(2, 4, 1, 3)$, $\boldsymbol{\alpha}_2=(1, 2, 1, 3)$, $\boldsymbol{\alpha}_3=(2, 1, -3, 1)$, 求 $\boldsymbol{\alpha}$.

3. 判断下列命题是否正确.

(1) 若向量组 $\boldsymbol{\alpha}_1$, $\boldsymbol{\alpha}_2$, …, $\boldsymbol{\alpha}_m$ 线性相关, 那么其中每个向量可用其他向量线性表示.

(2) 如果向量 $\boldsymbol{\beta}_1$, $\boldsymbol{\beta}_2$, …, $\boldsymbol{\beta}_s$ 可经向量组 $\boldsymbol{\alpha}_1$, $\boldsymbol{\alpha}_2$, …, $\boldsymbol{\alpha}_m$ 线性表示, 且 $\boldsymbol{\alpha}_1$, $\boldsymbol{\alpha}_2$, …, $\boldsymbol{\alpha}_m$ 线性相关, 那么 $\boldsymbol{\beta}_1$, $\boldsymbol{\beta}_2$, …, $\boldsymbol{\beta}_s$ 也线性相关.

(3) 如果向量 $\boldsymbol{\beta}$ 可经向量组 $\boldsymbol{\alpha}_1$, $\boldsymbol{\alpha}_2$, …, $\boldsymbol{\alpha}_m$ 线性表示且表示式是唯一的, 那么 $\boldsymbol{\alpha}_1$, $\boldsymbol{\alpha}_2$, …, $\boldsymbol{\alpha}_m$ 线性无关.

(4) 如果当且仅当 $\boldsymbol{\lambda}_1=\boldsymbol{\lambda}_2=\cdots=\boldsymbol{\lambda}_m=0$ 时才有

$$\boldsymbol{\lambda}_1\boldsymbol{\alpha}_1+\boldsymbol{\lambda}_2\boldsymbol{\alpha}_2+\cdots+\boldsymbol{\lambda}_m\boldsymbol{\alpha}_m+\boldsymbol{\lambda}_1\boldsymbol{\beta}_1+\boldsymbol{\lambda}_2\boldsymbol{\beta}_2+\cdots+\boldsymbol{\lambda}_m\boldsymbol{\beta}_m=0,$$

那么 $\boldsymbol{\alpha}_1$, $\boldsymbol{\alpha}_2$, …, $\boldsymbol{\alpha}_m$ 线性无关, 且 $\boldsymbol{\beta}_1$, $\boldsymbol{\beta}_2$, …, $\boldsymbol{\beta}_m$ 也线性无关.

(5) $\boldsymbol{\alpha}_1$, $\boldsymbol{\alpha}_2$, …, $\boldsymbol{\alpha}_m$ 线性相关, $\boldsymbol{\beta}_1$, $\boldsymbol{\beta}_2$, …, $\boldsymbol{\beta}_m$ 也线性相关, 就有不全为 0 的数 λ_1, λ_2, …, λ_m, 使 $\lambda_1\boldsymbol{\alpha}_1+\lambda_2\boldsymbol{\alpha}_2+\cdots+\lambda_m\boldsymbol{\alpha}_m=\lambda_1\boldsymbol{\beta}_1+\lambda_2\boldsymbol{\beta}_2+\cdots+\lambda_m\boldsymbol{\beta}_m$.

4. 判断下列向量组的线性相关性.

(1) $\boldsymbol{\alpha}_1=(2, 1, 5)$, $\boldsymbol{\alpha}_2=(-1, 2, 3)$;

(2) $\boldsymbol{\alpha}_1=(1, 2)$, $\boldsymbol{\alpha}_2=(2, 3)$, $\boldsymbol{\alpha}_3=(4, 5)$;

(3) $\boldsymbol{\alpha}_1=(1, 1, 1)$, $\boldsymbol{\alpha}_2=(4, 1, 2)$, $\boldsymbol{\alpha}_3=(1, 0, 2)$;

(4) $\boldsymbol{\alpha}_1=(1, 1, 2, 2)$, $\boldsymbol{\alpha}_2=(0, 2, 1, 5)$, $\boldsymbol{\alpha}_3=(2, 0, 3, -1)$, $\boldsymbol{\alpha}_4=(1, 1, 0, 4)$.

5. $\boldsymbol{\beta}_1=\boldsymbol{\alpha}_1+\boldsymbol{\alpha}_2$, $\boldsymbol{\beta}_2=\boldsymbol{\alpha}_2+\boldsymbol{\alpha}_3$, $\boldsymbol{\beta}_3=\boldsymbol{\alpha}_3+\boldsymbol{\alpha}_4$, $\boldsymbol{\beta}_4=\boldsymbol{\alpha}_4+\boldsymbol{\alpha}_1$, 证明向量组 $\boldsymbol{\beta}_1$, $\boldsymbol{\beta}_2$, $\boldsymbol{\beta}_3$, $\boldsymbol{\beta}_4$ 线性相关.

6. 设 $\boldsymbol{\alpha}_1, \boldsymbol{\alpha}_2, \cdots, \boldsymbol{\alpha}_s$ 的秩为 r，且其中每个向量都可经 $\boldsymbol{\alpha}_1, \boldsymbol{\alpha}_2, \cdots, \boldsymbol{\alpha}_r$ 线性表出. 证明 $\boldsymbol{\alpha}_1, \boldsymbol{\alpha}_2, \cdots, \boldsymbol{\alpha}_r$ 为 $\boldsymbol{\alpha}_1, \boldsymbol{\alpha}_2, \cdots, \boldsymbol{\alpha}_s$ 的一个极大线性无关组.

7. 求下列向量组的秩与一个极大线性无关组.

(1) $\boldsymbol{\alpha}_1=(1, 2, 1)$, $\boldsymbol{\alpha}_2=(4, -1, -5)$, $\boldsymbol{\alpha}_3=(1, -3, -4)$;

(2) $\boldsymbol{\alpha}_1=(1, 2, 1, 3)$, $\boldsymbol{\alpha}_2=(4, -1, -5, -6)$, $\boldsymbol{\alpha}_3=(1, -3, -4, -7)$, $\boldsymbol{\alpha}_4=(2, 1, -1, 0)$;

(3) $\boldsymbol{\alpha}_1=(1, -1, 2, 4)$, $\boldsymbol{\alpha}_2=(0, 3, 1, 2)$, $\boldsymbol{\alpha}_3=(3, 0, 7, 14)$, $\boldsymbol{\alpha}_4=(1, -1, 2, 0)$, $\boldsymbol{\alpha}_5=(2, 1, 5, 6)$.

8. 设向量组 $\boldsymbol{\alpha}_1, \boldsymbol{\alpha}_2, \cdots, \boldsymbol{\alpha}_m$ 与 $\boldsymbol{\beta}_1, \boldsymbol{\beta}_2, \cdots, \boldsymbol{\beta}_s$ 秩相同，且 $\boldsymbol{\alpha}_1, \boldsymbol{\alpha}_2, \cdots, \boldsymbol{\alpha}_m$ 能经 $\boldsymbol{\beta}_1, \boldsymbol{\beta}_2, \cdots, \boldsymbol{\beta}_s$ 线性表出. 证明 $\boldsymbol{\alpha}_1, \boldsymbol{\alpha}_2, \cdots, \boldsymbol{\alpha}_m$ 与 $\boldsymbol{\beta}_1, \boldsymbol{\beta}_2, \cdots, \boldsymbol{\beta}_s$ 等价.

9. 求下列矩阵的行向量组的一个极大线性无关组：

(1) $\begin{bmatrix} 1 & 2 & 1 & 4 \\ 3 & 4 & -5 & 4 \\ 3 & 1 & 2 & 6 \\ 1 & 3 & 0 & 4 \end{bmatrix}$;　(2) $\begin{bmatrix} 1 & 1 & 2 & 2 & 1 \\ 0 & 2 & 1 & 5 & -1 \\ 2 & 0 & 3 & 1 & 3 \\ 1 & 1 & 0 & 4 & -1 \end{bmatrix}$.

10. 集合 $\boldsymbol{V}=\{(x_1, x_2, \cdots, x_n) \mid x_1, x_2, \cdots, x_n \in \mathbf{R}$ 且 $x_1+x_2+\cdots+x_n=\mathbf{0}\}$ 是否构成向量空间？为什么？

11. 试证：由 $\boldsymbol{\alpha}_1=(1, 1, 0)$, $\boldsymbol{\alpha}_2=(1, 0, 1)$, $\boldsymbol{\alpha}_3=(0, 1, 1)$ 生成的向量空间恰为 $\mathbf{R}^3$.

12. 求由向量 $\boldsymbol{\alpha}_1=(1, 2, 1, 0)$, $\boldsymbol{\alpha}_2=(1, 1, 1, 2)$, $\boldsymbol{\alpha}_3=(3, 4, 3, 4)$, $\boldsymbol{\alpha}_4=(1, 1, 2, 1)$, $\boldsymbol{\alpha}_5=(4, 5, 6, 4)$ 所生成的向量空间的一组基及其维数.

13. 在 $\mathbf{R}^3$ 中求一个向量 $\boldsymbol{\gamma}$，使它在下面两个基

(1) $\boldsymbol{\alpha}_1=(1, 0, 1)$, $\boldsymbol{\alpha}_2=(-1, 0, 0)$, $\boldsymbol{\alpha}_3=(0, 1, 1)$;

(2) $\boldsymbol{\beta}_1=(1, 0, 1)$, $\boldsymbol{\beta}_2=(1, -1, 0)$, $\boldsymbol{\beta}_3=(1, 0, 1)$.

下有相同的坐标.

第 4 章

线性方程组

4.1 消元法

在生产实践和科学研究中，我们经常遇到求解线性方程组的问题，解线性方程组最常用的方法就是消元法，其步骤是逐步消除一些未知数，即在原方程组中按一定顺序化有些未知数的系数化为零，有些未知数的系数化为 1，将原方程组化为易于求解的同解方程组，从而得到原方程组的解. 下面用例子说明消元法求解一般线性方程组的方法和步骤.

例 4.1 解线性方程组

$$\begin{cases}3x_1-2x_2+x_3=2,\\ x_1+2x_2-x_3=2,\\ 2x_1-x_2+x_3=3.\end{cases}$$

解 用消元法求解线性方程组：

$$\begin{cases}3x_1-2x_2+x_3=2,\\ x_1+2x_2-x_3=2,\\ 2x_1-x_2+x_3=3,\end{cases}\xrightarrow{\text{第一个方程与第二个方程互换}}\begin{cases}x_1+2x_2-x_3=2,\\ 3x_1-2x_2+x_3=2,\\ 2x_1-x_2+x_3=3,\end{cases}$$

$$\xrightarrow[\text{第一个方程两边同乘}-2\text{ 加到第三个方程}]{\text{第一个方程两边同乘}-3\text{ 加到第二个方程}}\begin{cases}x_1+2x_2-x_3=2,\\ -8x_2+4x_3=-4,\\ -5x_2+3x_3=-1,\end{cases}$$

$$\xrightarrow{\text{第二个方程两边同乘}-\frac{1}{8}}\begin{cases}x_1+2x_2-x_3=2,\\ x_2-\dfrac{1}{2}x_3=\dfrac{1}{2},\\ -5x_2+3x_3=-1,\end{cases}$$

$$\xrightarrow{\text{第二个方程两边同乘 5 加到第三个方程}}\begin{cases}x_1+2x_2-x_3=2,\\ x_2-\dfrac{1}{2}x_3=\dfrac{1}{2},\\ \dfrac{1}{2}x_3=\dfrac{3}{2},\end{cases}$$

$$\xrightarrow[\text{第三个方程两边同乘 2}]{\text{第三个方程加到第二个方程}}\begin{cases}x_1+2x_2-x_3=2,\\x_2=2,\\x_3=3,\end{cases}$$

$$\xrightarrow{\text{第三个方程加到第一个方程}}\begin{cases}x_1+2x_2=5,\\x_2=2,\\x_3=3,\end{cases}$$

$$\xrightarrow{\text{第二个方程两边同乘}-2\text{ 加到第一个方程}}\begin{cases}x_1=1,\\x_2=2,\\x_3=3,\end{cases}$$

即得原方程的解：$x_1=1$，$x_2=2$，$x_3=3$.

分析上述例子，可以得出以下两个结论。

(1) 对方程组施行三种变换：

① 互换变换：交换两个方程的位置；

② 倍法变换：用一个不等于 0 的数同乘某个方程的两边；

③ 消去变换：用一个数乘某一个方程的两边加到另一个方程上去.

我们把这三种变换叫作**线性方程组的初等变换**.

在初等代数中已证明，以下定理成立。

定理 4.1　线性方程组的初等变换，把一个线性方程组变为一个与它同解的线性方程组.

(2) 线性方程组有没有解，以及有一些什么样的解完全取决于它的系数和常数项，因此我们在讨论线性方程组时，主要是研究它的系数和常数项.

定义 4.1　我们把线性方程组的系数所组成的矩阵叫作线性方程组的**系数矩阵**，把系数及常数项所组成的矩阵叫作线性方程组的**增广矩阵**.

设线性方程组

$$\begin{cases}a_{11}x_1+a_{12}x_2+\cdots+a_{1n}x_n=b_1,\\a_{21}x_1+a_{22}x_2+\cdots+a_{2n}x_n=b_2,\\\qquad\cdots\\a_{m1}x_1+a_{m2}x_2+\cdots+a_{mn}x_n=b_m.\end{cases}\tag{4.1}$$

则其系数矩阵是

$$\boldsymbol{A}=\begin{bmatrix}a_{11}&a_{12}&\cdots&a_{1n}\\a_{21}&a_{22}&\cdots&a_{2n}\\\vdots&\vdots&&\vdots\\a_{m1}&a_{m2}&\cdots&a_{mn}\end{bmatrix},$$

增广矩阵是

$$\widetilde{\boldsymbol{A}}=\begin{bmatrix}a_{11}&a_{12}&\cdots&a_{1n}&b_1\\a_{21}&a_{22}&\cdots&a_{2n}&b_2\\\vdots&\vdots&&\vdots&\vdots\\a_{m1}&a_{m2}&\cdots&a_{mn}&b_m\end{bmatrix}.$$

再令

$$\boldsymbol{x}=\begin{bmatrix}x_1\\x_2\\\vdots\\x_n\end{bmatrix},\ \boldsymbol{b}=\begin{bmatrix}b_1\\b_2\\\vdots\\b_m\end{bmatrix},$$

则方程组式(4.1)可以写成矩阵形式：

$$\boldsymbol{Ax}=\boldsymbol{b}.$$

满足方程组(4.1)的一个 n 元有序数组称为 n 元线性方程组(4.1)的一个**解**，一般用列向量形式 $\boldsymbol{\xi}=(k_1, k_2, \cdots, k_n)^{\mathrm{T}}$ 表示，因此也称 $\boldsymbol{\xi}$ 是方程组(4.1)的一个**解向量**.

当线性方程组有无穷多组解时，其所有解的集合称为方程组的**通解**或**一般解**.

显然，对一个线性方程组实行消元法求解，即对线性方程组施行了初等变换，相当于对它的增广矩阵实行了一个相应的初等变换. 而化简线性方程组，相当于用行初等变换化简它的增广矩阵. 这样，不但讨论起来比较方便，而且能够给予我们一种简单的方法，即利用一个线性方程组的增广矩阵来解这个线性方程组，而不必每次把未知量与等号写出. 下面将例 4.1 的求解过程改成用线性方程组的增广矩阵的初等行变换来解.

例 4.2 解线性方程组

$$\begin{cases}3x_1-2x_2+x_3=2,\\x_1+2x_2-x_3=2,\\2x_1-x_2+x_3=3.\end{cases}$$

解 用线性方程组的增广矩阵 $\widetilde{\boldsymbol{A}}$ 作初等行变换，将 $\widetilde{\boldsymbol{A}}$ 化为行最简形

$$\widetilde{A}=\begin{bmatrix}3&-2&1&2\\1&2&-1&2\\2&-1&1&3\end{bmatrix}\xrightarrow{r_1\leftrightarrow r_2}\begin{bmatrix}1&2&-1&2\\3&-2&1&2\\2&-1&1&3\end{bmatrix}\xrightarrow[-2r_1+r_3]{-3r_1+r_2}\begin{bmatrix}1&2&-1&2\\0&-8&4&-4\\0&-5&3&-1\end{bmatrix}$$

$$\xrightarrow{-\frac{1}{8}r_2}\begin{bmatrix}1&2&-1&2\\0&1&-\frac{1}{2}&\frac{1}{2}\\0&-5&3&-1\end{bmatrix}\xrightarrow{5r_2+r_3}\begin{bmatrix}1&2&-1&2\\0&1&-\frac{1}{2}&\frac{1}{2}\\0&0&\frac{1}{2}&\frac{3}{2}\end{bmatrix}\xrightarrow[2r_3]{r_3+r_2}\begin{bmatrix}1&2&-1&2\\0&1&0&2\\0&0&1&3\end{bmatrix}$$

$$\xrightarrow{r_3+r_1}\begin{bmatrix}1&2&0&5\\0&1&0&2\\0&0&1&3\end{bmatrix}\xrightarrow{-2r_2+r_1}\begin{bmatrix}1&0&0&1\\0&1&0&2\\0&0&1&3\end{bmatrix}.$$

所求的线性方程组的解为 $x_1=1$，$x_2=2$，$x_3=3$.

4.2 线性方程组有解的判别定理

4.1 节我们讨论了用消元法解线性方程组

$$
\begin{cases}
a_{11}x_1+a_{12}x_2+\cdots+a_{1n}x_n=b_1,\\
a_{21}x_1+a_{22}x_2+\cdots+a_{2n}x_n=b_2,\\
\qquad\cdots\\
a_{m1}x_1+a_{m2}x_2+\cdots+a_{mn}x_n=b_m,
\end{cases}
\tag{4.2}
$$

这个方法在实际解线性方程组时比较简单，但是我们还有几个问题没有解决，就是方程组(4. 2)什么时候无解？什么时候有解？有解时，又有多少解？这一节我们将对这些问题予以解答.

首先，由定理 2. 3，我们有下述定理：

定理 4. 2　设 $\boldsymbol{A}$ 是一个 m 行 n 列矩阵

$$
\boldsymbol{A}=\begin{bmatrix}
a_{11} & a_{12} & \cdots & a_{1n}\\
a_{21} & a_{22} & \cdots & a_{2n}\\
\vdots & \vdots & & \vdots\\
a_{m1} & a_{m2} & \cdots & a_{mn}
\end{bmatrix},
$$

通过矩阵的初等行变换能把 $\boldsymbol{A}$ 化为以下形式

$$
\begin{bmatrix}
1 & 0 & 0 & \cdots & 0 & c_{1,\ r+1} & \cdots & c_{1n}\\
0 & 1 & 0 & \cdots & 0 & c_{2,\ r+1} & \cdots & c_{2n}\\
\cdots & \cdots & \cdots & \cdots & \cdots & \cdots & \cdots & \cdots\\
0 & 0 & 0 & \cdots & 1 & c_{r,\ r+1} & \cdots & c_{rn}\\
0 & \cdots & \cdots & \cdots & \cdots & \cdots & \cdots & 0\\
\cdots & \cdots & \cdots & \cdots & \cdots & \cdots & \cdots & \cdots\\
0 & \cdots & \cdots & \cdots & \cdots & \cdots & \cdots & 0
\end{bmatrix},
$$

这里 $r\geqslant 0$，$r\leqslant m$，$r\leqslant n$.

注意　以上形式为特殊标准情况，若 $\boldsymbol{A}$ 是 n 个未知量 m 个方程的线性方程组的系数矩阵，适当交换未知数前后位置，一般 $\boldsymbol{A}$ 可化为以上形式. 通常不交换未知数前后位置.

由定理 4. 2，我们可以把线性方程组(4. 2)的增广矩阵 $\tilde{\boldsymbol{A}}$ 进行初等行变换化为行最简形矩阵

$$
\begin{bmatrix}
1 & 0 & \cdots & 0 & c_{1,\ r+1} & \cdots & c_{1n} & d_1\\
0 & 1 & \cdots & 0 & c_{2,\ r+1} & \cdots & c_{2n} & d_2\\
\cdots & \cdots & \cdots & \cdots & \cdots & \cdots & \cdots & \cdots\\
0 & 0 & \cdots & 1 & c_{r,\ r+1} & \cdots & c_{rn} & d_r\\
0 & 0 & \cdots & \cdots & \cdots & \cdots & 0 & d_{r+1}\\
0 & 0 & \cdots & \cdots & \cdots & \cdots & 0 & d_{r+2}\\
\cdots & \cdots & \cdots & \cdots & \cdots & \cdots & \cdots & \cdots\\
0 & 0 & \cdots & \cdots & \cdots & \cdots & 0 & d_m
\end{bmatrix}
\tag{4.3}
$$

与矩阵(4. 3)相应的线性方程组为

$$\begin{cases} x_1+c_{1,\,r+1}x_{r+1}+\cdots+c_{1n}x_n=d_1, \\ x_2+c_{2,\,r+1}x_{r+1}+\cdots+c_{2n}x_n=d_2, \\ \cdots \\ x_r+c_{r,\,r+1}x_{r+1}+\cdots+c_{rn}x_n=d_r, \\ 0=d_{r+1}, \\ 0=d_{r+2}, \\ \cdots \\ 0=d_m. \end{cases} \tag{4.4}$$

由定理 4.1 知：方程组(4.2)与方程组(4.4)是同解方程组，研究方程组(4.2)的解，变为研究方程组(4.4)的解.

①若 d_{r+1}，d_{r+2}，…，d_m 中有一个不为零，则方程组(4.4)无解，那么方程组(4.2)也无解；

②若 d_{r+1}，d_{r+2}，…，d_m 全为零，则方程组(4.4)有解，那么方程组(4.2)也有解.

对于情形①，表现为增广矩阵 $\tilde{\boldsymbol{A}}$ 与系数矩阵 $\boldsymbol{A}$ 的秩不相等，情形②表现为增广矩阵 $\tilde{\boldsymbol{A}}$ 与系数矩阵 $\boldsymbol{A}$ 的秩相等，由此我们可以得到如下定理：

定理 4.3 （线性方程组有解的判别定理） 非齐次线性方程组有解的充分必要条件是系数矩阵 $\boldsymbol{A}$ 与增广矩阵 $\tilde{\boldsymbol{A}}$ 的秩相等，即 $\boldsymbol{R}(\boldsymbol{A})=\boldsymbol{R}(\tilde{\boldsymbol{A}})=r$.

(1)当 $\boldsymbol{R}(\boldsymbol{A})=\boldsymbol{R}(\tilde{\boldsymbol{A}})=r=n$（方程组所含未知量个数为 n），非齐次线性方程组有唯一一组解；

(2)当 $\boldsymbol{R}(\boldsymbol{A})=\boldsymbol{R}(\tilde{\boldsymbol{A}})=r<n$ 时，非齐次线性方程组有无穷多组解；

线性方程组(4.2)无解的充分必要条件是：系数矩阵 $\boldsymbol{A}$ 的秩与增广矩阵 $\tilde{\boldsymbol{A}}$ 的秩不相等，即 $\boldsymbol{R}(\boldsymbol{A})\neq\boldsymbol{R}(\tilde{\boldsymbol{A}})$.

在方程组(4.2)有无穷多解的情况下，方程组有 $n-r$ 个自由未知量，其通解如下

$$\begin{cases} x_1=d_1-c_{1,\,r+1}x_{r+1}-\cdots-c_{1n}x_n, \\ x_2=d_2-c_{2,\,r+1}x_{r+1}-\cdots-c_{2n}x_n, \\ \qquad\cdots \\ x_r=d_r-c_{r,\,r+1}x_{r+1}-\cdots-c_{rn}x_n. \end{cases}$$

其中，x_{r+1}，$x_{r+2,}$ …，x_n 是自由未知量，若给自由未知量某一组常数 l_1，l_2，…，l_{n-r} 就得到方程组的一组解

$$\begin{cases} x_1=d_1-c_{1,\,r+1}l_1-\cdots-c_{1n}l_{n-r}, \\ x_2=d_2-c_{2,\,r+1}l_1-\cdots-c_{2n}l_{n-r}, \\ \qquad\cdots \\ x_r=d_r-c_{r,\,r+1}l_1-\cdots-c_{rn}l_{n-r}, \\ x_{r+1}=l_1, \\ x_{r+2}=l_2, \\ \cdots \\ x_n=l_{n-r}. \end{cases}$$

给自由未知量一组任意常数 c_1, c_2, $\cdots$, c_{n-r} 就得到方程组的通解.

例 4.3　分析下面线性方程组解的情况.

(1) $\begin{cases} x_1+2x_2-x_3+2x_4=1, \\ 2x_1+4x_2+x_3+x_4=5, \\ -x_1-2x_2-2x_3+x_4=-3. \end{cases}$　　(2) $\begin{cases} x_1+x_2+x_3=2, \\ -2x_1+x_3=-3, \\ x_1+x_2-2x_3=5, \\ -3x_1+x_2+4x_3=-5. \end{cases}$

解　用线性方程组的增广矩阵 $\widetilde{A}$ 作初等行变换, 将 $\widetilde{A}$ 化成行阶梯形

$$(1)\widetilde{\boldsymbol{A}}=\begin{bmatrix} 1 & 2 & -1 & 2 & 1 \\ 2 & 4 & 1 & 1 & 5 \\ -1 & -2 & -2 & 1 & -3 \end{bmatrix} \xrightarrow[r_1+r_3]{-2r_1+r_2} \begin{bmatrix} 1 & 2 & -1 & 2 & 1 \\ 0 & 0 & 3 & -3 & 3 \\ 0 & 0 & -3 & 3 & -2 \end{bmatrix}$$

$$\xrightarrow{r_2+r_3} \begin{bmatrix} 1 & 2 & -1 & 2 & 1 \\ 0 & 0 & 3 & -3 & 3 \\ 0 & 0 & 0 & 0 & 1 \end{bmatrix}.$$

因为 $R(\boldsymbol{A})=2$, $R(\widetilde{\boldsymbol{A}})=3$, $R(\boldsymbol{A})\neq R(\widetilde{\boldsymbol{A}})$. 由定理 4. 3 可知, 系数矩阵与增广矩阵的秩不相等, 所以方程组无解.

$$(2)\widetilde{\boldsymbol{A}}=\begin{bmatrix} 1 & 1 & 1 & 2 \\ -2 & 0 & 1 & -3 \\ 1 & 1 & -2 & 5 \\ -3 & 1 & 4 & -5 \end{bmatrix} \xrightarrow[3r_1+r_4]{\substack{2r_1+r_2 \\ -r_1+r_3}} \begin{bmatrix} 1 & 1 & 1 & 2 \\ 0 & 2 & 3 & 1 \\ 0 & 0 & -3 & 3 \\ 0 & 4 & 7 & 1 \end{bmatrix}$$

$$\xrightarrow{-2r_2+r_4} \begin{bmatrix} 1 & 1 & 1 & 2 \\ 0 & 2 & 3 & 1 \\ 0 & 0 & -3 & 3 \\ 0 & 0 & 1 & -1 \end{bmatrix} \xrightarrow{\frac{1}{3}r_3+r_4} \begin{bmatrix} 1 & 1 & 1 & 2 \\ 0 & 2 & 3 & 1 \\ 0 & 0 & -3 & 3 \\ 0 & 0 & 0 & 0 \end{bmatrix}.$$

因为 $R(\boldsymbol{A})=R(\widetilde{\boldsymbol{A}})=3$. 由定理 4. 3(1) 可知, 该方程组有唯一解.

例 4.4　解线性方程组

$$\begin{cases} x_1+2x_2-2x_3+2x_4=3, \\ 2x_1+x_2+2x_3-2x_4=3, \\ -x_1-2x_2+3x_3+2x_4=7, \\ 2x_1+4x_2-4x_3+4x_4=6. \end{cases}$$

解　用线性方程组的增广矩阵 $\widetilde{A}$ 作初等行变换, 将 $\widetilde{A}$ 化成行最简形

$$\widetilde{\boldsymbol{A}}=\begin{bmatrix} 1 & 2 & -2 & 2 & 3 \\ 2 & 1 & 2 & -2 & 3 \\ -1 & -2 & 3 & 2 & 7 \\ 2 & 4 & -4 & 4 & 6 \end{bmatrix} \xrightarrow{\substack{-2r_1+r_2 \\ r_1+r_3 \\ -2r_1+r_4}} \begin{bmatrix} 1 & 2 & -2 & 2 & 3 \\ 0 & -3 & 6 & -6 & -3 \\ 0 & 0 & 1 & 4 & 10 \\ 0 & 0 & 0 & 0 & 0 \end{bmatrix}$$

$$\xrightarrow{-\frac{1}{3}r_2} \begin{bmatrix} 1 & 2 & -2 & 2 & 3 \\ 0 & 1 & -2 & 2 & 1 \\ 0 & 0 & 1 & 4 & 10 \\ 0 & 0 & 0 & 0 & 0 \end{bmatrix} \xrightarrow{-2r_2+r_1} \begin{bmatrix} 1 & 0 & 2 & -2 & 1 \\ 0 & 1 & -2 & 2 & 1 \\ 0 & 0 & 1 & 4 & 10 \\ 0 & 0 & 0 & 0 & 0 \end{bmatrix}$$

$$\xrightarrow[2r_3+r_2]{-2r_3+r_1}\begin{bmatrix}1&0&0&-10&-19\\0&1&0&10&21\\0&0&1&4&10\\0&0&0&0&0\end{bmatrix}.$$

$$R(\boldsymbol{A})=R(\tilde{\boldsymbol{A}})=3<4.$$

由上式可知，系数矩阵与增广矩阵的秩相等，都等于 3，小于未知数的个数 4，所以方程组有无穷多组解，由 $\tilde{\boldsymbol{A}}$ 经过初等行变换后得到的最后一个行最简形矩阵，可得与已知方程组对应的同解方程组是

$$\begin{cases}x_1-10x_4=-19,\\x_2+10x_4=21,\\x_3+4x_4=10.\end{cases}$$

根据系数矩阵与增广矩阵的秩小于 4 知，已知方程组中自由未知量的个数是 4-3=1 个，由同解方程组确定 x_4 是自由未知量，得原方程组的通解是

$$\begin{cases}x_1=-19+10x_4\\x_2=21-10x_4\\x_3=10-4x_4\end{cases}$$

给自由未知量一组固定值 $x_4=0$，我们就得到方程组的一组特解

$$x_1=-19,\ x_2=21,\ x_3=10,\ x_4=0.$$

习惯给自由未知量一组任意常数 $x_4=c_1$，就得到方程组的通解

$$\begin{cases}x_1=-19+10c_1\\x_2=21-10c_1\\x_3=10-4c_1\end{cases}$$

事实上，在例 4.4 中，x_3 也可作为自由未知量. 我们同样可以考察 x_1，x_2 作为自由未知量.

需要指出，用初等行变换将线性方程组的增广矩阵化为行最简形时，自由未知数的选择不同，行最简形的形式就不同，但是行最简形的非零行的行数是唯一确定的，当方程组有解时，这表明解中任意常数的个数是相同的，但是解的表示式不是唯一的，然而每一种解的表示式中包含的无穷多个解的集合又是相等的.

4.3 线性方程组的解的结构

1. 齐次线性方程组的解

定义 4.2 若一个线性方程组的常数项都等于 0，那么这个线性方程组称为**齐次线性方程组**.

我们看一个齐次线性方程组

$$\begin{cases} a_{11}x_1+a_{12}x_2+\cdots+a_{1n}x_n=0, \\ a_{21}x_1+a_{22}x_2+\cdots+a_{2n}x_n=0, \\ \cdots \\ a_{m1}x_1+a_{m2}x_2+\cdots+a_{mn}x_n=0. \end{cases} \tag{4.5}$$

这个方程组总是有解，显然

$$x_1=0,\ x_2=0,\ \cdots,\ x_n=0$$

就是方程组(4.5)的一个解，这个解叫作**零解**，若方程组还有其他解，那么这些解就叫作**非零解**.

齐次线性方程组的矩阵形式可以写成

$$\boldsymbol{A}\boldsymbol{x}=\boldsymbol{0},$$

其中

$$\boldsymbol{A}=\begin{bmatrix} a_{11} & a_{12} & \cdots & a_{1n} \\ a_{21} & a_{22} & \cdots & a_{2n} \\ \vdots & \vdots & & \vdots \\ a_{m1} & a_{m2} & \cdots & a_{mn} \end{bmatrix},\ \boldsymbol{x}=\begin{bmatrix} x_1 \\ x_2 \\ \vdots \\ x_n \end{bmatrix}. \tag{4.6}$$

我们常常希望知道，一个齐次线性方程组有没有非零解，由定理 4.3 就可以立即得到以下定理：

定理 4.4　齐次线性方程组(4.5)有非零解的充分必要条件是：它的系数矩阵的秩 r 小于它的未知量的个数 n. 此时，方程组有无穷多个非零解.

当齐次线性方程组(4.5)的未知量个数与方程的个数相同时，方程组的系数矩阵是一个 n 阶方阵. 由定理 4.4，我们立即可以得到以下推论.

推论　含有 n 个未知量 n 个方程的齐次线性方程组有非零解的充分必要条件是其系数行列式等于零.

为了方便研究，以后我们主要讨论齐次线性方程组的矩阵形式. 齐次线性方程组(4.6)的解具有下面的性质：

性质 4.1　若 $\boldsymbol{\xi}_1$，$\boldsymbol{\xi}_2$ 是齐次线性方程组(4.6)的两个解向量，则 $\boldsymbol{\xi}_1+\boldsymbol{\xi}_2$ 也是齐次线性方程组(4.6)的解向量.

性质 4.2　若 $\boldsymbol{\xi}$ 是齐次线性方程组(4.6)的解向量，c 为任意实数，则 $c\boldsymbol{\xi}$ 也是齐次线性方程组(4.6)的解向量.

推论　若 $\boldsymbol{\xi}_1$，$\boldsymbol{\xi}_2$，$\cdots$，$\boldsymbol{\xi}_s$ 是齐次方程组(4.6)的 s 个解向量，c_1，c_2，$\cdots$，c_s 为任意常数，则 $c_1\boldsymbol{\xi}_1+c_2\boldsymbol{\xi}_2+\cdots+c_s\boldsymbol{\xi}_s$ 也是该方程组的解向量.

这说明，齐次线性方程组的解向量的任一线性组合仍是该方程组的解向量.

由此可知，齐次线性方程组的解向量对于向量加法和数乘是封闭的. 因此，齐次线性方程组若有一个非零解向量，则它就有无穷多个解向量，这无穷多个解向量构成了一个向量空间，则为齐次线性方程组的**解空间**. 如果能够求出这个解空间的一个极大线性无关组(也就是解空间的基)，就能用它的线性组合来表示齐次线性方程组的全部解向量，也就是齐次线性方程组的**通解**.

定义 4.3　设 $\boldsymbol{\xi}_1$，$\boldsymbol{\xi}_2$，$\cdots$，$\boldsymbol{\xi}_s$ 是齐次线性方程组(4.6)的 s 个解向量，如果满足下列

条件：

(1)$\boldsymbol{\xi}_1, \boldsymbol{\xi}_2, \cdots, \boldsymbol{\xi}_s$ 线性无关；

(2)方程组(4.6)的任意一个解向量 $\boldsymbol{\xi}$ 都能由 $\boldsymbol{\xi}_1, \boldsymbol{\xi}_2, \cdots, \boldsymbol{\xi}_s$ 线性表出，则 $\boldsymbol{\xi}_1, \boldsymbol{\xi}_2, \cdots, \boldsymbol{\xi}_s$ 称为齐次线性方程组(4.6)的一个**基础解系**.

根据定义，如果齐次线性方程组(4.6)只有零解向量，那么它就不存在基础解系. 如果它有非零解向量，那么它就有无穷多个解向量. 这无穷多个解向量组成(4.6)的解空间，那么基础解系就是这向量组的一个极大线性无关组或这解空间的一个基.

于是，只要找出齐次线性方程组(4.6)的一个基础解系 $\boldsymbol{\xi}_1, \boldsymbol{\xi}_2, \cdots, \boldsymbol{\xi}_s$，则它的全部解向量就能由它的一个基础解系线性表示出来，即 $\boldsymbol{\xi}=c_1\boldsymbol{\xi}_1+c_2\boldsymbol{\xi}_2+\cdots+c_s\boldsymbol{\xi}_s$($c_1, c_2, \cdots, c_s$ 为任意常数)，这就是(4.6)的通解.

显然，齐次方程组(4.6)的基础解系不是唯一的. 不同的基础解系对应的通解的表达式也就不一样，但解的集合是相同的，也就是说，(4.6)的任意两个不同的基础解系彼此等价，它们生成相同的解空间.

定理 4.5 如果齐次线性方程组(4.6)的系数矩阵 $\boldsymbol{A}$ 的秩 $R(\boldsymbol{A})=r<n$，那么方程组(4.6)一定存在基础解系，且基础解系所含解向量的个数为 $n-r$.

证 设齐次线性方程组(4.6)的系数矩阵为

$$\boldsymbol{A}=\begin{bmatrix} a_{11} & a_{12} & \cdots & a_{1n} \\ a_{21} & a_{22} & \cdots & a_{2n} \\ \vdots & \vdots & & \vdots \\ a_{m1} & a_{m2} & \cdots & a_{mn} \end{bmatrix},$$

由于 $\boldsymbol{A}$ 的秩 $R(A)=r<n$. 对 $\boldsymbol{A}$ 进行行初等变换，$\boldsymbol{A}$ 可化为

$$\begin{bmatrix} 1 & 0 & 0 & \cdots & 0 & c_{1,r+1} & \cdots & c_{1n} \\ 0 & 1 & 0 & \cdots & 0 & c_{2,r+1} & \cdots & c_{2n} \\ \cdots & \cdots & \cdots & \cdots & \cdots & \cdots & \cdots & \cdots \\ 0 & 0 & 0 & \cdots & 1 & c_{r,r+1} & \cdots & c_{rn} \\ 0 & \cdots & \cdots & \cdots & \cdots & \cdots & \cdots & 0 \\ \cdots & \cdots & \cdots & \cdots & \cdots & \cdots & \cdots & \cdots \\ 0 & \cdots & \cdots & \cdots & \cdots & \cdots & \cdots & 0 \end{bmatrix},$$

与之对应的方程组为

$$\begin{cases} x_1+c_{1,r+1}x_{r+1}+\cdots+c_{1n}x_n=0, \\ x_2+c_{2,r+1}x_{r+1}+\cdots+c_{2n}x_n=0, \\ \qquad\cdots \\ x_r+c_{r,r+1}x_{r+1}+\cdots+c_{rn}x_n=0. \end{cases} \tag{4.7}$$

取 $x_{r+1}, x_{r+2}, \cdots, x_n$ 为自由未知量，得

$$\begin{cases} x_1=-c_{1,r+1}x_{r+1}-\cdots-c_{1n}x_n, \\ x_2=-c_{2,r+1}x_{r+1}-\cdots-c_{2n}x_n, \\ \qquad\cdots \\ x_r=-c_{r,r+1}x_{r+1}-\cdots-c_{rn}x_n. \end{cases} \tag{4.8}$$

我们取

$$\begin{bmatrix} x_{r+1} \\ x_{r+2} \\ \vdots \\ x_n \end{bmatrix} = \begin{bmatrix} 1 \\ 0 \\ \vdots \\ 0 \end{bmatrix}, \begin{bmatrix} 0 \\ 1 \\ \vdots \\ 0 \end{bmatrix}, \cdots, \begin{bmatrix} 0 \\ 0 \\ \vdots \\ 1 \end{bmatrix},$$

由方程组(4. 8)可得

$$\begin{bmatrix} x_1 \\ x_2 \\ \vdots \\ x_r \end{bmatrix} = \begin{bmatrix} -c_{1,\ r+1} \\ -c_{2,\ r+2} \\ \vdots \\ -c_{r,\ r+1} \end{bmatrix}, \begin{bmatrix} -c_{1,\ r+2} \\ -c_{2,\ r+2} \\ \vdots \\ -c_{r,\ r+2} \end{bmatrix}, \cdots, \begin{bmatrix} -c_{1n} \\ -c_{2n} \\ \vdots \\ -c_{rn} \end{bmatrix},$$

从而得到方程组(4. 6)的 $n-r$ 个解向量

$$\boldsymbol{\xi}_1 = \begin{bmatrix} -c_{1,\ r+1} \\ -c_{2,\ r+1} \\ \vdots \\ -c_{r,\ r+1} \\ 1 \\ 0 \\ \vdots \\ 0 \end{bmatrix}, \boldsymbol{\xi}_2 = \begin{bmatrix} -c_{1,\ r+2} \\ -c_{2,\ r+2} \\ \vdots \\ -c_{r,\ r+2} \\ 0 \\ 1 \\ \vdots \\ 0 \end{bmatrix}, \cdots, \boldsymbol{\xi}_{n-r} = \begin{bmatrix} -c_{1n} \\ -c_{2n} \\ \vdots \\ -c_{rn} \\ 0 \\ 0 \\ \vdots \\ 1 \end{bmatrix}.$$

下面我们证明 $\boldsymbol{\xi}_1$, $\boldsymbol{\xi}_2$, …, $\boldsymbol{\xi}_{n-r}$ 就是齐次线性方程组(4. 6)的基础解系.

首先, 这 $n-r$ 个解向量的后 $n-r$ 个分量构成的向量组 $\begin{bmatrix} 1 \\ 0 \\ \vdots \\ 0 \end{bmatrix}, \begin{bmatrix} 0 \\ 1 \\ \vdots \\ 0 \end{bmatrix}, \cdots, \begin{bmatrix} 0 \\ 0 \\ \vdots \\ 1 \end{bmatrix}$ 线性无关, 所以由定理 3. 6, 每个向量在上面再添上 r 个分量后得到的 $n-r$ 个解向量 $\boldsymbol{\xi}_1$, $\boldsymbol{\xi}_2$, …, $\boldsymbol{\xi}_{n-r}$ 也线性无关.

其次, 设自由未知量 $x_{r+1}=c_1$, $x_{r+2}=c_2$, …, $x_n=c_{n-r}$(c_1, c_2, …, c_{n-r} 是任意常数), 将它们代入方程组(4. 8)得齐次线性方程组(4. 6)的通解

$$\begin{cases} x_1 = -c_{1,\ r+1}c_1 - \cdots - c_{1n}c_{n-r}, \\ x_2 = -c_{2,\ r+1}c_1 - \cdots - c_{2n}c_{n-r}, \\ \cdots \\ x_r = -c_{r,\ r+1}c_1 - \cdots - c_{rn}c_{n-r}, \\ x_{r+1} = c_1, \\ x_{r+2} = c_2, \\ \cdots \\ x_n = c_{n-r}. \end{cases}$$

于是，通解的向量表示式为

$$\boldsymbol{\xi}=\begin{bmatrix}x_1\\x_2\\\vdots\\x_n\end{bmatrix}=c_1\boldsymbol{\xi}_1+c_2\boldsymbol{\xi}_2+\cdots+c_{n-r}\boldsymbol{\xi}_{n-r}(c_1,\ c_2,\ \cdots,\ c_{n-r}\text{ 是任意常数}).$$

因此方程组(4. 6)的任意一个解向量$\boldsymbol{\xi}$，都可以由这 $n-r$ 个解向量$\boldsymbol{\xi}_1$，$\boldsymbol{\xi}_2$，…，$\boldsymbol{\xi}_{n-r}$ 线性表示，所以$\boldsymbol{\xi}_1$，$\boldsymbol{\xi}_2$，…，$\boldsymbol{\xi}_{n-r}$ 是方程组(4. 6)的基础解系，即基础解系存在，且基础解系含有 $n-r$ 个解向量. 证毕.

定理 4. 5 的证明过程指出了求齐次线性方程组(4. 6)的通解和基础解系的一种方法. 方程组(4. 6)的通解可以表示为：$\boldsymbol{\xi}=c_1\boldsymbol{\xi}_1+c_2\boldsymbol{\xi}_2+\cdots+c_{n-r}\boldsymbol{\xi}_{n-r}$($c_1$，$c_2$，…，$c_{n-r}$ 是任意常数).

推论(齐次线性方程组解的结构定理) 如果齐次线性方程组(4. 6)有非零解，那么它的通解就是基础解系的任意线性组合.

例 4. 5 解齐次线性方程组

$$\begin{cases}x_1-x_2+x_3-2x_4=0,\\x_1-x_2-2x_3+x_4=0,\\2x_1-2x_2-5x_3+3x_4=0.\end{cases}$$

解 对齐次线性方程组的系数矩阵 $\boldsymbol{A}$ 作初等行变换，将 $\boldsymbol{A}$ 化为行最简形：

$$\boldsymbol{A}=\begin{bmatrix}1&-1&1&-2\\1&-1&-2&1\\2&-2&-5&3\end{bmatrix}\xrightarrow[-2r_1+r_3]{-r_1+r_2}\begin{bmatrix}1&-1&1&-2\\0&0&-3&3\\0&0&-7&7\end{bmatrix}$$

$$\xrightarrow{-\frac{1}{3}r_2}\begin{bmatrix}1&-1&1&-2\\0&0&1&-1\\0&0&-7&7\end{bmatrix}\xrightarrow[7r_2+r_3]{-r_2+r_1}\begin{bmatrix}1&-1&0&-1\\0&0&1&-1\\0&0&0&0\end{bmatrix}.$$

得 $R(\boldsymbol{A})=2<4$，所以方程组有非零解，且有 $4-2=2$ 个自由未知量，其同解方程组为

$$\begin{cases}x_1-x_2-x_4=0,\\x_3-x_4=0.\end{cases}$$

取 x_2，x_4 为自由未知量，得

$$\begin{cases}x_1=x_2+x_4,\\x_3=x_4.\end{cases}$$

令

$$\begin{bmatrix}x_2\\x_4\end{bmatrix}=\begin{bmatrix}1\\0\end{bmatrix},\ \begin{bmatrix}0\\1\end{bmatrix},$$

得

$$\begin{bmatrix}x_1\\x_3\end{bmatrix}=\begin{bmatrix}1\\0\end{bmatrix},\ \begin{bmatrix}1\\1\end{bmatrix}.$$

从而得基础解系

$$\boldsymbol{\xi}_1=\begin{bmatrix}1\\1\\0\\0\end{bmatrix},\quad \boldsymbol{\xi}_2=\begin{bmatrix}1\\0\\1\\1\end{bmatrix}.$$

所以，已知方程组的通解为 $x=c_1\boldsymbol{\xi}_1+c_2\boldsymbol{\xi}_2$(其中 c_1，c_2 为任意常数).

例 4.6 λ 取何值时，方程组

$$\begin{cases}x_1+x_2-x_3=0,\\x_1+\lambda x_2+3x_3=0,\\2x_1+3x_2+\lambda x_3=0\end{cases}$$

有非零解？并求其通解.

解 已知方程组是 3 个方程、3 个未知量的特殊情形，可以用定理 4.4 的推论判断. 首先计算其系数行列式

$$|\boldsymbol{A}|=\begin{vmatrix}1&1&-1\\1&\lambda&3\\2&3&\lambda\end{vmatrix}=(\lambda+3)(\lambda-2),$$

当 $|\boldsymbol{A}|=0$，即 $\lambda=-3$，2 时，方程组有非零解.

将 $\lambda=-3$ 代入原方程组，得

$$\begin{cases}x_1+x_2-x_3=0,\\x_1-3x_2+3x_3=0,\\2x_1+3x_2-3x_3=0.\end{cases}$$

方程组的系数矩阵

$$\boldsymbol{A}_1=\begin{bmatrix}1&1&-1\\1&-3&3\\2&3&-3\end{bmatrix}\xrightarrow[-2r_1+r_3]{-r_1+r_2}\begin{bmatrix}1&1&-1\\0&-4&4\\0&1&-1\end{bmatrix}\xrightarrow[4r_3+r_2]{-r_3+r_1}\begin{bmatrix}1&0&0\\0&0&0\\0&1&-1\end{bmatrix}\xrightarrow{r_2\leftrightarrow r_3}\begin{bmatrix}1&0&0\\0&1&-1\\0&0&0\end{bmatrix}$$

$R(A_1)=2<3$，方程组有非零解，有 $3-2=1$ 个自由未知量. 同解方程组为

$$\begin{cases}x_1=0,\\x_2-x_3=0.\end{cases}$$

取 x_3 为自由未知量，得

$$\begin{cases}x_1=0,\\x_2=x_3.\end{cases}$$

令 $x_3=1$，得

$$x_1=0,\ x_2=1.$$

从而得基础解系

$$\boldsymbol{\xi}_1=\begin{bmatrix}0\\1\\1\end{bmatrix}.$$

所以，方程组的通解为 $\boldsymbol{x}=c\boldsymbol{\xi}_1$($c$ 为任意常数).

将 $\lambda=2$ 代入原方程组，得

$$\begin{cases}x_1+x_2-x_3=0,\\x_1+2x_2+3x_3=0,\\2x_1+3x_2+2x_3=0.\end{cases}$$

方程组的系数矩阵 $\boldsymbol{A}_2=\begin{bmatrix}1&1&-1\\1&2&3\\2&3&2\end{bmatrix}\xrightarrow[-2r_1+r_3]{-r_1+r_2}\begin{bmatrix}1&1&-1\\0&1&4\\0&1&4\end{bmatrix}\xrightarrow[-r_2+r_3]{-r_2+r_1}\begin{bmatrix}1&0&-5\\0&1&4\\0&0&0\end{bmatrix}$

$R(\boldsymbol{A}_2)=2<3$，方程组有非零解，有 $3-2=1$ 个自由未知量. 同解方程组为

$$\begin{cases}x_1-5x_3=0,\\x_2+4x_3=0.\end{cases}$$

取 x_3 为自由未知量，得

$$\begin{cases}x_1=5x_3,\\x_2=-4x_3.\end{cases}$$

令 $x_3=1$，得

$$x_1=5,\ x_2=-4.$$

从而得基础解系

$$\boldsymbol{\xi}_2=\begin{bmatrix}5\\-4\\1\end{bmatrix}.$$

所以，方程组的通解为 $\boldsymbol{x}=c\boldsymbol{\xi}_2$（$c$ 为任意常数）.

例 4.7 设 $\boldsymbol{B}$ 是一个三阶非零矩阵，它的每一列是齐次线性方程组

$$\begin{cases}x_1+2x_2-3x_3=0,\\x_1-3x_2+\lambda x_3=0,\\3x_1-2x_2-x_3=0\end{cases}$$

的解，求 λ 的值和 $|\boldsymbol{B}|$.

解 因为 $\boldsymbol{B}$ 是一个三阶非零矩阵，所以 $\boldsymbol{B}$ 中至少有一个列向量是非零向量，又因为 $\boldsymbol{B}$ 的每一个列向量都是已知齐次线性方程组的解，所以已知齐次线性方程组有非零解，由定理 4.4 推论，系数行列式

$$|\boldsymbol{A}|=\begin{vmatrix}1&2&-3\\1&-3&\lambda\\3&-2&-1\end{vmatrix}=8(\lambda-2)=0,$$

所以 $\lambda=2$，此时 $\boldsymbol{A}$ 有一个二阶子式 $\begin{vmatrix}1&2\\1&-3\end{vmatrix}\neq0$，所有的三阶子式均为 0，所以 $\boldsymbol{R}(\boldsymbol{A})=2$，由定理 4.5，基础解系中只含有 $3-2=1$ 个解向量，$\boldsymbol{B}$ 的三个列向量必线性相关，因而由定理 3.5 得 $|\boldsymbol{B}|=0$.

例 4.8 设 $\boldsymbol{\xi}_1=(1,2,3,4)^{\mathrm{T}}$，$\boldsymbol{\xi}_2=(4,3,2,1)^{\mathrm{T}}$，构造一个齐次线性方程组，使向量组 $\boldsymbol{\xi}_1$，$\boldsymbol{\xi}_2$ 为此齐次线性方程组的基础解系.

解 设向量组 $\boldsymbol{\xi}_1$，$\boldsymbol{\xi}_2$ 为此齐次线性方程组的基础解系，则它们的线性组合也是齐次线性

方程组的解向量. 因为

$$\begin{bmatrix}\boldsymbol{\xi}_1^{\mathrm{T}}\\ \boldsymbol{\xi}_2^{\mathrm{T}}\end{bmatrix}=\begin{bmatrix}1&2&3&4\\4&3&2&1\end{bmatrix}\xrightarrow{-4r_1+r_2}\begin{bmatrix}1&2&3&4\\0&-5&-10&-15\end{bmatrix}$$

$$\xrightarrow{-\frac{1}{5}r_2}\begin{bmatrix}1&2&3&4\\0&1&2&3\end{bmatrix}\xrightarrow{-2r_2+r_1}\begin{bmatrix}1&0&-1&-2\\0&1&2&3\end{bmatrix}$$

注意, 此处也可以将其写作$[\boldsymbol{\xi}_1\quad\boldsymbol{\xi}_2]$, 从而进行初等列变换.
所以可设齐次线性方程组的一个解向量为

$$\begin{bmatrix}x_1\\x_2\\x_3\\x_4\end{bmatrix}=x_1\begin{bmatrix}1\\0\\-1\\-2\end{bmatrix}+x_2\begin{bmatrix}0\\1\\2\\3\end{bmatrix}=\begin{bmatrix}x_1\\x_2\\-x_1+2x_2\\-2x_1+3x_2\end{bmatrix}$$

对比两边向量各分量, 去掉恒等式, 得

$$\begin{cases}x_3=-x_1+2x_2,\\x_4=-2x_1+3x_2,\end{cases}$$

移项得齐次线性方程组

$$\begin{cases}x_1-2x_2+x_3=0,\\2x_1-3x_2+x_4=0.\end{cases}$$

容易验证$\boldsymbol{\xi}_1$, $\boldsymbol{\xi}_2$都是它的解向量, 且线性无关.

又易知它的系数矩阵的秩为 2, 所以基础解系刚好有 $4-2=2$ 个线性无关的解向量, 所以$\boldsymbol{\xi}_1$, $\boldsymbol{\xi}_2$就是它的基础解系.

由题意, 它就是我们需要构造的齐次线性方程组.

注意 一般此类题目, 均可对给定基础解系作为列向量组的矩阵进行初等列变换, 化为类似行最简形的列最简形(只需满足每列都有一个特殊元素, 该特殊元素值为 1, 且与之同行的其他元素值均为 0).

然后设解向量$(x_1, x_2, \cdots, x_n)^{\mathrm{T}}$为该列最简形的列向量的线性组合, 列向量的系数取每列特殊元素同行的x_i.

对比等式两边向量各分量, 去掉恒等式, 移项即可得所要求的齐次线性方程组.

由于列最简形中选择的特殊元素所在行可以变化, 所以此题答案是不唯一的.

2. 非齐次线性方程组的解

设线性方程组

$$\begin{cases}a_{11}x_1+a_{12}x_2+\cdots+a_{1n}x_n=b_1,\\a_{21}x_1+a_{22}x_2+\cdots+a_{2n}x_n=b_2,\\\cdots\\a_{m1}x_1+a_{m2}x_2+\cdots+a_{mn}x_n=b_m\end{cases}\tag{4.9}$$

称为**非齐次线性方程组**($b_1, b_2, \cdots, b_m$ 不全为 0). 如果把它的常数项都换成 0, 就得到相应的齐次线性方程组, 称它为非齐次线性方程组(4.9)的**导出方程组**, 简称**导出组**.

非齐次线性方程组(4.9)的解与它的导出组的解之间有如下关系.

设

$$A=\begin{bmatrix} a_{11} & a_{12} & \cdots & a_{1n} \\ a_{21} & a_{22} & \cdots & a_{2n} \\ \vdots & \vdots & & \vdots \\ a_{m1} & a_{m2} & \cdots & a_{mn} \end{bmatrix},$$

$$x=\begin{bmatrix} x_1 \\ x_2 \\ \vdots \\ x_n \end{bmatrix},\quad b=\begin{bmatrix} b_1 \\ b_2 \\ \vdots \\ b_m \end{bmatrix},$$

则方程组(4.9)可表示为

$$\boldsymbol{Ax}=\boldsymbol{b}, \tag{4.10}$$

它的导出组可表示为

$$\boldsymbol{Ax}=\boldsymbol{0}. \tag{4.11}$$

性质 4.3 如果 $\boldsymbol{\eta}_1$, $\boldsymbol{\eta}_2$ 为(4.10)的解, 那么 $\boldsymbol{\eta}_1-\boldsymbol{\eta}_2$ 为(4.11)的解.

证 已知 $\boldsymbol{\eta}_1$, $\boldsymbol{\eta}_2$ 为(4.10)的解,

因为 $\boldsymbol{A}(\boldsymbol{\eta}_1-\boldsymbol{\eta}_2)=\boldsymbol{A\eta}_1-\boldsymbol{A\eta}_2=\boldsymbol{b}-\boldsymbol{b}=\boldsymbol{0}$,

所以 $\boldsymbol{\eta}_1-\boldsymbol{\eta}_2$ 为(4.11)的解.

性质 4.4 如果 $\boldsymbol{\eta}$ 为(4.10)的解, $\boldsymbol{\xi}$ 为(4.11)的解, 那么 $\boldsymbol{\eta}+\boldsymbol{\xi}$ 为(4.10)的解.

证 已知 $\boldsymbol{\eta}$ 为(4.10)的解, $\boldsymbol{\xi}$ 为(4.11)的解,

因为 $\boldsymbol{A}(\boldsymbol{\eta}+\boldsymbol{\xi})=\boldsymbol{A\eta}+\boldsymbol{A\xi}=\boldsymbol{b}+\boldsymbol{0}=\boldsymbol{b}$,

所以 $(\boldsymbol{\eta}+\boldsymbol{\xi})$ 为(4.10)的解.

定理 4.6 (**非齐次线性方程组解的结构定理**)如果 $\boldsymbol{\eta}_0$ 为非齐次线性方程组(4.10)的一个特解, $\boldsymbol{\xi}$ 为(4.11)的通解, 那么方程组(4.10)的通解为

$$\boldsymbol{\eta}=\boldsymbol{\eta}_0+\boldsymbol{\xi}.$$

证 设 $\boldsymbol{\eta}_0$ 为非齐次线性方程组(4.10)的一个特解.

对于(4.10)的任意一个解 $\boldsymbol{\eta}$, 有

$$\boldsymbol{\eta}=\boldsymbol{\eta}_0+(\boldsymbol{\eta}-\boldsymbol{\eta}_0)$$

由性质 4.3 可知, $\boldsymbol{\xi}=\boldsymbol{\eta}-\boldsymbol{\eta}_0$ 为(4.11)的一个解, 这说明(4.10)的任意一个解 $\boldsymbol{\eta}=\boldsymbol{\eta}_0+\boldsymbol{\xi}$, 其中 $\boldsymbol{\xi}$ 为(4.11)的一个解.

反之, 任取(4.11)的一个解 $\boldsymbol{\xi}$, 则由性质 4.4, $\boldsymbol{\eta}=\boldsymbol{\eta}_0+\boldsymbol{\xi}$ 必然为(4.10)的一个解.

综上, (4.10)的通解为 $\boldsymbol{\eta}=\boldsymbol{\eta}_0+\boldsymbol{\xi}$.

由定理的证明, 我们可以得到: 对于非齐次线性方程组(4.10), 在 $r<n$ 时, 我们只须先求得它的一个特解, 然后再求出它的导出组(4.11)的通解, 便可得到(4.10)的全部解. 一般求(4.10)的一个特解与求它的导出组(4.11)的通解, 可以通过对增广矩阵作初等行变换来同时完成.

例 4.9 试求

$$\begin{cases}x_1+3x_2-x_3+2x_4=-2,\\2x_1-x_2+x_3+x_4=6,\\4x_1+5x_2-x_3+5x_4=2\end{cases}$$

的全部解.

解　对线性方程组的增广矩阵 $\widetilde{A}$ 施行初等行变换，将 $\widetilde{\boldsymbol{A}}$ 化成行最简形

$$\widetilde{\boldsymbol{A}}=\begin{bmatrix}1&3&-1&2&-2\\2&-1&1&1&6\\4&5&-1&5&2\end{bmatrix}\xrightarrow[-4r_1+r_3]{-2r_1+r_2}\begin{bmatrix}1&3&-1&2&-2\\0&-7&3&-3&10\\0&-7&3&-3&10\end{bmatrix}$$

$$\xrightarrow[\frac{3}{7}r_2+r_1]{-r_2+r_3}\begin{bmatrix}1&0&\frac{2}{7}&\frac{5}{7}&\frac{16}{7}\\0&-7&3&-3&10\\0&0&0&0&0\end{bmatrix}\xrightarrow{-\frac{1}{7}r_2}\begin{bmatrix}1&0&\frac{2}{7}&\frac{5}{7}&\frac{16}{7}\\0&1&-\frac{3}{7}&\frac{3}{7}&-\frac{10}{7}\\0&0&0&0&0\end{bmatrix},$$

$R(\boldsymbol{A})=R(\widetilde{\boldsymbol{A}})=2<4$，方程组有无穷多组解. 与已知方程组同解的方程组为

$$\begin{cases}x_1+\frac{2}{7}x_3+\frac{5}{7}x_4=\frac{16}{7},\\x_2-\frac{3}{7}x_3+\frac{3}{7}x_4=-\frac{10}{7}.\end{cases}$$

取 x_3，x_4 作自由未知量，得

$$\begin{cases}x_1=\frac{16}{7}-\frac{2}{7}x_3-\frac{5}{7}x_4,\\x_2=-\frac{10}{7}+\frac{3}{7}x_3-\frac{3}{7}x_4.\end{cases}$$

令 $x_3=0$，$x_4=0$，得非齐次线性方程组的一个特解为 $\boldsymbol{\eta}_0=\left(\frac{16}{7},-\frac{10}{7},0,0\right)^{\mathrm{T}}$.

由于原方程组的导出组所对应的同解方程组为

$$\begin{cases}x_1=-\frac{2}{7}x_3-\frac{5}{7}x_4,\\x_2=\frac{3}{7}x_3-\frac{3}{7}x_4.\end{cases},$$

分别令

$$\begin{bmatrix}x_3\\x_4\end{bmatrix}=\begin{bmatrix}1\\0\end{bmatrix},\begin{bmatrix}0\\1\end{bmatrix},$$

得原方程组导出的齐次线性方程组的一个基础解系为

$$\boldsymbol{\xi}_1=\begin{bmatrix}-\frac{2}{7}\\\frac{3}{7}\\1\\0\end{bmatrix},\boldsymbol{\xi}_2=\begin{bmatrix}-\frac{5}{7}\\-\frac{3}{7}\\0\\1\end{bmatrix}.$$

所以非齐次线性方程组的通解为

$$\boldsymbol{x}=\boldsymbol{\eta}_0+c_1\boldsymbol{\xi}_1+c_2\boldsymbol{\xi}_2$$

其中，c_1，c_2 为任意常数.

注意 对增广矩阵施行初等行变换化行最简形时，可以把经过有限次两列对换后能变换为行最简形的矩阵看作行最简形(但不建议变换列，易出错)，如本题也可以选择 x_2，x_4 或者 x_2，x_3 为自由未知量，这样得得到的通解形式就不相同了.

同解方程组移项后，可以通过补充恒等式，转化为向量方程的形式写出通解，向量方程中的 x_i 一一对应通解中的任意常数 c_j. 由于这种情况下行最简形并不唯一，所以通解形式也不唯一. 最好把特解与基础解系中的解分别代入非齐次线性方程组与它的导出组进行验证.

例 4.10 常数 a，b 取何值时，线性方程组

$$\begin{cases}x_1+4x_2-3x_3=0,\\3x_1+2x_2+x_3=10b,\\x_2+ax_3=-2\end{cases}$$

有唯一解，无解，无穷多组解？并在有无穷多组解时求出其通解.

解 对线性方程组的增广矩阵进行初等行变换化行阶梯形

$$\widetilde{\boldsymbol{A}}=\begin{bmatrix}1&4&-3&0\\3&2&1&10b\\0&1&a&-2\end{bmatrix}\xrightarrow{-3r_1+r_2}\begin{bmatrix}1&4&-3&0\\0&-10&10&10b\\0&1&a&-2\end{bmatrix}$$

$$\xrightarrow{-\frac{1}{10}r_2}\begin{bmatrix}1&4&-3&0\\0&1&-1&-b\\0&1&a&-2\end{bmatrix}\xrightarrow{-r_2+r_3}\begin{bmatrix}1&4&-3&0\\0&1&-1&-b\\0&0&a+1&b-2\end{bmatrix},$$

(1) 当 $a\neq-1$，b 为任意常数时，方程组有唯一解.

(2) 当 $a=-1$，$b\neq2$ 时，方程组无解.

(3) 当 $a=-1$，$b=2$ 时，方程组有无穷多组解.

此时，对 $\widetilde{\boldsymbol{A}}$ 继续施行初等行变换化为行最简形，得

$$\widetilde{\boldsymbol{A}}\longrightarrow\begin{bmatrix}1&4&-3&0\\0&1&-1&-2\\0&0&0&0\end{bmatrix}\xrightarrow{-4r_2+r_1}\begin{bmatrix}1&0&1&8\\0&1&-1&-2\\0&0&0&0\end{bmatrix}$$

与原方程组同解的方程组为

$$\begin{cases}x_1+x_3=8,\\x_2-x_3=-2.\end{cases}$$

取 x_3 为自由未知量，得

$$\begin{cases}x_1=8-x_3,\\x_2=-2+x_3.\end{cases}$$

令 $x_3=0$，得 $x_1=8$，$x_2=-2$. 所以方程组的一个特解为 $\boldsymbol{\eta}_0=(8,\ -2,\ 0)^{\mathrm{T}}$.

由于原方程组的导出组所对应的同解方程组为

$$\begin{cases}x_1=-x_3\\x_2=x_3\end{cases},$$

令 $x_3=1$，得原方程组导出的齐次线性方程组的一个基础解系为

$$\boldsymbol{\xi}=\begin{bmatrix}-1\\1\\1\end{bmatrix}.$$

所以，原方程组的通解为 $x=\boldsymbol{\eta}_0+c\boldsymbol{\xi}$（$c$ 为任意常数）.

例 4.11　设四元非齐次方程组 $\boldsymbol{Ax}=\boldsymbol{b}$ 的系数矩阵 $\boldsymbol{A}$ 的秩为 3，已知它的 3 个解向量为 $\boldsymbol{\eta}_1$，$\boldsymbol{\eta}_2$，$\boldsymbol{\eta}_3$，其中

$$\boldsymbol{\eta}_1=\begin{bmatrix}3\\1\\5\\7\end{bmatrix},\ \boldsymbol{\eta}_2+\boldsymbol{\eta}_3=\begin{bmatrix}2\\4\\6\\8\end{bmatrix},$$

求该方程组的通解.

解　因四元非齐次方程组 $\boldsymbol{Ax}=\boldsymbol{b}$ 的系数矩阵 $\boldsymbol{A}$ 的秩为 3，所以由定理 4.5，其导出组 $\boldsymbol{Ax}=\boldsymbol{0}$ 的基础解系含有 $4-3=1$ 个向量，故导出组 $\boldsymbol{Ax}=\boldsymbol{0}$ 的任何一个非零解向量都可作为其方程组的基础解系.

设 $\boldsymbol{\xi}_1$，$\boldsymbol{\xi}_2$ 是导出组 $\boldsymbol{Ax}=\boldsymbol{0}$ 的解向量，根据性质 4.3，$\boldsymbol{\xi}_1=\boldsymbol{\eta}_1-\boldsymbol{\eta}_2$，$\boldsymbol{\xi}_2=\boldsymbol{\eta}_1-\boldsymbol{\eta}_3$ 都是导出组 $\boldsymbol{Ax}=\boldsymbol{0}$ 的解向量，

再由性质 4.1 和性质 4.2 知

$$\begin{aligned}\boldsymbol{\xi}&=\frac{1}{2}(\boldsymbol{\xi}_1+\boldsymbol{\xi}_2)=\frac{1}{2}[(\boldsymbol{\eta}_1-\boldsymbol{\eta}_2)+(\boldsymbol{\eta}_1-\boldsymbol{\eta}_3)]\\&=\boldsymbol{\eta}_1-\frac{1}{2}(\boldsymbol{\eta}_2+\boldsymbol{\eta}_3)\end{aligned}$$

也是导出组 $\boldsymbol{Ax}=\boldsymbol{0}$ 的解向量. 即

$$\boldsymbol{\xi}=\begin{bmatrix}3\\1\\5\\7\end{bmatrix}-\frac{1}{2}\begin{bmatrix}2\\4\\6\\8\end{bmatrix}=\begin{bmatrix}2\\-1\\2\\3\end{bmatrix}\neq\boldsymbol{0}$$

是导出组 $\boldsymbol{Ax}=\boldsymbol{0}$ 的一个非零解向量.

所以原方程组的通解为

$$\boldsymbol{x}=\boldsymbol{\eta}_1+c\boldsymbol{\xi}=\begin{bmatrix}3\\1\\5\\7\end{bmatrix}+c\begin{bmatrix}2\\-1\\2\\3\end{bmatrix}\ (c\text{ 为任意常数}).$$

例 4.12　已知 $\boldsymbol{A}_{m\times s}$，$\boldsymbol{B}_{s\times n}$，试证：$R(\boldsymbol{AB})\leqslant\min\{R(\boldsymbol{A}),R(\boldsymbol{B})\}$.

证　我们已经在例 3.11 用向量组的线性表示证明过该问题，现在我们从线性方程组的角度再次证明该题.

设 $R(\boldsymbol{A})=r_1$，$R(\boldsymbol{B})=r_2$，$R(\boldsymbol{AB})=r$.

由于齐次线性方程组 $\boldsymbol{Bx}=\boldsymbol{0}$ 的解都满足方程 $(\boldsymbol{AB})\boldsymbol{x}=\boldsymbol{A}(\boldsymbol{Bx})=\boldsymbol{0}$，因此，$\boldsymbol{Bx}=\boldsymbol{0}$ 的基础解系（含 $n-r_2$ 个解）含于 $(\boldsymbol{AB})\boldsymbol{x}=\boldsymbol{0}$ 的某个基础解系（$n-r$ 个解）之中，所以

$$n-r_2 \leqslant n-r$$

故有 $r \leqslant r_2$，即 $R(\boldsymbol{AB}) \leqslant R(\boldsymbol{B})$.

同理可得：$\boldsymbol{A}^{\mathrm{T}}\boldsymbol{y}=\boldsymbol{0}$ 的基础解系（含 $m-r_1$ 个解）含于 $(\boldsymbol{AB})^{\mathrm{T}}\boldsymbol{y}=\boldsymbol{0}$ 的某个基础解系（$m-r$ 个解）之中，所以

$$m-r_1 \leqslant m-r$$

于是 $r \leqslant r_1$，即 $R(\boldsymbol{AB}) \leqslant R(\boldsymbol{A})$.

综上，有 $R(\boldsymbol{AB}) \leqslant \min\{R(\boldsymbol{A}), R(\boldsymbol{B})\}$.

例 4.13 设 $\boldsymbol{A}$，$\boldsymbol{B}$ 都是 $m\times n$ 矩阵，证明：$R(\boldsymbol{A}+\boldsymbol{B}) \leqslant R(\boldsymbol{A})+R(\boldsymbol{B})$.

证 不妨设矩阵 $\boldsymbol{A}$，$\boldsymbol{B}$ 的列向量组分别为 $\boldsymbol{\alpha}_1, \boldsymbol{\alpha}_2, \cdots, \boldsymbol{\alpha}_n$ 与 $\boldsymbol{\beta}_1, \boldsymbol{\beta}_2, \cdots, \boldsymbol{\beta}_n$，那么 $\boldsymbol{A}+\boldsymbol{B}$ 的列向量组为 $\boldsymbol{\alpha}_1+\boldsymbol{\beta}_1, \boldsymbol{\alpha}_2+\boldsymbol{\beta}_2, \cdots \boldsymbol{\alpha}_n+\boldsymbol{\beta}_n$.

设 $R(\boldsymbol{A})=r_1$，即向量组 $\boldsymbol{\alpha}_1, \boldsymbol{\alpha}_2, \cdots, \boldsymbol{\alpha}_n$ 的秩为 r_1，且不妨设 $\boldsymbol{\alpha}_1, \boldsymbol{\alpha}_2, \cdots, \boldsymbol{\alpha}_{r_1}$ 为其一个极大线性无关组.

设 $R(\boldsymbol{B})=r_2$，向量组为 $\boldsymbol{\beta}_1, \boldsymbol{\beta}_2, \cdots, \boldsymbol{\beta}_n$ 的秩为 r_2，且不妨设 $\boldsymbol{\beta}_1, \boldsymbol{\beta}_2, \cdots, \boldsymbol{\beta}_{r_2}$ 为其一个极大线性无关组.

于是，向量组 $\boldsymbol{\alpha}_1+\boldsymbol{\beta}_1, \boldsymbol{\alpha}_2+\boldsymbol{\beta}_2, \cdots, \boldsymbol{\alpha}_n+\boldsymbol{\beta}_n$ 可以由向量组 $\boldsymbol{\alpha}_1, \boldsymbol{\alpha}_2, \cdots, \boldsymbol{\alpha}_{r_1}, \boldsymbol{\beta}_1, \boldsymbol{\beta}_2, \cdots, \boldsymbol{\beta}_{r_2}$ 线性表出，则

$$R(\boldsymbol{\alpha}_1+\boldsymbol{\beta}_1, \boldsymbol{\alpha}_2+\boldsymbol{\beta}_2, \cdots, \boldsymbol{\alpha}_n+\boldsymbol{\beta}_n) \leqslant R(\boldsymbol{\alpha}_1, \boldsymbol{\alpha}_2, \cdots, \boldsymbol{\alpha}_{r_1}, \boldsymbol{\beta}_1, \boldsymbol{\beta}_2, \cdots, \boldsymbol{\beta}_{r_2}) \leqslant r_1+r_2,$$

即 $R(\boldsymbol{A}+\boldsymbol{B}) \leqslant R(\boldsymbol{A})+R(\boldsymbol{B})$.

小　结

一、关于线性方程组解的分类

$$\text{线性方程组}\begin{cases}\underset{\boldsymbol{Ax}=\boldsymbol{b}(\boldsymbol{b}\neq\boldsymbol{0})}{\text{非齐次线性方程组}}\begin{cases}\underset{R(\boldsymbol{A})\neq R(\widetilde{\boldsymbol{A}})}{\text{无解}}\\ \underset{R(\boldsymbol{A})=R(\widetilde{\boldsymbol{A}})=r}{\text{有解}}\begin{cases}\text{唯一解}(r=n)\\ \text{无穷解}(r<n)\end{cases}\end{cases}\\ \underset{\boldsymbol{Ax}=\boldsymbol{0}}{\text{齐次线性方程组}}\text{——有解}\begin{cases}\text{唯一解(仅有零解)}(r=n)\\ \text{无穷解(有非零解)}(r<n)\end{cases}\end{cases}$$

二、知识点小结

线性方程组是线性代数的重要研究内容之一，这一章我们主要掌握好四个问题：

(1)求解线性方程组的消元法；

(2)线性方程组有解的判定法；

(3)齐次线性方程组的基础解系及其求法；

(4)线性方程组的解的性质及解的结构.

这里，我们作一些归纳和补充：

1. 线性方程组的消元法

线性方程组的同解变换可以简化为它的增广矩阵的初等行变换.

2. 线性方程组的解的存在性

设 $\boldsymbol{\alpha}_1, \boldsymbol{\alpha}_2, \cdots, \boldsymbol{\alpha}_n$ 是 $m\times n$ 系数矩阵 $\boldsymbol{A}$ 的列向量组. 对于齐次线性方程组 $\boldsymbol{Ax}=\boldsymbol{0}$，下面的命题是等价的：

(1) $\boldsymbol{Ax}=\boldsymbol{0}$ 有非零解；

(2) $R(\boldsymbol{A})<n$；

(3) $\boldsymbol{A}$ 的列向量组 $\boldsymbol{\alpha}_1, \boldsymbol{\alpha}_2, \cdots, \boldsymbol{\alpha}_n$ 线性相关.

特别地，当 $m=n$ 时，$\boldsymbol{Ax}=\boldsymbol{0}$ 有非零解的充分必要条件是 $|\boldsymbol{A}|=0$.

对于非齐次线性方程组 $\boldsymbol{Ax}=\boldsymbol{b}$，下面的命题是等价的：

(1) $\boldsymbol{Ax}=\boldsymbol{b}$ 有解；

(2) $R(\boldsymbol{A})=R(\tilde{\boldsymbol{A}})$，这里，$\tilde{\boldsymbol{A}}=(\boldsymbol{A}\quad \boldsymbol{b})$ 是增广矩阵；

(3) $\boldsymbol{b}$ 可由 $\boldsymbol{A}$ 的列向量组 $\boldsymbol{\alpha}_1, \boldsymbol{\alpha}_2, \cdots, \boldsymbol{\alpha}_n$ 线性表出；

(4) $\boldsymbol{\alpha}_1, \boldsymbol{\alpha}_2, \cdots, \boldsymbol{\alpha}_n$ 与 $\boldsymbol{\alpha}_1, \boldsymbol{\alpha}_2, \cdots, \boldsymbol{\alpha}_n, \boldsymbol{b}$ 是等价向量组；

(5) $R(\boldsymbol{\alpha}_1, \boldsymbol{\alpha}_2, \cdots, \boldsymbol{\alpha}_n)=R(\boldsymbol{\alpha}_1, \boldsymbol{\alpha}_2, \cdots, \boldsymbol{\alpha}_n, \boldsymbol{b})$.

3. 齐次线性方程组的基础解系及其求法

齐次线性方程组的基础解系是一个十分重要的概念. 需要指出的是：齐次线性方程组的基础解系并不是唯一的，然而，基础解系所含的解向量个数是唯一的，即有 $n-r$ 个，其中 n 为未知量的个数，r 为系数矩阵的秩. 事实上，齐次线性方程组的任意 $n-r$ 个线性无关的解向量都可作为齐次线性方程组的一个基础解系.

关于齐次线性方程组的基础解系的求法，我们给出了一个常用的方法，其一般步骤是：

(1) 对系数矩阵 $\boldsymbol{A}$ 作初等行变换化为行最简形矩阵；

(2) 确定 $R(\boldsymbol{A})$ 及基础解系中解向量的个数 $n-R(\boldsymbol{A})$；

(3) 将行最简形矩阵中的首非零元所对应的未知量取作非自由未知量，其余 $n-R(\boldsymbol{A})$ 个作为自由未知量；

(4) 写出行最简形矩阵所对应的齐次线性方程组，它是与原方程组同解的齐次线性方程组；

(5) 对 $n-R(\boldsymbol{A})$ 个自由未知量分别取基本单位向量 $\boldsymbol{\varepsilon}_1, \boldsymbol{\varepsilon}_2, \cdots, \boldsymbol{\varepsilon}_{n-R(\boldsymbol{A})}$，代入到同解的齐次线性方程组中，得到 $n-R(\boldsymbol{A})$ 个解向量，则构成了 $\boldsymbol{Ax}=\boldsymbol{0}$ 的一个基础解系 $\boldsymbol{\xi}_1, \boldsymbol{\xi}_2, \cdots, \boldsymbol{\xi}_{n-R(\boldsymbol{A})}$.

4. 线性方程组的解的性质及解的结构

对于齐次线性方程组 $\boldsymbol{Ax}=\boldsymbol{0}$，它的任意有限个解的线性组合还是齐次线性方程组的解，其通解是它的一个基础解系的任意线性组合.

对于非齐次方程组 $\boldsymbol{Ax}=\boldsymbol{b}$，它的任意两个解的差是其导出齐次方程组的解，所以它的通解是它的一个特解与其导出齐次方程组的通解的和.

习　题

1. 用消元法解下列线性方程组.

(1) $\begin{cases}2x_1+4x_2+3x_3=8,\\x_1+3x_2+5x_3=12,\\5x_1+3x_2+6x_3=10;\end{cases}$　　(2) $\begin{cases}x_1+3x_2-x_3+2x_4=9,\\3x_1+3x_2+x_3+5x_4=14,\\2x_1+x_2+x_3-2x_4=2,\\2x_1+3x_2+4x_3-4x_4=4.\end{cases}$

2. 求下列齐次线性方程组的基础解系，并写出通解.

(1) $\begin{cases}x_1+2x_2-3x_3=0,\\x_1+x_2+2x_3=0,\\4x_1+7x_2-7x_3=0;\end{cases}$　　(2) $\begin{cases}x_1-2x_2+3x_3-2x_4=0,\\2x_1+x_2-x_3+3x_4=0,\\3x_1-x_2+2x_3+x_4=0,\\5x_1-5x_2+8x_3-3x_4=0;\end{cases}$

(3) $\begin{cases}x_1+x_2+x_3+2x_4+5x_5=0,\\2x_1-3x_2+3x_3+5x_4+6x_5=0,\\3x_1+5x_2+5x_3+8x_4+9x_5=0;\end{cases}$　　(4) $\begin{cases}x_1+x_2-2x_3+2x_4-3x_5=0,\\x_1+2x_2+x_3-3x_4-2x_5=0,\\2x_1+3x_2-x_3-x_4-5x_5=0.\end{cases}$

3. 解下列非齐次线性方程组.

(1) $\begin{cases}x_1-x_2+2x_3+x_4=1,\\x_1-x_2+3x_3-x_4=-1,\\2x_1-x_2+x_3-x_4=5;\end{cases}$　　(2) $\begin{cases}2x_1+x_2-x_3+3x_4=2,\\3x_1+3x_2-2x_3+2x_4=3,\\x_1+2x_2-2x_3-x_4=3;\end{cases}$

(3) $\begin{cases}x_1+x_2+x_3=5,\\2x_1+x_2-x_3=2,\\x_1-2x_2+x_3=-1,\\2x_1-x_2+2x_3=4;\end{cases}$　　(4) $\begin{cases}x_1+3x_2-2x_3+x_4+x_5=-2,\\3x_1+2x_2+5x_3+x_4-3x_5=1,\\4x_1+3x_2+3x_3+2x_4+6x_5=1,\\5x_1+4x_2+x_3+3x_4-3x_5=1.\end{cases}$

4. 设线性方程组

$$\begin{cases}x_1-5x_2+2x_3-3x_4=11,\\-3x_1+x_2-4x_3+2x_4=-5,\\-x_1-9x_2-4x_4=17.\end{cases}$$

(1)求线性方程组的通解；

(2)求线性方程组满足条件 $2x_3-x_4=0$ 的全部解.

5. 齐次线性方程组

$$\begin{cases}x_1+x_2+\lambda x_3=0,\\x_1-\lambda x_2-x_3=0,\\x_1-x_2+2x_3=0,\end{cases}$$

当 λ 取何值时，有非零解？并求其通解.

6. λ 取何值时，非齐次线性方程组

$$\begin{cases}\lambda x_1+x_2+x_3=1,\\x_1+\lambda x_2+x_3=\lambda,\\x_1+x_2+\lambda x_3=\lambda^2\end{cases}$$

(1)有唯一解？并求解；(2)无解；(3)有无穷多组解？并求解.

7. 设有线性方程组 $\begin{cases}x_1+x_2+2x_3+3x_4=1,\\x_1+3x_2+6x_3+x_4=3,\\3x_1-x_2-ax_3+15x_4=3,\\x_1-5x_2-10x_3+12x_4=b.\end{cases}$ 问 a，b 为何值时，线性方程组

(1)有唯一解；(2)无解；(3)有无穷多解？在有无穷多组解时，求出其通解.

8. 设 $\boldsymbol{n}$ 阶矩阵 $\boldsymbol{A}$ 各行元素之和均为零，且 $r(\boldsymbol{A})=n-1$，求齐次线性方程组 $\boldsymbol{Ax}=\boldsymbol{0}$ 的全部解.

9. 设 $\boldsymbol{A}=\begin{bmatrix}1&-1&2\\2&-2&4\\4&-4&8\end{bmatrix}$，求一秩为 2 的 3 阶方阵 $\boldsymbol{B}$，使 $\boldsymbol{AB}=\boldsymbol{O}$.

10. 已知 $\boldsymbol{\eta}_1$，$\boldsymbol{\eta}_2$，$\boldsymbol{\eta}_3$ 是三元非齐次线性方程组 $\boldsymbol{Ax}=\boldsymbol{b}$ 的解，且 $\boldsymbol{R}(\boldsymbol{A})=1$ 及

$$\boldsymbol{\eta}_1+\boldsymbol{\eta}_2=\begin{bmatrix}1\\0\\0\end{bmatrix},\ \boldsymbol{\eta}_2+\boldsymbol{\eta}_3=\begin{bmatrix}1\\2\\0\end{bmatrix},\ \boldsymbol{\eta}_1+\boldsymbol{\eta}_3=\begin{bmatrix}1\\2\\3\end{bmatrix},$$

求：方程组 $\boldsymbol{Ax}=\boldsymbol{b}$ 的通解.

11. 已知齐次线性方程组 $\boldsymbol{Ax}=\boldsymbol{0}$ 通解为

$$\boldsymbol{\xi}=c_1\begin{bmatrix}1\\0\\2\\3\end{bmatrix}+c_2\begin{bmatrix}0\\1\\-1\\1\end{bmatrix}(c_1,\ c_2\ \text{为任意常数}),$$

求此线性方程组.

12. 设 $\boldsymbol{\alpha}_1$，$\boldsymbol{\alpha}_2$，$\boldsymbol{\alpha}_3$，$\boldsymbol{\alpha}_4$ 为齐次线性方程组 $\boldsymbol{Ax}=\boldsymbol{0}$ 的基础解系. 若 $\boldsymbol{\beta}_1=\boldsymbol{\alpha}_2+\boldsymbol{\alpha}_3+\boldsymbol{\alpha}_4$，$\boldsymbol{\beta}_2=\boldsymbol{\alpha}_1+\boldsymbol{\alpha}_3+\boldsymbol{\alpha}_4$，$\boldsymbol{\beta}_3=\boldsymbol{\alpha}_1+\boldsymbol{\alpha}_2+\boldsymbol{\alpha}_4$，$\boldsymbol{\beta}_4=\boldsymbol{\alpha}_1+\boldsymbol{\alpha}_2+\boldsymbol{\alpha}_3$，问：$\boldsymbol{\beta}_1$，$\boldsymbol{\beta}_2$，$\boldsymbol{\beta}_3$，$\boldsymbol{\beta}_4$ 是否可作为方程组 $\boldsymbol{Ax}=0$ 的基础解系？

13. 设有四元齐次线性方程组(Ⅰ)：$\begin{cases}x_1+x_2=0,\\x_2-x_4=0\end{cases}$ 和(Ⅱ)：$\begin{cases}x_1-x_2+x_3=0,\\x_2-x_3+x_4=0.\end{cases}$

(1)分别求方程组(Ⅰ)和方程组(Ⅱ)的基础解系；

(2)求方程组(Ⅰ)和方程组(Ⅱ)的公共解.

14. 设 $\boldsymbol{\alpha}=(1,\ 2,\ 1)^{\mathrm{T}}$，$\boldsymbol{\beta}=\left(1,\ \frac{1}{2},\ 0\right)^{\mathrm{T}}$，$\boldsymbol{\gamma}=(0,\ 0,\ 8)^{\mathrm{T}}$，$\boldsymbol{A}=\boldsymbol{\alpha\beta}^{\mathrm{T}}$，$\boldsymbol{B}=\boldsymbol{\beta}^{\mathrm{T}}\boldsymbol{\alpha}$，求解方程

$$2\boldsymbol{B}^2\boldsymbol{A}^2\boldsymbol{x}=\boldsymbol{A}^4\boldsymbol{x}+\boldsymbol{B}^4\boldsymbol{x}+\boldsymbol{\gamma}.$$

15. 已知两个线性方程组

$$(\text{Ⅰ})\begin{cases}x_1+x_2-2x_4=-6\\4x_1-x_2-x_3-x_4=1\\3x_1-x_2-x_3=3\end{cases}\qquad(\text{Ⅱ})\begin{cases}x_1+mx_2-x_3-x_4=-5,\\nx_2-x_2-2x_4=-11,\\x_3-2x_4=1-t.\end{cases}$$

(1)求方程组(Ⅰ)的通解;

(2)问：当方程组(Ⅱ)中的参数 m, n, t 为何值时，(Ⅰ)与(Ⅱ)同解?

16. 设向量组 $\boldsymbol{\alpha}_1=(1,0,0,3)$, $\boldsymbol{\alpha}_2=(1,1,-1,2)$, $\boldsymbol{\alpha}_3=(1,2,a-3,1)$, $\boldsymbol{\alpha}_4=(1,2,-2,a)$, $\boldsymbol{\beta}=(0,1,b,-1)$. 问:

(1)a, b 为何值时, β 可由 α_1, α_2, α_3, α_4 唯一线性表出?

(2)a, b 为何值时, β 不能由 α_1, α_2, α_3, α_4 线性表出?

(3)a, b 为何值时, β 可由 α_1, α_2, α_3, α_4 线性表出，且该表出不唯一? 并写出该表出式.

17. 设 $\boldsymbol{\eta}^*$ 是非齐次线性方程组 $\boldsymbol{Ax}=\boldsymbol{b}$ 的一个解, $\boldsymbol{\xi}_1$, $\boldsymbol{\xi}_2$, $\cdots$, $\boldsymbol{\xi}_{n-r}$ 是对应的齐次线性方程组的一个基础解系. 证明

(1)$\boldsymbol{\eta}^*$, $\boldsymbol{\xi}_1$, $\cdots$, $\boldsymbol{\xi}_{n-r}$ 线性无关;

(2)$\boldsymbol{\eta}^*$, $\boldsymbol{\eta}^*+\boldsymbol{\xi}_1$, $\cdots$, $\boldsymbol{\eta}^*+\boldsymbol{\xi}_{n-r}$ 线性无关.

18. 设 $\boldsymbol{\xi}$ 是 n 维列向量，满足 $\boldsymbol{\xi}^{\mathrm{T}}\boldsymbol{\xi}=1$, 记 $A=E_n-\boldsymbol{\xi}\boldsymbol{\xi}^{\mathrm{T}}$, 证明齐次线性方程组 $\boldsymbol{Ax}=\boldsymbol{0}$ 必有零解.

19. 证明：线性方程组

$$\begin{cases}x_1-x_2=a_1,\\x_2-x_3=a_2,\\x_3-x_4=a_3,\\x_4-x_5=a_4,\\x_5-x_1=a_5\end{cases}$$

有解的充要条件是 $\sum\limits_{i=1}^{5}\boldsymbol{a}_i=0$, 并在有解的情形时，求出它的一般解.

第 5 章

特征值及特征向量

5.1 方阵的特征值和特征向量

在工程技术中讨论振动问题、天体运行问题及现代控制理论中，往往归结为一个方阵的特征值和特征向量的问题. 特征值、特征向量的概念，不仅在理论上很重要，而且可以直接用来解决实际问题.

定义 5.1 设 $\boldsymbol{A}$ 为 n 阶方阵，若存在数 λ 和非零 n 维列向量 $\boldsymbol{x}$，使得

$$\boldsymbol{A}\boldsymbol{x}=\lambda\boldsymbol{x}, \tag{5.1}$$

则称 λ 为矩阵 $\boldsymbol{A}$ 的**特征值**，称 $\boldsymbol{x}$ 为矩阵 $\boldsymbol{A}$ 对应于特征值 λ 的一个**特征向量**.

式(5.1)也可写成

$$(\boldsymbol{A}-\lambda\boldsymbol{E})\boldsymbol{x}=\boldsymbol{0}. \tag{5.2}$$

式(5.2)的齐次线性方程组有非零解的充分必要条件是

$$|\boldsymbol{A}-\lambda\boldsymbol{E}|=0,$$

即

$$\begin{vmatrix} a_{11}-\lambda & a_{12} & \cdots & a_{1n} \\ a_{21} & a_{22}-\lambda & \cdots & a_{2n} \\ \vdots & \vdots & & \vdots \\ a_{n1} & a_{n2} & \cdots & a_{nn}-\lambda \end{vmatrix}=0 \tag{5.3}$$

式(5.3)的左端为 λ 的 n 次多项式，因此 $\boldsymbol{A}$ 的特征值就是该多项式的根. 记 $f(\lambda)=|\boldsymbol{A}-\lambda\boldsymbol{E}|$，称为 $\boldsymbol{A}$ 的**特征多项式**，则矩阵 $\boldsymbol{A}$ 的特征值即为其特征多项式的根. 方程(5.3)称为 $\boldsymbol{A}$ 的**特征方程**，特征方程在复数范围内恒有解，解的个数为方程的次数(重根按重数计算)，因此 n 阶方阵 $\boldsymbol{A}$ 有 n 个特征值.

设 $\lambda=\lambda_i$ 为其中的一个特征值，则由方程

$$(\boldsymbol{A}-\lambda_i\boldsymbol{E})\boldsymbol{x}=\boldsymbol{0}.$$

可求得非零解 $\boldsymbol{x}=\boldsymbol{p}_i$，那么 $\boldsymbol{p}_i$ 便是 $\boldsymbol{A}$ 的对应于特征值 λ_i 的特征向量(若 λ_i 为实数，则 $\boldsymbol{p}_i$ 可取实向量；若 λ_i 为复数，则 $\boldsymbol{p}_i$ 为复向量).

例 5.1 求 $A=\begin{bmatrix}3&1\\5&-1\end{bmatrix}$ 的特征值和特征向量.

解 A 的特征方程为

$$|A-\lambda E|=\begin{vmatrix}3-\lambda&1\\5&-1-\lambda\end{vmatrix}=(\lambda-4)(\lambda+2)=0,$$

所以 A 的特征值为 $\lambda_1=4$, $\lambda_2=-2$.

当 $\lambda_1=4$ 时，解方程 $(A-4E)x=0$，即

$$\begin{bmatrix}3-4&1\\5&-1-4\end{bmatrix}\begin{bmatrix}x_1\\x_2\end{bmatrix}=\begin{bmatrix}0\\0\end{bmatrix},$$

可得 $x_1=x_2$，所以对应的特征向量可取为

$$p_1=\begin{bmatrix}1\\1\end{bmatrix};$$

所以 $k_1p_1(k_1\neq0)$ 为 $\lambda_1=4$ 对应的全部特征向量.

当 $\lambda_2=-2$ 时，解方程 $(A+2E)x=0$，即

$$\begin{bmatrix}3+2&1\\5&-1+2\end{bmatrix}\begin{bmatrix}x_1\\x_2\end{bmatrix}=\begin{bmatrix}0\\0\end{bmatrix},$$

得 $x_2=-5x_1$，所以对应的特征向量可取为

$$p_2=\begin{bmatrix}1\\-5\end{bmatrix},$$

所以 $k_2p_2(k_2\neq0)$ 为 $\lambda_2=-2$ 对应的全部特征向量.

显然，若 p_i 是对应于特征值 λ_i 的特征向量，则 $kp_i(k\neq0)$ 也是对应于 λ_i 的特征向量，所以特征向量不能由特征值唯一确定；反之，不同的特征值所对应的特征向量绝不会相等，也就是说一个特征向量只能属于一个特征值.

例 5.2 求矩阵

$$A=\begin{bmatrix}-1&1&0\\-4&3&0\\1&0&2\end{bmatrix}$$

的特征值和特征向量.

解 A 的特征多项式为

$$|A-\lambda E|=\begin{vmatrix}-1-\lambda&1&0\\-4&3-\lambda&0\\1&0&2-\lambda\end{vmatrix}=(2-\lambda)(1-\lambda)^2=0,$$

所以 A 的特征值为 $\lambda_1=2$, $\lambda_2=\lambda_3=1$.

当 $\lambda_1=2$ 时，解方程 $(A-2E)x=0$，即

$$\begin{bmatrix}-3&1&0\\-4&1&0\\1&0&0\end{bmatrix}\begin{bmatrix}x_1\\x_2\\x_3\end{bmatrix}=\begin{bmatrix}0\\0\\0\end{bmatrix},$$

得基础解系

$$p_1=\begin{bmatrix}0\\0\\1\end{bmatrix},$$

所以 $k_1\boldsymbol{p}_1(k_1\neq 0)$ 是对应于 $\lambda_1=2$ 的全部特征向量.

当 $\lambda_2=\lambda_3=1$ 时，解方程 $(\boldsymbol{A}-\boldsymbol{E})\boldsymbol{x}=\boldsymbol{0}$，即

$$\begin{bmatrix}-2&1&0\\-4&2&0\\1&0&1\end{bmatrix}\begin{bmatrix}x_1\\x_2\\x_3\end{bmatrix}=\begin{bmatrix}0\\0\\0\end{bmatrix},$$

得基础解系

$$\boldsymbol{p}_2=\begin{bmatrix}1\\2\\-1\end{bmatrix},$$

所以 $k_2\boldsymbol{p}_2(k_2\neq 0)$ 是对应于 $\lambda_2=\lambda_3=1$ 的全部特征向量.

从上述例子可以归纳出具体计算特征值、特征向量的步骤.

第一步： 计算方阵 $\boldsymbol{A}$ 特征多项式 $|\boldsymbol{A}-\lambda\boldsymbol{E}|$；

第二步： 求出 $|\boldsymbol{A}-\lambda\boldsymbol{E}|=0$ 的全部根，它们就是 $\boldsymbol{A}$ 的全部特征值；

第三步： 对于 $\boldsymbol{A}$ 的每一个特征值 λ_i，求相应的齐次线性方程组 $(\boldsymbol{A}-\lambda_i\boldsymbol{E})\boldsymbol{x}=\boldsymbol{0}$ 的基础解系 $\boldsymbol{p}_{i_1}, \boldsymbol{p}_{i_2}, \cdots, \boldsymbol{p}_{i_{r_i}}$，则

$$k_{i_1}\boldsymbol{p}_{i_1}+k_{i_2}\boldsymbol{p}_{i_2}+\cdots+k_{i_{r_i}}\boldsymbol{p}_{i_{r_i}}\quad (k_{i_1}, k_{i_2}, \cdots, k_{i_{r_i}}\text{ 为不全为零的常数})$$

即为对应于 λ_i 的全部特征向量.

例 5.3　求矩阵

$$\boldsymbol{A}=\begin{bmatrix}-2&1&1\\0&2&0\\-4&1&3\end{bmatrix}$$

的特征值和特征向量.

解　$\boldsymbol{A}$ 的特征多项式为

$$|\boldsymbol{A}-\lambda\boldsymbol{E}|=\begin{vmatrix}-2-\lambda&1&1\\0&2-\lambda&0\\-4&1&3-\lambda\end{vmatrix}=-(\lambda+1)(\lambda-2)^2$$

所以 $\boldsymbol{A}$ 的特征值为 $\lambda_1=-1$，$\lambda_2=\lambda_3=2$.

当 $\lambda_1=-1$ 时，解方程 $(\boldsymbol{A}+\boldsymbol{E})\boldsymbol{x}=\boldsymbol{0}$，即

$$\begin{bmatrix}-1&1&1\\0&3&0\\-4&1&4\end{bmatrix}\begin{bmatrix}x_1\\x_2\\x_3\end{bmatrix}=\begin{bmatrix}0\\0\\0\end{bmatrix},$$

得基础解系

$$\boldsymbol{p}_1=\begin{bmatrix}1\\0\\1\end{bmatrix}.$$

于是 $k_1\boldsymbol{p}_1(k_1\neq 0)$ 为对应于 $\lambda_1=-1$ 的全部特征向量.

当 $\lambda_2=\lambda_3=2$ 时，解方程 $(\boldsymbol{A}-2\boldsymbol{E})\boldsymbol{x}=\boldsymbol{0}$，即

$$\begin{bmatrix}-4 & 1 & 1\\ 0 & 0 & 0\\ -4 & 1 & 1\end{bmatrix}\begin{bmatrix}x_1\\ x_2\\ x_3\end{bmatrix}=\begin{bmatrix}0\\ 0\\ 0\end{bmatrix},$$

得基础解系

$$\boldsymbol{p}_2=\begin{bmatrix}0\\ 1\\ -1\end{bmatrix},\ \boldsymbol{p}_3=\begin{bmatrix}1\\ 0\\ 4\end{bmatrix}$$

所以 $k_2\boldsymbol{p}_2+k_3\boldsymbol{p}_3$（$k_2$，$k_3$ 不全为零）为对应于 $\lambda_2=\lambda_3=2$ 的全部特征向量.

例 5.4 设 λ 是方阵 $\boldsymbol{A}$ 的特征值，证明 λ^2 是 $\boldsymbol{A}^2$ 的特征值.

证 因为 λ 是 $\boldsymbol{A}$ 的特征值，所以由式(5.1)有特征向量 $\boldsymbol{p}\neq\boldsymbol{0}$，使 $\boldsymbol{A}\boldsymbol{p}=\lambda\boldsymbol{p}$，

于是

$$\boldsymbol{A}^2\boldsymbol{p}=\boldsymbol{A}(\boldsymbol{A}\boldsymbol{p})=\boldsymbol{A}(\lambda\boldsymbol{p})=\lambda\boldsymbol{A}\boldsymbol{p}=\lambda(\lambda\boldsymbol{p})=\lambda^2\boldsymbol{p}.$$

所以由式(5.1)可得，λ^2 是 $\boldsymbol{A}^2$ 的特征值.

按此例类推，不难证明：若 λ 是 $\boldsymbol{A}$ 的特征值，则 λ^k 是 $\boldsymbol{A}^k$ 的特征值；$\varphi(\lambda)$ 是 $\varphi(\boldsymbol{A})$ 的特征值[其中 $\varphi(\lambda)=a_0+a_1\lambda+\cdots+a_m\lambda^m$，$\varphi(\boldsymbol{A})=a_0\boldsymbol{E}+a_1\boldsymbol{A}+\cdots+a_m\boldsymbol{A}^m$].

例 5.5 设向量 $\boldsymbol{\alpha}_1=(1,\ 2,\ 0)^{\mathrm{T}}$，$\boldsymbol{\alpha}_2=(1,\ 0,\ 1)^{\mathrm{T}}$ 都是方阵 $\boldsymbol{A}$ 的属于特征值 $\lambda=2$ 的特征向量，又向量 $\boldsymbol{\beta}=(-1,\ 2,\ -2)^{\mathrm{T}}$，求 $\boldsymbol{A\beta}$.

解 由题设条件有 $\boldsymbol{A\alpha}_1=2\boldsymbol{\alpha}_1$，$\boldsymbol{A\alpha}_2=2\boldsymbol{\alpha}_2$，$\boldsymbol{\beta}=\boldsymbol{\alpha}_1-2\boldsymbol{\alpha}_2$，所以有

$\boldsymbol{A\beta}=\boldsymbol{A}(\boldsymbol{\alpha}_1-2\boldsymbol{\alpha}_2)=\boldsymbol{A\alpha}_1-2\boldsymbol{A\alpha}_2=2\boldsymbol{\alpha}_1-2(2\boldsymbol{\alpha}_2)=2(\boldsymbol{\alpha}_1-2\boldsymbol{\alpha}_2)=2\boldsymbol{\beta}=(-2,\ 4,\ -4)^{\mathrm{T}}$.

例 5.6 已知向量 $\boldsymbol{x}=(-1,\ 1,\ 1)^{\mathrm{T}}$ 是矩阵 $\boldsymbol{A}=\begin{bmatrix}-1 & a & -2\\ 5 & b & 3\\ 2 & -1 & 2\end{bmatrix}$ 的一个特征向量，求参数 a，b 和 $\boldsymbol{x}$ 对应的特征值.

解 设 λ 是特征向量 $\boldsymbol{x}=(-1,\ 1,\ 1)^{\mathrm{T}}$ 对应的特征值，则 $\boldsymbol{Ax}=\lambda\boldsymbol{x}$，即

$$\begin{bmatrix}-1 & a & -2\\ 5 & b & 3\\ 2 & -1 & 2\end{bmatrix}\begin{bmatrix}-1\\ 1\\ 1\end{bmatrix}=\lambda\begin{bmatrix}-1\\ 1\\ 1\end{bmatrix},$$

得到

$$\begin{cases}1+a-2=-\lambda\\ -5+b+3=\lambda,\\ -2-1+2=\lambda\end{cases}$$

解得

$$a=2,\ b=1,\ \lambda=-1.$$

设 $\boldsymbol{A}=(a_{ij})_{n\times n}$ 是 n 阶方程，则 $\boldsymbol{A}$ 的特征多项式

$$f(\lambda)=|\boldsymbol{A}-\lambda\boldsymbol{E}|=\begin{vmatrix}a_{11}-\lambda & a_{12} & \cdots & a_{1n}\\ a_{21} & a_{22}-\lambda & \cdots & a_{2n}\\ \vdots & \vdots & & \vdots\\ a_{n1} & a_{n2} & \cdots & a_{nn}-\lambda\end{vmatrix}.$$

若 λ_1，λ_2，…，λ_n 是 $\boldsymbol{A}$ 的 n 个特征值，则有

$$f(\lambda)=(\lambda_1-\lambda)(\lambda_2-\lambda)\cdots(\lambda_n-\lambda).$$

由行列式的展开式，不难得到下面的性质：

性质 5.1　$\lambda_1+\lambda_2+\cdots+\lambda_n=a_{11}+a_{22}+\cdots+a_{nn}$；

性质 5.2　$\lambda_1\lambda_2\cdots\lambda_n=|\boldsymbol{A}|$.

通常称 $a_{11}+a_{22}+\cdots+a_{nn}$ 为矩阵 $\boldsymbol{A}$ 的**迹**，记为 $tr(\boldsymbol{A})$，即

$$tr(\boldsymbol{A})=\lambda_1+\lambda_2+\cdots+\lambda_n=a_{11}+a_{22}+\cdots+a_{nn}.$$

由性质 5.2 可知：n 阶方阵 $\boldsymbol{A}$ 可逆的充分必要条件是 $\boldsymbol{A}$ 的全部特征值都不为零.

例 5.7　设 λ 是可逆矩阵 $\boldsymbol{A}$ 的特征值，证明：

(1) $\dfrac{1}{\lambda}$是 $\boldsymbol{A}^{-1}$ 的特征值；

(2) $\dfrac{1}{\lambda}|\boldsymbol{A}|$是 $\boldsymbol{A}^*$ 的特征值.

证　由 $\boldsymbol{A}$ 可逆知，$\lambda\neq0$.

(1) 因为 λ 是可逆矩阵 $\boldsymbol{A}$ 的特征值，所以存在特征向量 $\boldsymbol{p}\neq0$，使得 $\boldsymbol{Ap}=\lambda\boldsymbol{p}$.

两边左乘 $\boldsymbol{A}^{-1}$，得 $\boldsymbol{A}^{-1}(\boldsymbol{Ap})=\boldsymbol{A}^{-1}(\lambda\boldsymbol{p})$，即 $\boldsymbol{A}^{-1}\boldsymbol{p}=\dfrac{1}{\lambda}\boldsymbol{p}$，故$\dfrac{1}{\lambda}$是 $\boldsymbol{A}^{-1}$ 的特征值；

(2) 由 $\boldsymbol{Ap}=\lambda\boldsymbol{p}$ 两边左乘 $\boldsymbol{A}^*$，得 $\boldsymbol{A}^*\boldsymbol{Ap}=\lambda\boldsymbol{A}^*\boldsymbol{p}$. 因为 $\boldsymbol{A}^*\boldsymbol{A}=|\boldsymbol{A}|\boldsymbol{E}$，所以有

$|\boldsymbol{A}|\boldsymbol{p}=\lambda\boldsymbol{A}^*\boldsymbol{p}$，即 $\boldsymbol{A}^*\boldsymbol{p}=\dfrac{1}{\lambda}|\boldsymbol{A}|\boldsymbol{p}$. 故$\dfrac{1}{\lambda}|\boldsymbol{A}|$是 $\boldsymbol{A}^*$ 的特征值.

例 5.8　设 λ 是 n 阶方阵 $\boldsymbol{A}$ 的一个特征值.

(1) 求矩阵 $3\boldsymbol{A}^2+6\boldsymbol{A}-7\boldsymbol{E}$ 的一个特征值；

(2) 若 $\boldsymbol{A}$ 可逆，分别求 $3\boldsymbol{E}-\boldsymbol{A}^{-1}$，$(\boldsymbol{A}^*)^2+2\boldsymbol{E}$ 的一个特征值.

解　(1) 设 $\varphi(x)=3x^2+6x-7$，λ 是 n 阶方阵 $\boldsymbol{A}$ 的一个特征值，则矩阵 $\varphi(\boldsymbol{A})$ 的一个特征值为 $\varphi(\lambda)$，$\varphi(\boldsymbol{A})=3\boldsymbol{A}^2+6\boldsymbol{A}-7\boldsymbol{E}$ 的一个特征值为 $\varphi(\lambda)=3\lambda^2+6\lambda-7$.

(2) 若 $\boldsymbol{A}$ 是可逆矩阵，其特征值 $\lambda\neq0$，所以$\dfrac{1}{\lambda}$为 $\boldsymbol{A}^{-1}$ 的一个特征值，$3-\dfrac{1}{\lambda}$是矩阵 $3\boldsymbol{E}-\boldsymbol{A}^{-1}$ 的一个特征值. λ 是 n 阶方阵 $\boldsymbol{A}$ 的一个特征值，则$\dfrac{1}{\lambda}|\boldsymbol{A}|$是 $\boldsymbol{A}^*$ 的一个特征值. $(\boldsymbol{A}^*)^2+2\boldsymbol{E}$ 的一个特征值是$\left(\dfrac{1}{\lambda}|\boldsymbol{A}|\right)^2+2$.

例 5.9　设 3 阶方阵 $\boldsymbol{A}$ 的特征值为 1，-1，2，试求 $|\boldsymbol{A}^2-2\boldsymbol{E}|$ 与 $|\boldsymbol{A}^{-1}-2\boldsymbol{A}^*|$.

解　令 $\varphi_1(\lambda)=\lambda^2-2$，则 $\varphi_1(\boldsymbol{A})=\boldsymbol{A}^2-2\boldsymbol{E}$. 从而 $\varphi_1(\boldsymbol{A})$ 的三个特征值为

$$\varphi_1(1)=-1,\ \varphi_1(-1)=-1,\ \varphi_1(2)=2,$$

由性质 5.2 可知

$$|\boldsymbol{A}^2-2\boldsymbol{E}|=(-1)\cdot(-1)\cdot2=2.$$

又 $|\boldsymbol{A}|=1\cdot(-1)\cdot2=-2\neq0$，所以 $\boldsymbol{A}$ 可逆，且 $\boldsymbol{A}^*=|\boldsymbol{A}|\boldsymbol{A}^{-1}=-2\boldsymbol{A}^{-1}$. 再由例 5.7 知 $\boldsymbol{A}^{-1}$ 的三个特征值为 1，-1，$\dfrac{1}{2}$，从而有

$$|A^{-1}-2A^*|=|A^{-1}+4A^{-1}|=|5A^{-1}|=5^3|A^{-1}|=125|A|^{-1}=-\frac{125}{2}.$$

性质 5.3 n 阶方阵 $\boldsymbol{A}$ 与它的转置方阵 $\boldsymbol{A}^{\mathrm{T}}$ 有相同的特征值.

证 因为 $|\boldsymbol{A}-\lambda\boldsymbol{E}|=|(\boldsymbol{A}-\lambda\boldsymbol{E})^{\mathrm{T}}|=|\boldsymbol{A}^{\mathrm{T}}-\lambda\boldsymbol{E}^{\mathrm{T}}|=|\boldsymbol{A}^{\mathrm{T}}-\lambda\boldsymbol{E}|$，结论成立.

定理 5.1 设 λ_1，λ_2，…，λ_m 是方阵 $\boldsymbol{A}$ 的 m 个互不相同的特征值，$\boldsymbol{p}_1$，$\boldsymbol{p}_2$，…，$\boldsymbol{p}_m$ 是依次与之对应的特征向量，则 $\boldsymbol{p}_1$，$\boldsymbol{p}_2$，…，$\boldsymbol{p}_m$ 线性无关.

证 用数学归纳法.

当 $m=1$ 时，定理显然成立.

假设 $m=n-1$ 时，定理成立. 则当 $m=n$ 时，设有一组数 k_1，k_2，…，k_n，使

$$k_1\boldsymbol{p}_1+k_2\boldsymbol{p}_2+\cdots+k_n\boldsymbol{p}_n=\boldsymbol{0}, \tag{5.4}$$

上式两边左乘 $\boldsymbol{A}$，并利用 $\boldsymbol{A}\boldsymbol{p}_i=\lambda_i\boldsymbol{p}_i(i=1,2,\cdots,n)$，得

$$k_1\lambda_1\boldsymbol{p}_1+k_2\lambda_2\boldsymbol{p}_2+\cdots+k_n\lambda_n\boldsymbol{p}_n=\boldsymbol{0}, \tag{5.5}$$

式(5，4)乘以 λ_n，再减去式(5.5)，得

$$k_1(\lambda_n-\lambda_1)\boldsymbol{p}_1+k_2(\lambda_n-\lambda_2)\boldsymbol{p}_2+\cdots+k_{n-1}(\lambda_n-\lambda_{n-1})\boldsymbol{p}_{n-1}=\boldsymbol{0}$$

由归纳假设知，$\boldsymbol{p}_1$，$\boldsymbol{p}_2$，…，$\boldsymbol{p}_{n-1}$ 线性无关，故有

$$k_i(\lambda_n-\lambda_i)=0\quad(i=1,2,\cdots,n-1).$$

由题意，λ_1，λ_2，…，λ_n 是方阵 $\boldsymbol{A}$ 的 n 个互不相同的特征值，所以 $\lambda_n-\lambda_i\neq 0$，因而有 $k_i=0\ (i=1,2,\cdots,n-1)$. 将其代入式(5.4)，即得 $k_n\boldsymbol{p}_n=\boldsymbol{0}$，但 $\boldsymbol{p}_n\neq\boldsymbol{0}$，所以 $k_n=0$，即当 $m=n$ 时，定理依然成立.

由数学归纳法，对于任意正整数 m，若 λ_1，λ_2，…，λ_m 是方阵 $\boldsymbol{A}$ 的 m 个互不相同的特征值，$\boldsymbol{p}_1$，$\boldsymbol{p}_2$，…，$\boldsymbol{p}_m$ 是依次与之对应的特征向量，则 $\boldsymbol{p}_1$，$\boldsymbol{p}_2$，…，$\boldsymbol{p}_m$ 线性无关.

定理 5.2 设 λ_1，λ_2 是方阵 $\boldsymbol{A}$ 的两个不同的特征值，$\boldsymbol{p}_1$，$\boldsymbol{p}_2$，…，$\boldsymbol{p}_s$ 和 $\boldsymbol{q}_1$，$\boldsymbol{q}_2$，…，$\boldsymbol{q}_t$ 分别为 $\boldsymbol{A}$ 的属于 λ_1，λ_2 的线性无关的特征向量，则向量组 $\boldsymbol{p}_1$，$\boldsymbol{p}_2$，…，$\boldsymbol{p}_s$，$\boldsymbol{q}_1$，$\boldsymbol{q}_2$，…，$\boldsymbol{q}_t$ 线性无关.

证 设存在一组数 k_1，k_2，…，k_s，l_1，l_2，…，l_t，有

$$k_1\boldsymbol{p}_1+k_2\boldsymbol{p}_2+\cdots+k_s\boldsymbol{p}_s+l_1\boldsymbol{q}_1+l_2\boldsymbol{q}_2+\cdots+l_t\boldsymbol{q}_t=\boldsymbol{0}.$$

若记 $\boldsymbol{\alpha}_1=\sum\limits_{i=1}^{s}k_i\boldsymbol{p}_i$，$\boldsymbol{\alpha}_2=\sum\limits_{i=1}^{t}l_i\boldsymbol{q}_i$，则上式简化为

$$\boldsymbol{\alpha}_1+\boldsymbol{\alpha}_2=\boldsymbol{0}. \tag{5.6}$$

如果 $\boldsymbol{\alpha}_1\neq\boldsymbol{0}$，则必有 $\boldsymbol{\alpha}_2\neq\boldsymbol{0}$，此时是分别属于 λ_1，λ_2 的特征向量，由式(5.6)可知，分属两个不同特征值的特征向量线性相关，这与定理 5.1 矛盾，所以 $\boldsymbol{\alpha}_1=\boldsymbol{0}$，$\boldsymbol{\alpha}_2=\boldsymbol{0}$，即

$$k_1\boldsymbol{p}_1+k_2\boldsymbol{p}_2+\cdots+k_s\boldsymbol{p}_s=l_1\boldsymbol{q}_1+l_2\boldsymbol{q}_2+\cdots+l_t\boldsymbol{q}_t=\boldsymbol{0}.$$

因为 $\boldsymbol{p}_1$，$\boldsymbol{p}_2$，…，$\boldsymbol{p}_s$ 和 $\boldsymbol{q}_1$，$\boldsymbol{q}_2$，…，$\boldsymbol{q}_t$ 分别为 $\boldsymbol{A}$ 的属于 λ_1 和 λ_2 的线性无关的特征向量，所以有

$$k_1=k_2=\cdots=k_s=l_1=l_2=\cdots=l_t=0,$$

故向量组 $\boldsymbol{p}_1$，$\boldsymbol{p}_2$，…，$\boldsymbol{p}_s$，$\boldsymbol{q}_1$，$\boldsymbol{q}_2$，…，$\boldsymbol{q}_t$ 线性无关.

例 5.10 设方阵 $\boldsymbol{A}$ 的两个不同的特征值 λ_1，λ_2，其对应的特征向量分别为 $\boldsymbol{p}_1$，$\boldsymbol{p}_2$，证明：$\boldsymbol{p}_1+\boldsymbol{p}_2$ 不是 A 的特征向量.

证　因为 $\boldsymbol{A}\boldsymbol{p}_1=\lambda_1\boldsymbol{p}_1$，$\boldsymbol{A}\boldsymbol{p}_2=\lambda_2\boldsymbol{p}_2$. 则

$$\boldsymbol{A}(\boldsymbol{p}_1+\boldsymbol{p}_2)=\lambda_1\boldsymbol{p}_1+\lambda_2\boldsymbol{p}_2. \tag{5.7}$$

假设 $\boldsymbol{p}_1+\boldsymbol{p}_2$ 是 $\boldsymbol{A}$ 的特征向量，则存在数 λ，使得

$$\boldsymbol{A}(\boldsymbol{p}_1+\boldsymbol{p}_2)=\lambda(\boldsymbol{p}_1+\boldsymbol{p}_2). \tag{5.8}$$

由式(5.7)和式(5.8)左右分别相减得

$$(\lambda_1-\lambda)\boldsymbol{p}_1+(\lambda_2-\lambda)\boldsymbol{p}_2=\boldsymbol{0}$$

由定理 5.1 可知，$\boldsymbol{p}_1$，$\boldsymbol{p}_2$ 线性无关，所以 $\lambda_1-\lambda=\lambda_2-\lambda=0$，因而必有 $\lambda_1=\lambda_2$，与题设矛盾.

因此，$\boldsymbol{p}_1+\boldsymbol{p}_2$ 不是 $\boldsymbol{A}$ 的特征向量.

5.2　向量的内积、正交向量组

在空间几何中，内积描述了向量的度量性质，如长度、夹角等，定义为 $\boldsymbol{\alpha}\cdot\boldsymbol{\beta}=|\boldsymbol{\alpha}||\boldsymbol{\beta}|\cos(\boldsymbol{\alpha},\boldsymbol{\beta})$. 由此可得：

$$|\boldsymbol{\alpha}|=\sqrt{\boldsymbol{\alpha}\cdot\boldsymbol{\alpha}},\ \cos(\boldsymbol{\alpha},\boldsymbol{\beta})=\frac{\boldsymbol{\alpha}\cdot\boldsymbol{\beta}}{|\boldsymbol{\alpha}|\cdot|\boldsymbol{\beta}|},$$

且在直角坐标系中有 $(x_1,x_2,x_3)\cdot(y_1,y_2,y_3)=x_1y_1+x_2y_2+x_3y_3$.

将上述三维向量的内积概念自然地推广到 n 维向量上，就有如下定义.

定义 5.2　设有 n 维向量

$$\boldsymbol{\alpha}=\begin{bmatrix}a_1\\a_2\\\vdots\\a_n\end{bmatrix},\ \boldsymbol{\beta}=\begin{bmatrix}b_1\\b_2\\\vdots\\b_n\end{bmatrix},$$

向量 $\boldsymbol{\alpha}$ 与 $\boldsymbol{\beta}$ 的**内积**即为实数 $[\boldsymbol{\alpha},\boldsymbol{\beta}]=\boldsymbol{\alpha}^{\mathrm{T}}\boldsymbol{\beta}=a_1b_1+a_2b_2+\cdots+a_nb_n$.

例 5.11　计算 $[\boldsymbol{\alpha},\boldsymbol{\beta}]$，其中 $\boldsymbol{\alpha}$ 与 $\boldsymbol{\beta}$ 如下：

(1) $\boldsymbol{\alpha}=(0,1,5,-2)^{\mathrm{T}}$，$\boldsymbol{\beta}=(-2,0,-1,3)^{\mathrm{T}}$；

(2) $\boldsymbol{\alpha}=(1,-1,0,2)^{\mathrm{T}}$，$\boldsymbol{\beta}=(1,2,-2,0)^{\mathrm{T}}$.

解　(1) $[\boldsymbol{\alpha},\boldsymbol{\beta}]=0\times(-2)+1\times0+5\times(-1)+(-2)\times3=-11$；

(2) $[\boldsymbol{\alpha},\boldsymbol{\beta}]=1\times1+(-1)\times2+0\times(-2)+2\times0=-1$.

内积是两个向量之间的一种运算，从内积的定义可立刻推得下列性质.（其中 $\boldsymbol{\alpha}$，$\boldsymbol{\beta}$，$\boldsymbol{\gamma}$ 为 n 维向量，$\lambda\in\mathbf{R}$）

(1) $[\boldsymbol{\alpha},\boldsymbol{\beta}]=[\boldsymbol{\beta},\boldsymbol{\alpha}]$；

(2) $[\lambda\boldsymbol{\alpha},\boldsymbol{\beta}]=\lambda[\boldsymbol{\alpha},\boldsymbol{\beta}]$；

(3) $[\boldsymbol{\alpha}+\boldsymbol{\beta},\boldsymbol{\gamma}]=[\boldsymbol{\alpha},\boldsymbol{\gamma}]+[\boldsymbol{\beta},\boldsymbol{\gamma}]$.

同三维向量空间一样，可用内积定义 n 维向量的长度和夹角.

定义 5.3　称 $\|\boldsymbol{\alpha}\|=\sqrt{[\boldsymbol{\alpha},\boldsymbol{\alpha}]}=\sqrt{a_1^2+a_2^2+\cdots+a_n^2}$ 为向量 $\boldsymbol{\alpha}$ 的**长度**（或**范数**）. 当 $\|\boldsymbol{\alpha}\|=1$ 时，称 $\boldsymbol{\alpha}$ 为**单位向量**.

从向量长度的定义可立刻推得以下基本性质：

(1)非负性：当 $\boldsymbol{\alpha}\neq\mathbf{0}$ 时，$\|\boldsymbol{\alpha}\|>0$；当 $\boldsymbol{\alpha}=\mathbf{0}$ 时，$\|\boldsymbol{\alpha}\|=0$；

(2)齐次性：$\|\lambda\boldsymbol{\alpha}\|=|\lambda|\cdot\|\boldsymbol{\alpha}\|$；

(3)三角不等式：$\|\boldsymbol{\alpha}+\boldsymbol{\beta}\|\leqslant\|\boldsymbol{\alpha}\|+\|\boldsymbol{\beta}\|$；

(4)柯西-施瓦茨(Cauchy-Schwarz)不等式：$[\boldsymbol{\alpha},\boldsymbol{\beta}]^2\leqslant\|\boldsymbol{\alpha}\|^2\|\boldsymbol{\beta}\|^2$.

定义 5.4 当 $\boldsymbol{\alpha}\neq\mathbf{0}$, $\boldsymbol{\beta}\neq\mathbf{0}$ 时，$\theta=\arccos\dfrac{[\boldsymbol{\alpha},\boldsymbol{\beta}]}{\|\boldsymbol{\alpha}\|\cdot\|\boldsymbol{\beta}\|}$称为向量 $\boldsymbol{\alpha}$ 与 $\boldsymbol{\beta}$ 的夹角. 当$[\boldsymbol{\alpha},\boldsymbol{\beta}]=0$ 时，称 $\boldsymbol{\alpha}$ 与 $\boldsymbol{\beta}$ **正交**.

显然，n 维零向量与任意 n 维向量正交.

我们称一组两两正交的非零向量组为**正交向量组**.

定理 5.3 若 n 维非零向量 $\boldsymbol{\alpha}_1$, $\boldsymbol{\alpha}_2\cdots$, $\boldsymbol{\alpha}_r$ 为正交向量组，则 $\boldsymbol{\alpha}_1$, $\boldsymbol{\alpha}_2\cdots$, $\boldsymbol{\alpha}_r$ 线性无关.

证 设有 λ_1, λ_2, $\cdots$, λ_r 使 $\sum\limits_{i=1}^{r}\lambda_i\boldsymbol{\alpha}_i=\mathbf{0}$，分别用 $\boldsymbol{\alpha}_k$ 与上式两端作内积($k=1, 2, \cdots, r$)，即得

$$\lambda_k[\boldsymbol{\alpha}_k,\boldsymbol{\alpha}_k]=\left[\boldsymbol{\alpha}_k,\sum_{i=1}^{r}\lambda_i\boldsymbol{\alpha}_i\right]=[\boldsymbol{\alpha}_k,\mathbf{0}]=0.$$

因 $\boldsymbol{\alpha}_k\neq\mathbf{0}$，故$[\boldsymbol{\alpha}_k,\boldsymbol{\alpha}_k]=\|\boldsymbol{\alpha}_k\|^2\neq0$，从而 $\lambda_k=0$，$k=1, 2, \cdots, r$，于是 $\boldsymbol{\alpha}_1$, $\boldsymbol{\alpha}_2\cdots$, $\boldsymbol{\alpha}_r$ 线性无关.

在研究向量空间的问题时，常采用正交向量组作为向量空间的一组基，以便使问题得到简化，那么 n 维向量空间的正交基(基中向量两两正交)是否存在呢？

定理 5.4 若 $\boldsymbol{\alpha}_1$, $\boldsymbol{\alpha}_2\cdots$, $\boldsymbol{\alpha}_r$ 是正交向量组，且 $r<n$，则必存在 n 维非零向量 $\boldsymbol{x}$，使 $\boldsymbol{\alpha}_1$, $\boldsymbol{\alpha}_2\cdots$, $\boldsymbol{\alpha}_r$, $\boldsymbol{x}$ 也为正交向量组.

证 $\boldsymbol{x}$ 应满足 $\boldsymbol{\alpha}_1^{\mathrm{T}}\boldsymbol{x}=0$, $\boldsymbol{\alpha}_2^{\mathrm{T}}\boldsymbol{x}=0$, $\cdots\boldsymbol{\alpha}_r^{\mathrm{T}}\boldsymbol{x}=\mathbf{0}$，即

$$\begin{bmatrix}\boldsymbol{\alpha}_1^{\mathrm{T}}\\ \boldsymbol{\alpha}_2^{\mathrm{T}}\\ \vdots\\ \boldsymbol{\alpha}_r^{\mathrm{T}}\end{bmatrix}\boldsymbol{x}=\begin{bmatrix}0\\0\\ \vdots\\0\end{bmatrix},$$

记

$$\boldsymbol{A}=\begin{bmatrix}\boldsymbol{\alpha}_1^{\mathrm{T}}\\ \boldsymbol{\alpha}_2^{\mathrm{T}}\\ \vdots\\ \boldsymbol{\alpha}_r^{\mathrm{T}}\end{bmatrix},$$

则 $R(\boldsymbol{A})=r<n$，故齐次线性方程组 $\boldsymbol{A}\boldsymbol{x}=\mathbf{0}$ 必有非零解，此非零解即为所求.

推论 $r(r<n)$个两两正交的 n 维非零向量总可以扩充成 R^n 的一个正交基.

例 5.12 已知 $\boldsymbol{\alpha}_1=(1, 1, 1)^{\mathrm{T}}$, $\boldsymbol{\alpha}_2=(1, -2, 1)^{\mathrm{T}}$ 正交，试求一个非零向量 $\boldsymbol{\alpha}_3$，使 $\boldsymbol{\alpha}_1$, $\boldsymbol{\alpha}_2$, $\boldsymbol{\alpha}_3$ 两两正交.

解 设 $\boldsymbol{\alpha}_3=(x_1, x_2, x_3)^{\mathrm{T}}$，由题意

$$\begin{bmatrix}1 & 1 & 1\\1 & -2 & 1\end{bmatrix}\begin{bmatrix}x_1\\x_2\\x_3\end{bmatrix}=\begin{bmatrix}0\\0\end{bmatrix},$$

得基础解系为$(-1, 0, 1)^{\mathrm{T}}$, 取$\boldsymbol{\alpha}_3=(-1, 0, 1)^{\mathrm{T}}$, 则$\boldsymbol{\alpha}_3$即为所求.

定义 5.5　设n维向量$\boldsymbol{e}_1, \boldsymbol{e}_2, \cdots, \boldsymbol{e}_r$是向量空间$\boldsymbol{V}(\boldsymbol{V}\subset\mathbf{R}^n)$的一个基, 如果$\boldsymbol{e}_1, \boldsymbol{e}_2, \cdots, \boldsymbol{e}_r$两两正交, 且都是单位向量, 则称之为$\boldsymbol{V}$的一个**正交规范基(标准正交基)**.

若$\boldsymbol{e}_1, \boldsymbol{e}_2, \cdots, \boldsymbol{e}_r$是$\boldsymbol{V}$的一个正交规范基, 则$V$中任一向量$\boldsymbol{\alpha}$可由$\boldsymbol{e}_1, \boldsymbol{e}_2, \cdots, \boldsymbol{e}_r$唯一线性表示, 设为

$$\boldsymbol{\alpha}=\lambda_1\boldsymbol{e}_1+\lambda_2\boldsymbol{e}_2+\cdots+\lambda_r\boldsymbol{e}_r,$$

则由

$$\boldsymbol{e}_i^{\mathrm{T}}\boldsymbol{\alpha}=\lambda_i\boldsymbol{e}_i^{\mathrm{T}}\boldsymbol{e}_i=\lambda_i,$$

得$\lambda_i=\boldsymbol{e}_i^{\mathrm{T}}\boldsymbol{\alpha}=[\boldsymbol{e}_i, \boldsymbol{\alpha}], i=1, 2, \cdots, r$.

$\lambda_1, \lambda_2, \cdots, \lambda_r$是$\boldsymbol{\alpha}$在正交规范基$\boldsymbol{e}_1, \boldsymbol{e}_2, \cdots, \boldsymbol{e}_r$下的坐标.

下面介绍将向量空间$\boldsymbol{V}(\boldsymbol{V}\subset\mathbf{R}^n)$的任一基$\boldsymbol{\alpha}_1, \boldsymbol{\alpha}_2\cdots, \boldsymbol{\alpha}_r$转换为一正交规范基的**施密特(Schmidt)正交化方法**, 其具体步骤如下:

$$\boldsymbol{\beta}_1=\boldsymbol{\alpha}_1,$$

$$\boldsymbol{\beta}_2=\boldsymbol{\alpha}_2-\frac{[\boldsymbol{\beta}_1, \boldsymbol{\alpha}_2]}{[\boldsymbol{\beta}_1, \boldsymbol{\beta}_1]}\boldsymbol{\beta}_1,$$

$$\cdots\cdots\cdots$$

$$\boldsymbol{\beta}_r=\boldsymbol{\alpha}_r-\frac{[\boldsymbol{\beta}_1, \boldsymbol{\alpha}_r]}{[\boldsymbol{\beta}_1, \boldsymbol{\beta}_1]}\boldsymbol{\beta}_1-\frac{[\boldsymbol{\beta}_2, \boldsymbol{\alpha}_r]}{[\boldsymbol{\beta}_2, \boldsymbol{\beta}_2]}\boldsymbol{\beta}_2-\cdots-\frac{[\boldsymbol{\beta}_{r-1}, \boldsymbol{\alpha}_r]}{[\boldsymbol{\beta}_{r-1}, \boldsymbol{\beta}_{r-1}]}\boldsymbol{\beta}_{r-1}.$$

容易验证$\boldsymbol{\beta}_1, \boldsymbol{\beta}_2, \cdots, \boldsymbol{\beta}_r$两两正交且非零. 然后将它们单位化, 即令

$$\boldsymbol{e}_1=\frac{\boldsymbol{\beta}_1}{\|\boldsymbol{\beta}_1\|}, \boldsymbol{e}_2=\frac{\boldsymbol{\beta}_2}{\|\boldsymbol{\beta}_2\|}, \cdots, \boldsymbol{e}_r=\frac{\boldsymbol{\beta}_r}{\|\boldsymbol{\beta}_r\|},$$

则$\boldsymbol{e}_1, \boldsymbol{e}_2, \cdots, \boldsymbol{e}_r$就是$\boldsymbol{V}$的一个正交规范基.

注意　对于向量空间$\boldsymbol{V}(\boldsymbol{V}\subset\mathbf{R}^n)$的任一基$\boldsymbol{\alpha}_1, \boldsymbol{\alpha}_2, \cdots, \boldsymbol{\alpha}_r$, 使用施密特正交化构建的$\boldsymbol{e}_1, \boldsymbol{e}_2, \cdots, \boldsymbol{e}_r$是一组和$\boldsymbol{\alpha}_1, \boldsymbol{\alpha}_2, \cdots, \boldsymbol{\alpha}_r$等价的正交规范基; 且对于任意正整数$i(i=1, 2, \cdots, r)$, $\boldsymbol{e}_1, \boldsymbol{e}_2, \cdots, \boldsymbol{e}_i$是一组和$\boldsymbol{\alpha}_1, \boldsymbol{\alpha}_2, \cdots, \boldsymbol{\alpha}_i$等价的正交规范基.

例 5.13　已知$\boldsymbol{\alpha}_1=(1, -1, 0)^{\mathrm{T}}, \boldsymbol{\alpha}_2=(1, 0, 1)^{\mathrm{T}}, \boldsymbol{\alpha}_3=(1, -1, 1)^{\mathrm{T}}$是$\mathbf{R}^3$的一个基, 试用施密特正交化方法, 构造$\mathbf{R}^3$的一个正交规范基.

解　取

$$\boldsymbol{\beta}_1=\boldsymbol{\alpha}_1=\begin{bmatrix}1\\-1\\0\end{bmatrix},$$

$$\boldsymbol{\beta}_2=\boldsymbol{\alpha}_2-\frac{[\boldsymbol{\beta}_1, \boldsymbol{\alpha}_2]}{[\boldsymbol{\beta}_1, \boldsymbol{\beta}_1]}\boldsymbol{\beta}_1=\begin{bmatrix}1\\0\\1\end{bmatrix}-\frac{1}{2}\begin{bmatrix}1\\-1\\0\end{bmatrix}=\begin{bmatrix}\frac{1}{2}\\\frac{1}{2}\\1\end{bmatrix},$$

$$\boldsymbol{\beta}_3=\boldsymbol{\alpha}_3-\frac{[\boldsymbol{\beta}_1,\boldsymbol{\alpha}_3]}{[\boldsymbol{\beta}_1,\boldsymbol{\beta}_1]}\boldsymbol{\beta}_1-\frac{[\boldsymbol{\beta}_2,\boldsymbol{\alpha}_3]}{[\boldsymbol{\beta}_2,\boldsymbol{\beta}_2]}\boldsymbol{\beta}_2=\begin{bmatrix}1\\-1\\0\end{bmatrix}-\begin{bmatrix}1\\-1\\0\end{bmatrix}-\frac{2}{3}\begin{bmatrix}\frac{1}{2}\\\frac{1}{2}\\1\end{bmatrix}=\begin{bmatrix}-\frac{1}{3}\\-\frac{1}{3}\\\frac{1}{3}\end{bmatrix}.$$

再将 $\boldsymbol{\beta}_1,\boldsymbol{\beta}_2,\boldsymbol{\beta}_3$ 单位化，即得 $\mathbf{R}^3$ 的一个正交规范基

$$\boldsymbol{e}_1=\frac{\boldsymbol{\beta}_1}{\|\boldsymbol{\beta}_1\|}=\begin{bmatrix}\frac{1}{\sqrt{2}}\\-\frac{1}{\sqrt{2}}\\0\end{bmatrix},\quad \boldsymbol{e}_2=\frac{\boldsymbol{\beta}_2}{\|\boldsymbol{\beta}_2\|}=\begin{bmatrix}\frac{1}{\sqrt{6}}\\\frac{1}{\sqrt{6}}\\\frac{2}{\sqrt{6}}\end{bmatrix},\quad e_3=\frac{\boldsymbol{\beta}_3}{\|\boldsymbol{\beta}_3\|}=\begin{bmatrix}-\frac{1}{\sqrt{3}}\\-\frac{1}{\sqrt{3}}\\\frac{1}{\sqrt{3}}\end{bmatrix}.$$

定义 5.6 如果 n 阶方阵 $\boldsymbol{A}$ 满足 $\boldsymbol{A}^{\mathrm{T}}\boldsymbol{A}=\boldsymbol{E}$（即 $\boldsymbol{A}^{-1}=\boldsymbol{A}^{\mathrm{T}}$），就称 $\boldsymbol{A}$ 为**正交矩阵**.

用 $\boldsymbol{A}$ 的列向量表示，即为

$$\begin{bmatrix}\boldsymbol{\alpha}_1^{\mathrm{T}}\\\boldsymbol{\alpha}_2^{\mathrm{T}}\\\vdots\\\boldsymbol{\alpha}_n^{\mathrm{T}}\end{bmatrix}[\boldsymbol{\alpha}_1,\boldsymbol{\alpha}_2,\cdots,\boldsymbol{\alpha}_n]=\boldsymbol{E}$$

即

$$(\boldsymbol{\alpha}_i^{\mathrm{T}}\boldsymbol{\alpha}_j)=\delta_{ij}$$

由此得到 n^2 个关系式

$$\boldsymbol{\alpha}_i^{\mathrm{T}}\boldsymbol{\alpha}_j=\delta_{ij}=\begin{cases}1 & 当\ i=j\\0 & 当\ i\neq j\end{cases}\quad(i,\ j=1,\ 2,\ \cdots,\ n)$$

这说明，方阵 $\boldsymbol{A}$ 为正交矩阵的充分必要条件是：$\boldsymbol{A}$ 的列向量组构成 $\mathbf{R}^n$ 的正交规范基，注意到 $\boldsymbol{A}^{\mathrm{T}}\boldsymbol{A}=\boldsymbol{E}=\boldsymbol{A}\boldsymbol{A}^{\mathrm{T}}$，所以上述结论对 $\boldsymbol{A}$ 的行向量组也成立.

例 5.14 验证矩阵

$$\boldsymbol{A}=\begin{bmatrix}\frac{1}{2}&-\frac{1}{2}&\frac{1}{2}&-\frac{1}{2}\\\frac{1}{2}&-\frac{1}{2}&-\frac{1}{2}&\frac{1}{2}\\\frac{1}{\sqrt{2}}&\frac{1}{\sqrt{2}}&0&0\\0&0&\frac{1}{\sqrt{2}}&\frac{1}{\sqrt{2}}\end{bmatrix}$$

是正交矩阵.

解 $\boldsymbol{A}$ 的每个列向量都是单位向量且两两正交，故 $\boldsymbol{A}$ 是正交矩阵.

由正交矩阵定义，不难得到下列性质.

(1)若 $\boldsymbol{A}$ 是正交矩阵，则 $|\boldsymbol{A}|^2=1$；

(2)若 $\boldsymbol{A}$ 是正交矩阵，则 $\boldsymbol{A}^{\mathrm{T}}$，$\boldsymbol{A}^{-1}$，$\boldsymbol{A}^*$ 也是正交矩阵；

(3)若 $\boldsymbol{A}$，$\boldsymbol{B}$ 是 n 阶正交矩阵，则 $\boldsymbol{AB}$ 也是正交矩阵.

性质(1)、(2)请读者自行证明，下面证明性质(3).

证 因为 $\boldsymbol{A}$，$\boldsymbol{B}$ 是 n 阶正交矩阵，所以

$$\boldsymbol{A}^{\mathrm{T}}\boldsymbol{A}=\boldsymbol{E},\ \boldsymbol{B}^{\mathrm{T}}\boldsymbol{B}=\boldsymbol{E},$$

于是有

$$(\boldsymbol{AB})^{\mathrm{T}}(\boldsymbol{AB})=(\boldsymbol{B}^{\mathrm{T}}\boldsymbol{A}^{\mathrm{T}})(\boldsymbol{AB})=\boldsymbol{B}^{\mathrm{T}}(\boldsymbol{A}^{\mathrm{T}}\boldsymbol{A})\boldsymbol{B}=\boldsymbol{B}^{\mathrm{T}}\boldsymbol{EB}=\boldsymbol{B}^{\mathrm{T}}\boldsymbol{B}=\boldsymbol{E},$$

所以 $\boldsymbol{AB}$ 也是正交矩阵.

定义 5.7 若 $\boldsymbol{T}$ 是 n 维正交矩阵，则线性变换 $\boldsymbol{y}=\boldsymbol{Tx}$ 称为**正交变换**. 正交变换把 n 维列向量 x 变换为 n 维列向量 $\boldsymbol{y}=\boldsymbol{Tx}$.

设 $\boldsymbol{y}=\boldsymbol{Tx}$ 是正交变换，则有

$$\|\boldsymbol{y}\|=\sqrt{\boldsymbol{y}^{\mathrm{T}}\boldsymbol{y}}=\sqrt{\boldsymbol{x}^{\mathrm{T}}\boldsymbol{T}^{\mathrm{T}}\boldsymbol{Tx}}=\sqrt{\boldsymbol{x}^{\mathrm{T}}\boldsymbol{x}}=\|\boldsymbol{x}\|$$

这表明，经正交变换向量的长度保持不变，这是正交变换的优良特性之一. 其实正交变换相当于反射和旋转的叠合，例如

$$\boldsymbol{T}=\begin{bmatrix}-\cos\theta & \sin\theta\\ \sin\theta & \cos\theta\end{bmatrix}$$

为正交矩阵，正交变换 $\boldsymbol{y}=\boldsymbol{Tx}$ 相当于旋转 θ 角，再关于纵轴对称反射.

5.3 相似矩阵与矩阵的对角化

定义 5.8 设 $\boldsymbol{A}$ 与 $\boldsymbol{B}$ 是 n 阶方阵，如果存在一个可逆矩阵 $\boldsymbol{P}$，使

$$\boldsymbol{B}=\boldsymbol{P}^{-1}\boldsymbol{AP},$$

则称 $\boldsymbol{A}$ 与 $\boldsymbol{B}$ **相似**，记为 $A\sim B$.

矩阵的相似关系满足下列性质：

(1)**反身性**：$\boldsymbol{A}$ 与本身相似($\boldsymbol{A}=\boldsymbol{E}^{-1}\boldsymbol{AE}$)，即 $\boldsymbol{A}\sim\boldsymbol{A}$；

(2)**对称性**：若 $\boldsymbol{A}$ 与 $\boldsymbol{B}$ 相似，则 $\boldsymbol{B}$ 与 $\boldsymbol{A}$ 相似，即若 $\boldsymbol{A}\sim\boldsymbol{B}$，则 $\boldsymbol{B}\sim\boldsymbol{A}$；

(3)**传递性**：若 $\boldsymbol{A}$ 与 $\boldsymbol{B}$ 相似，$\boldsymbol{B}$ 与 $\boldsymbol{C}$ 相似，则 $\boldsymbol{A}$ 与 $\boldsymbol{C}$ 相似，即若 $\boldsymbol{A}\sim\boldsymbol{B}$，$\boldsymbol{B}\sim\boldsymbol{C}$，则 $\boldsymbol{A}\sim\boldsymbol{C}$.

定理 5.5 若 n 阶方阵 $\boldsymbol{A}$ 与 $\boldsymbol{B}$ 相似，则 $\boldsymbol{A}$ 与 $\boldsymbol{B}$ 的特征多项式相同，从而 $\boldsymbol{A}$ 与 $\boldsymbol{B}$ 的特征值相同.

证 因 $\boldsymbol{A}$ 与 $\boldsymbol{B}$ 相似，即有可逆矩阵 $\boldsymbol{P}$，使 $\boldsymbol{P}^{-1}\boldsymbol{AP}=\boldsymbol{B}$，故

$$\begin{aligned}|\boldsymbol{B}-\lambda\boldsymbol{E}|&=|\boldsymbol{P}^{-1}\boldsymbol{AP}-\boldsymbol{P}^{-1}(\lambda\boldsymbol{E})\boldsymbol{P}|=|\boldsymbol{P}^{-1}(A-\lambda\boldsymbol{E})\boldsymbol{P}|\\&=|\boldsymbol{P}^{-1}||\boldsymbol{A}-\lambda\boldsymbol{E}||\boldsymbol{P}|=|\boldsymbol{A}-\lambda\boldsymbol{E}|.\end{aligned}$$

注意 该定理的逆命题不成立，即 $\boldsymbol{A}$ 与 $\boldsymbol{B}$ 的特征值相同并不能说明 $\boldsymbol{A}$、$\boldsymbol{B}$ 相似.

例如，矩阵 $A=\begin{pmatrix}1 & 0\\ 0 & 1\end{pmatrix}$，$B=\begin{pmatrix}1 & 1\\ 0 & 1\end{pmatrix}$，特征值都为 1，但我们并不能找到合适的 n 阶可逆矩阵 P，使 $\boldsymbol{B}=\boldsymbol{P}^{-1}\boldsymbol{AP}$ 成立.

例 5.15 已知矩阵 $A=\begin{bmatrix}1&1&3\\2&a&2\\0&0&-2\end{bmatrix}$，$B=\begin{bmatrix}-2&0&0\\0&2&0\\0&0&b\end{bmatrix}$ 相似，求 a 和 b 的值.

解 因为矩阵 $\boldsymbol{A}$，$\boldsymbol{B}$ 相似，所以由定理 5.5 有：

$$|\boldsymbol{A}-\lambda\boldsymbol{E}|=|\boldsymbol{B}-\lambda\boldsymbol{E}|,$$

$$|\boldsymbol{A}-\lambda\boldsymbol{E}|=\begin{vmatrix}1-\lambda&1&3\\2&a-\lambda&2\\0&0&-2-\lambda\end{vmatrix}=-\lambda^3+(a-1)\lambda^2+(a+4)\lambda+(-2a+4),$$

$$|\boldsymbol{B}-\lambda\boldsymbol{E}|=\begin{vmatrix}-2-\lambda&0&0\\0&2-\lambda&0\\0&0&b-\lambda\end{vmatrix}=-\lambda^3+b\lambda^2+4\lambda-4b.$$

于是有

$$-\lambda^3+(a-1)\lambda^2+(a+4)\lambda+(-2a+4)=-\lambda^3+b\lambda^2+4\lambda-4b,$$

比较两边同次幂的系数，得：$a=0$，$b=-1$.

推论 若 n 阶方阵 $\boldsymbol{A}$ 与对角矩阵 $\mathrm{diag}(\lambda_1, \lambda_2, \cdots, \lambda_n)$ 相似，则 $\lambda_1, \lambda_2, \cdots, \lambda_n$ 是 $\boldsymbol{A}$ 的特征值.

证 因 $\lambda_1, \lambda_2, \cdots, \lambda_n$ 是 $\mathrm{diag}(\lambda_1, \lambda_2, \cdots, \lambda_n)$ 的 n 个特征值，由定理 5.5 可知，$\lambda_1, \lambda_2, \cdots, \lambda_n$ 也就是 $\boldsymbol{A}$ 的特征值.

关于相似矩阵，我们关心的一个问题是，与 $\boldsymbol{A}$ 相似的矩阵中，最简单的形式是什么？由于对角矩阵最简单，于是考虑是否任何一个方阵都相似于一个对角矩阵呢？下面我们就来研究这个问题.

如果 n 阶矩阵 $\boldsymbol{A}$ 相似于对角矩阵，则称 $\boldsymbol{A}$ **可对角化**.

设已找到可逆矩阵 $\boldsymbol{P}$，使 $\boldsymbol{P}^{-1}\boldsymbol{AP}=\boldsymbol{\Lambda}=\mathrm{diag}(\lambda_1, \lambda_2, \cdots, \lambda_n)$. 把 $\boldsymbol{P}$ 用其列向量表示为 $\boldsymbol{P}=(\boldsymbol{p}_1, \boldsymbol{p}_2, \cdots, \boldsymbol{p}_n)$，由 $\boldsymbol{P}^{-1}\boldsymbol{AP}=\boldsymbol{\Lambda}$，得 $\boldsymbol{AP}=\boldsymbol{P\Lambda}$，即

$$\begin{aligned}\boldsymbol{A}(\boldsymbol{p}_1, \boldsymbol{p}_2, \cdots, \boldsymbol{p}_n)&=(\boldsymbol{p}_1, \boldsymbol{p}_2, \cdots, \boldsymbol{p}_n)\mathrm{diag}(\lambda_1, \lambda_2, \cdots, \lambda_n)\\&=(\lambda_1\boldsymbol{p}_1, \lambda_2\boldsymbol{p}_2, \cdots, \lambda_n\boldsymbol{p}_n).\end{aligned}$$

于是有

$$\boldsymbol{Ap}_i=\lambda_i\boldsymbol{p}_i\ (i=1, 2, \cdots, n).$$

可见 $\boldsymbol{P}$ 的列向量 $\boldsymbol{p}_i$ 就是 $\boldsymbol{A}$ 的对应于特征值 λ_i 的特征向量. 又因为 $\boldsymbol{P}$ 可逆，所以 $\boldsymbol{p}_1, \boldsymbol{p}_2, \cdots, \boldsymbol{p}_n$ 线性无关. 由于上述推导过程可以反推回去，所以关于矩阵 $\boldsymbol{A}$ 的对角化有如下结论：

定理 5.6 n 阶方阵 $\boldsymbol{A}$ 可对角化的充分必要条件是：$\boldsymbol{A}$ 有 n 个线性无关的特征向量 $\boldsymbol{p}_1, \boldsymbol{p}_2, \cdots, \boldsymbol{p}_n$，并且以它们为列向量组的矩阵 $\boldsymbol{P}$，能使 $\boldsymbol{P}^{-1}\boldsymbol{AP}$ 为对角矩阵. 而且此对角矩阵的主对角线元素依次是与 $\boldsymbol{p}_1, \boldsymbol{p}_2, \cdots, \boldsymbol{p}_n$ 对应的 $\boldsymbol{A}$ 的特征值 $\lambda_1, \lambda_2, \cdots, \lambda_n$.

推论 若 n 阶矩阵 $\boldsymbol{A}$ 有 n 个互异的特征值，则 $\boldsymbol{A}$ 可对角化.

现在的问题是：对于没有 n 个互异特征值的 n 阶矩阵 $\boldsymbol{A}$，是否一定存在 n 个线性无关的特征向量？

答案是否定的. 例 5.3 中 $\boldsymbol{A}$ 的特征方程有重根，但仍能找到 3 个线性无关的特征向量，此时矩阵 $\boldsymbol{A}$ 可与对角矩阵相似；但在例 5.2 中 $\boldsymbol{A}$ 的特征方程亦有重根，却找不到 3 个线性无关的特征向量，此时矩阵 $\boldsymbol{A}$ 不能与对角矩阵相似.

定理 5.7　n 阶方阵 $\boldsymbol{A}$ 可对角化的充分必要条件是，对应于 $\boldsymbol{A}$ 的每个特征值的线性无关的特征向量的个数，恰好等于该特征值的重数，即

$$R(\boldsymbol{A}-\lambda_i\boldsymbol{E})=n-k_i$$

其中，k_i 为特征值 λ_i 的重数($i=1,2,\cdots,r$，$k_1+k_2+\cdots+k_r=n$)．

例 5.16　设 $A=\begin{bmatrix}2&-1&2\\5&a&3\\-1&b&-2\end{bmatrix}$ 的一个特征向量为 $\boldsymbol{p}=\begin{bmatrix}1\\1\\-1\end{bmatrix}$．

(1)求参数 a，b 的值及 A 与特征向量 $\boldsymbol{p}$ 对应的特征值；

(2)$\boldsymbol{A}$ 与对角阵是否相似?

解　(1)设 $\boldsymbol{A}$ 的与特征向量 $\boldsymbol{p}$ 相对应的特征值为 λ，则有方程组$(\boldsymbol{A}-\lambda E)\boldsymbol{p}=\boldsymbol{0}$，即

$$\begin{bmatrix}2&-1&2\\5&a&3\\-1&b&-2\end{bmatrix}\begin{bmatrix}1\\1\\-1\end{bmatrix}=\lambda\begin{bmatrix}1\\1\\-1\end{bmatrix}\Rightarrow\begin{cases}-1=\lambda,\\a+2=\lambda,\\b+1=-\lambda,\end{cases}$$

解得

$$\begin{cases}\lambda=-1,\\a=-3,\\b=0.\end{cases}$$

(2)由 $|\boldsymbol{A}-\lambda\boldsymbol{E}|=\begin{vmatrix}2-\lambda&-1&2\\5&-3-\lambda&3\\-1&0&-2-\lambda\end{vmatrix}=-(\lambda+1)^3=0$，

知 $\boldsymbol{A}$ 有三重特征值

$$\lambda_1=\lambda_2=\lambda_3=-1.$$

由定理 5.7，要使 $\boldsymbol{A}$ 与对角矩阵相似，必须有 $R(\boldsymbol{A}+\boldsymbol{E})=3-3=0$，也就是说 $\boldsymbol{A}+\boldsymbol{E}$ 是零矩阵. 因为 $\boldsymbol{A}+\boldsymbol{E}$ 不是零矩阵，所以 $\boldsymbol{A}$ 不与对角矩阵相似.

例 5.17　设 3 阶矩阵 $\boldsymbol{A}$ 满足 $\boldsymbol{A\alpha}_i=i\boldsymbol{\alpha}_i(i=1,2,3)$，其中列向量

$$\boldsymbol{\alpha}_1=(1,2,2)^{\mathrm{T}},\ \boldsymbol{\alpha}_2=(2,-2,1)^{\mathrm{T}},\ \boldsymbol{\alpha}_3=(-2,-1,2)^{\mathrm{T}},$$

试求矩阵 $\boldsymbol{A}$.

解　因为　$\boldsymbol{A\alpha}_1=1\boldsymbol{\alpha}_1$，$\boldsymbol{A\alpha}_2=2\boldsymbol{\alpha}_2$，$\boldsymbol{A\alpha}_3=3\boldsymbol{\alpha}_3$，

所以 3 阶矩阵 $\boldsymbol{A}$ 有 3 个不同的特征值 1，2，3，对应的特征向量分别为 $\boldsymbol{\alpha}_1$，$\boldsymbol{\alpha}_2$，$\boldsymbol{\alpha}_3$，因此 $\boldsymbol{A}$ 必可对角化，令 $\boldsymbol{P}=(\boldsymbol{\alpha}_1,\boldsymbol{\alpha}_2,\boldsymbol{\alpha}_3)$，则有

$$\boldsymbol{P}^{-1}\boldsymbol{AP}=\boldsymbol{\Lambda}=\begin{bmatrix}1&&\\&2&\\&&3\end{bmatrix},$$

$$\boldsymbol{A}=\boldsymbol{P\Lambda P}^{-1}=\begin{bmatrix}1&2&-2\\2&-2&-1\\2&1&2\end{bmatrix}\begin{bmatrix}1&&\\&2&\\&&3\end{bmatrix}\begin{bmatrix}1&2&-2\\2&-2&-1\\2&1&2\end{bmatrix}^{-1}=\begin{bmatrix}\frac{7}{3}&0&-\frac{2}{3}\\0&\frac{5}{3}&-\frac{2}{3}\\-\frac{2}{3}&-\frac{2}{3}&2\end{bmatrix}.$$

例 5.18 已知$A=\begin{bmatrix}1&-1&1\\2&4&-2\\-3&-3&5\end{bmatrix}$，求$A^k$($k$为正整数).

解 先求A的特征值和特征向量

$$|A-\lambda E|=\begin{vmatrix}1-\lambda&-1&1\\2&4-\lambda&-2\\-3&-3&5-\lambda\end{vmatrix}=-(\lambda-2)^2(\lambda-6)=0,$$

所以A的特征值为$\lambda_1=\lambda_2=2$，$\lambda_3=6$.

对于$\lambda_1=\lambda_2=2$，解方程组$(A-2E)x=\mathbf{0}$，得基础解系

$$x_1=(-1,\ 1,\ 0)^{\mathrm{T}},\ x_2=(1,\ 0,\ 1)^{\mathrm{T}},$$

它们是对应于特征值$\lambda_1=\lambda_2=2$的两个线性无关的特征向量.

对于$\lambda_3=6$，解方程组$(A-6E)x=\mathbf{0}$，得其基础解系：

$$x_3=(1,\ -2,\ 3)^{\mathrm{T}},$$

它是对应于特征值$\lambda_3=6$的特征向量.

由于三阶方阵A有3个线性无关的特征向量x_1，x_2，x_3，A可对角化. 令

$$P=(x_1,\ x_2,\ x_3)=\begin{bmatrix}-1&1&1\\1&0&-2\\0&1&3\end{bmatrix},$$

则有

$$P^{-1}AP=\Lambda=\begin{bmatrix}2&&\\&2&\\&&6\end{bmatrix},$$

$$A=P\Lambda P^{-1}$$

$$A^k=(P\Lambda P^{-1})\cdots(P\Lambda P^{-1})=P\Lambda^kP^{-1}=\begin{bmatrix}-1&1&1\\1&0&-2\\0&1&3\end{bmatrix}\begin{bmatrix}2&&\\&2&\\&&6\end{bmatrix}^k\begin{bmatrix}-1&1&1\\1&0&-2\\0&1&3\end{bmatrix}^{-1}$$

$$=\frac{1}{4}\begin{bmatrix}5\times2^k-6^k&2^k-6^k&-2^k+6^k\\-2^{k+1}+2\times6^k&2^{k+1}+2\times6^k&2^{k+1}-2\times6^k\\3\times2^k-3\times6^k&3\times2^k-3\times6^k&2^k+3\times6^k\end{bmatrix}.$$

5.4 实对称矩阵的相似对角形

在矩阵中有一类特殊矩阵，即实对称矩阵，是一定可以对角化的. 对于实对称矩阵A，不仅能找到可逆矩阵P，使得$P^{-1}AP$为对角矩阵；还能进一步找到一个正交矩阵T，使$T^{-1}AT$为对角矩阵.

定理 5.8 实对称矩阵的特征值都是实数.

证 (反证法)设复数λ为实对称矩阵A的特征值，复向量x为对应的特征向量，即$Ax=\lambda x$，$x\neq\mathbf{0}$.

用 $\overline{\lambda}$ 表示 λ 的共轭复数，$\overline{\boldsymbol{x}}$ 表示 $\boldsymbol{x}$ 的共轭复向量，则

$$\boldsymbol{A}\overline{\boldsymbol{x}}=\overline{\boldsymbol{A}}\overline{\boldsymbol{x}}=(\overline{\boldsymbol{A}\boldsymbol{x}})=\overline{\lambda \boldsymbol{x}}=\overline{\lambda}\overline{\boldsymbol{x}}.$$

于是有

$$\overline{\boldsymbol{x}}^{\mathrm{T}}\boldsymbol{A}\boldsymbol{x}=\overline{\boldsymbol{x}}^{\mathrm{T}}\lambda\boldsymbol{x}=\lambda\overline{\boldsymbol{x}}^{\mathrm{T}}\boldsymbol{x}$$

及

$$\overline{\boldsymbol{x}}^{\mathrm{T}}\boldsymbol{A}\boldsymbol{x}=(\overline{\boldsymbol{x}}^{\mathrm{T}}\boldsymbol{A}^{\mathrm{T}})\boldsymbol{x}=(\boldsymbol{A}\overline{\boldsymbol{x}})^{\mathrm{T}}\boldsymbol{x}=(\overline{\lambda}\overline{\boldsymbol{x}})^{\mathrm{T}}\boldsymbol{x}=\overline{\lambda}\overline{\boldsymbol{x}}^{\mathrm{T}}\boldsymbol{x},$$

两式相减，得

$$(\lambda-\overline{\lambda})\overline{\boldsymbol{x}}^{\mathrm{T}}\boldsymbol{x}=\boldsymbol{0}.$$

但因 $\boldsymbol{x}\neq\boldsymbol{0}$，所以

$$\overline{\boldsymbol{x}}^{\mathrm{T}}\boldsymbol{x}=\sum_{i=1}^{n}\overline{x_i}x_i=\sum_{i=1}^{n}|x_i|^2\neq\boldsymbol{0}$$

故 $\lambda-\overline{\lambda}=0$，即 $\lambda=\overline{\lambda}$，即说明 λ 是实数.

显然，当特征值 λ_i 为实数时，齐次线性方程组

$$(\boldsymbol{A}-\lambda_i\boldsymbol{E})\boldsymbol{x}=\boldsymbol{0}$$

是实系数线性方程组，从而必有实的基础解系，即对应于 λ_i 的特征向量必可取实向量.

定理 5.9　设 λ_1，λ_2 是实对称矩阵 $\boldsymbol{A}$ 的两个特征值，$\boldsymbol{p}_1$，$\boldsymbol{p}_2$ 是对应的特征向量，若 $\lambda_1\neq\lambda_2$，则 $\boldsymbol{p}_1$ 与 $\boldsymbol{p}_2$ 正交.

证　由题意可知 $\lambda_1\boldsymbol{p}_1=\boldsymbol{A}\boldsymbol{p}_1$，$\lambda_2\boldsymbol{p}_2=\boldsymbol{A}\boldsymbol{p}_2$，$\lambda_1\neq\lambda_2$，因 $\boldsymbol{A}$ 对称，故

$$\lambda_1\boldsymbol{p}_1^{\mathrm{T}}=(\lambda_1\boldsymbol{p}_1)^{\mathrm{T}}=(\boldsymbol{A}\boldsymbol{p}_1)^{\mathrm{T}}=\boldsymbol{p}_1^{\mathrm{T}}\boldsymbol{A}^{\mathrm{T}}=\boldsymbol{p}_1^{\mathrm{T}}\boldsymbol{A},$$

于是

$$\lambda_1\boldsymbol{p}_1^{\mathrm{T}}\boldsymbol{p}_2=\boldsymbol{p}_1^{\mathrm{T}}\boldsymbol{A}\boldsymbol{p}_2=\boldsymbol{p}_1^{\mathrm{T}}(\lambda_2\boldsymbol{p}_2)=\lambda_2\boldsymbol{p}_1^{\mathrm{T}}\boldsymbol{p}_2$$

即

$$(\lambda_1-\lambda_2)\boldsymbol{p}_1^{\mathrm{T}}\boldsymbol{p}_2=\boldsymbol{0},$$

但 $\lambda_1\neq\lambda_2$，故 $\boldsymbol{p}_1^{\mathrm{T}}\boldsymbol{p}_2=\boldsymbol{0}$，即 $\boldsymbol{p}_1$ 与 $\boldsymbol{p}_2$ 正交.

定理 5.10　设 $\boldsymbol{A}$ 为 n 阶实对称矩阵，λ 是 $\boldsymbol{A}$ 的 k 重特征值，则 $R(\boldsymbol{A}-\lambda\boldsymbol{E})=n-k$，即对应特征值 λ 恰有 k 个线性无关的特征向量.

证明略.

定理 5.11　设 $\boldsymbol{A}$ 为实对称矩阵，则必存在正交矩阵 $\boldsymbol{T}$，使

$$\boldsymbol{T}^{-1}\boldsymbol{A}\boldsymbol{T}=\boldsymbol{\Lambda}=\begin{bmatrix}\lambda_1 & & & \\ & \lambda_2 & & \\ & & \ddots & \\ & & & \lambda_n\end{bmatrix},$$

其中，λ_1，λ_2，…，λ_n 是 $\boldsymbol{A}$ 的特征值.

在这里，我们主要介绍如何具体算出上述正交矩阵 $\boldsymbol{T}$. 由于 $\boldsymbol{T}$ 是正交矩阵，所以 $\boldsymbol{T}$ 的列向量组是正交的单位向量组，且如前所述，$\boldsymbol{T}$ 的列向量组是由 $\boldsymbol{A}$ 的 n 个线性无关的特征向量组成，因此对 $\boldsymbol{T}$ 的列向量组有三条要求：

(1) 每个列向量是特征向量；

(2) 任意两个不同的列向量正交；

(3)每个列向量是单位向量.

于是求正交矩阵 $\boldsymbol{T}$ 使 $\boldsymbol{T}^{-1}\boldsymbol{AT}$ 为对角矩阵的具体步骤如下：

第一步：求出 $\boldsymbol{A}$ 的所有不同的特征值 $\lambda_1, \lambda_2, \cdots, \lambda_s$；

第二步：求出 $\boldsymbol{A}$ 对应于每个特征值 λ_i 的一组线性无关的特征向量，即求出齐次线性方程组 $(\boldsymbol{A}-\lambda_i\boldsymbol{E})\boldsymbol{x}=\boldsymbol{0}$ 的一个基础解系，并且利用施密特正交化方法，把此组基础解系正交规范化. 由定理 5.9，对应于不同特征值的特征向量正交，如此可得 $\boldsymbol{A}$ 的 $\boldsymbol{n}$ 个正交的单位特征向量.

第三步：以上面求出的 n 个正交的单位特征向量作为列向量，所得的 n 阶方阵即为所求的正交矩阵 $\boldsymbol{T}$，以相应的特征值作为主对角线元素的对角矩阵，即为所求的 $\boldsymbol{T}^{-1}\boldsymbol{AT}$.

例 5.19 设 $\boldsymbol{A}=\begin{bmatrix}1&2&2\\2&1&2\\2&2&1\end{bmatrix}$，求正交矩阵 $\boldsymbol{T}$，使 $\boldsymbol{T}^{-1}\boldsymbol{AT}$ 为对角矩阵.

解 显然 $\boldsymbol{A}^{\mathrm{T}}=\boldsymbol{A}$. 故由定理 5.11，一定存在正交矩阵 $\boldsymbol{T}$，使 $\boldsymbol{T}^{-1}\boldsymbol{AT}$ 为对角阵.

第一步：先求 $\boldsymbol{A}$ 的特征值，由

$$|\boldsymbol{A}-\lambda\boldsymbol{E}|=\begin{vmatrix}1-\lambda&2&2\\2&1-\lambda&2\\2&2&1-\lambda\end{vmatrix}\xlongequal[c_3+c_1]{c_2+c_1}\begin{vmatrix}5-\lambda&2&2\\5-\lambda&1-\lambda&2\\5-\lambda&2&1-\lambda\end{vmatrix}$$

$$\xlongequal[-r_1+r_3]{-r_1+r_2}\begin{vmatrix}5-\lambda&2&2\\0&-1-\lambda&0\\0&0&-1-\lambda\end{vmatrix}=(5-\lambda)(-1-\lambda)^2=0,$$

求得 $\boldsymbol{A}$ 的特征值为 $\lambda_1=\lambda_2=-1$，$\lambda_3=5$.

第二步：对于 $\lambda_1=\lambda_2=-1$，求解齐次线性方程组 $(\boldsymbol{A}+\boldsymbol{E})\boldsymbol{x}=\boldsymbol{0}$. 得基础解系

$$\boldsymbol{\alpha}_1=\begin{bmatrix}-1\\1\\0\end{bmatrix},\ \boldsymbol{\alpha}_2=\begin{bmatrix}-1\\0\\1\end{bmatrix}$$

正交化，令

$$\boldsymbol{\beta}_1=\boldsymbol{\alpha}_1=\begin{bmatrix}-1\\1\\0\end{bmatrix},$$

$$\boldsymbol{\beta}_2=\boldsymbol{\alpha}_2-\frac{[\boldsymbol{\beta}_1,\ \boldsymbol{\alpha}_2]}{[\boldsymbol{\beta}_1,\ \boldsymbol{\beta}_1]}\boldsymbol{\beta}_1=\begin{bmatrix}-1\\0\\1\end{bmatrix}-\frac{1}{2}\begin{bmatrix}-1\\1\\0\end{bmatrix}=\begin{bmatrix}-\frac{1}{2}\\-\frac{1}{2}\\1\end{bmatrix}.$$

再单位化，令

$$\boldsymbol{\gamma}_1=\frac{\boldsymbol{\beta}_1}{\|\boldsymbol{\beta}_1\|}=\begin{bmatrix}-\frac{1}{\sqrt{2}}\\ \frac{1}{\sqrt{2}}\\ 0\end{bmatrix},\ \boldsymbol{\gamma}_2=\frac{\boldsymbol{\beta}_2}{\|\boldsymbol{\beta}_2\|}=\begin{bmatrix}-\frac{1}{\sqrt{6}}\\ -\frac{1}{\sqrt{6}}\\ \frac{2}{\sqrt{6}}\end{bmatrix}.$$

对于 $\lambda_3=5$，求解齐次线性方程组 $(\boldsymbol{A}-5\boldsymbol{E})\boldsymbol{x}=\boldsymbol{0}$，由

$$\boldsymbol{A}-5\boldsymbol{E}=\begin{bmatrix}-4&2&2\\2&-4&2\\2&2&-4\end{bmatrix}\to\begin{bmatrix}-2&-2&4\\2&-4&2\\2&2&-4\end{bmatrix}\to\begin{bmatrix}1&1&-2\\0&1&-1\\0&0&0\end{bmatrix},$$

得基础解系为

$$\boldsymbol{\alpha}_3=\begin{bmatrix}1\\1\\1\end{bmatrix}.$$

这里只有一个向量，不需要正交化，直接单位化，令

$$\boldsymbol{\gamma}_3=\frac{\boldsymbol{\alpha}_3}{\|\boldsymbol{\alpha}_3\|}=\begin{bmatrix}\frac{1}{\sqrt{3}}\\ \frac{1}{\sqrt{3}}\\ \frac{1}{\sqrt{3}}\end{bmatrix}.$$

第三步：以正交单位向量组 $\boldsymbol{\gamma}_1$，$\boldsymbol{\gamma}_2$，$\boldsymbol{\gamma}_3$ 为列向量的矩阵 $\boldsymbol{T}$ 就是所求的正交矩阵，即

$$\boldsymbol{T}=(\boldsymbol{\gamma}_1,\ \boldsymbol{\gamma}_2,\ \boldsymbol{\gamma}_3)=\begin{bmatrix}-\frac{1}{\sqrt{2}}&-\frac{1}{\sqrt{6}}&\frac{1}{\sqrt{3}}\\ \frac{1}{\sqrt{2}}&-\frac{1}{\sqrt{6}}&\frac{1}{\sqrt{3}}\\ 0&\frac{2}{\sqrt{6}}&\frac{1}{\sqrt{3}}\end{bmatrix},$$

有

$$\boldsymbol{T}^{-1}\boldsymbol{A}\boldsymbol{T}=\begin{bmatrix}-1&0&0\\0&-1&0\\0&0&5\end{bmatrix}.$$

例 5.20　设 $\boldsymbol{A}=\begin{bmatrix}7&-3&-1&1\\-3&7&1&-1\\-1&1&7&-3\\1&-1&-3&7\end{bmatrix}$，求正交矩阵 $\boldsymbol{T}$，使 $\boldsymbol{T}^{-1}\boldsymbol{A}\boldsymbol{T}$ 为对角矩阵.

解

$$|\boldsymbol{A}-\lambda\boldsymbol{E}|=\begin{vmatrix}7-\lambda & -3 & -1 & 1\\ -3 & 7-\lambda & 1 & -1\\ -1 & 1 & 7-\lambda & -3\\ 1 & -1 & -3 & 7-\lambda\end{vmatrix}\xlongequal[j=2,3,4]{c_j+c_1}\begin{vmatrix}4-\lambda & -3 & -1 & 1\\ 4-\lambda & 7-\lambda & 1 & -1\\ 4-\lambda & 1 & 7-\lambda & -3\\ 4-\lambda & -1 & -3 & 7-\lambda\end{vmatrix}$$

$$=(4-\lambda)\begin{vmatrix}1 & -3 & -1 & 1\\ 1 & 7-\lambda & 1 & -1\\ 1 & 1 & 7-\lambda & -3\\ 1 & -1 & -3 & 7-\lambda\end{vmatrix}\xlongequal[i=2,3,4]{-r_1+r_i}(4-\lambda)\begin{vmatrix}1 & -3 & -1 & 1\\ 0 & 10-\lambda & 2 & -2\\ 0 & 4 & 8-\lambda & -4\\ 0 & 2 & -2 & 6-\lambda\end{vmatrix}$$

$$=(4-\lambda)\begin{vmatrix}10-\lambda & 2 & -2\\ 4 & 8-\lambda & -4\\ 2 & -2 & 6-\lambda\end{vmatrix}\xlongequal{c_3+c_1}(4-\lambda)\begin{vmatrix}8-\lambda & 2 & -2\\ 0 & 8-\lambda & -4\\ 8-\lambda & -2 & 6-\lambda\end{vmatrix}$$

$$\xlongequal{-r_1+r_3}(4-\lambda)\begin{vmatrix}8-\lambda & 2 & -2\\ 0 & 8-\lambda & -4\\ 0 & -4 & 4-\lambda\end{vmatrix}=(4-\lambda)(8-\lambda)\begin{vmatrix}8-\lambda & -4\\ -4 & 4-\lambda\end{vmatrix}$$

$$=(4-\lambda)^2(8-\lambda)(12-\lambda)=0.$$

求得 $\boldsymbol{A}$ 的不同特征值 $\lambda_1=\lambda_2=4$，$\lambda_3=8$，$\lambda_4=12$.

对于 $\lambda_1=\lambda_2=4$，求解 $(\boldsymbol{A}-4\boldsymbol{E})\boldsymbol{x}=\boldsymbol{0}$，由

$$\boldsymbol{A}-4\boldsymbol{E}=\begin{bmatrix}3 & -3 & -1 & 1\\ -3 & 3 & 1 & -1\\ -1 & 1 & 3 & -3\\ 1 & -1 & -3 & 3\end{bmatrix}\to\begin{bmatrix}1 & -1 & -3 & 3\\ 0 & 0 & 8 & -8\\ 0 & 0 & -8 & 8\\ 0 & 0 & 0 & 0\end{bmatrix}\to\begin{bmatrix}1 & -1 & -3 & 3\\ 0 & 0 & 1 & -1\\ 0 & 0 & 0 & 0\\ 0 & 0 & 0 & 0\end{bmatrix},$$

得其基础解系为

$$\boldsymbol{\alpha}_1=\begin{bmatrix}1\\1\\0\\0\end{bmatrix},\ \boldsymbol{\alpha}_2=\begin{bmatrix}0\\0\\1\\1\end{bmatrix},$$

显然 $\boldsymbol{\alpha}_1$ 与 $\boldsymbol{\alpha}_2$ 正交，直接单位化得

$$\boldsymbol{\gamma}_1=\frac{\boldsymbol{\alpha}_1}{\|\boldsymbol{\alpha}_1\|}=\begin{bmatrix}\frac{\sqrt{2}}{2}\\ \frac{\sqrt{2}}{2}\\ 0\\ 0\end{bmatrix},\ \boldsymbol{\gamma}_2=\frac{\boldsymbol{\alpha}_2}{\|\boldsymbol{\alpha}_2\|}=\begin{bmatrix}0\\ 0\\ \frac{\sqrt{2}}{2}\\ \frac{\sqrt{2}}{2}\end{bmatrix},$$

对于 $\lambda_3=8$，求解 $(\boldsymbol{A}-8\boldsymbol{E})\boldsymbol{x}=0$，得基础解系

$$\boldsymbol{\alpha}_3=\begin{bmatrix}-1\\1\\-1\\1\end{bmatrix},$$

因为只有一个向量，只需要直接单位化得

$$\boldsymbol{\gamma}_3=\frac{\boldsymbol{\alpha}_3}{\|\boldsymbol{\alpha}_3\|}=\begin{bmatrix}-\frac{1}{2}\\ \frac{1}{2}\\ -\frac{1}{2}\\ \frac{1}{2}\end{bmatrix}.$$

对于 $\lambda_4=12$，求解 $(\boldsymbol{A}-12\boldsymbol{E})\boldsymbol{x}=\boldsymbol{0}$，得基础解系

$$\boldsymbol{\alpha}_4=\begin{bmatrix}1\\-1\\-1\\1\end{bmatrix}.$$

因为只有一个向量，只需要直接单位化得

$$\boldsymbol{\gamma}_4=\begin{bmatrix}\frac{1}{2}\\ -\frac{1}{2}\\ -\frac{1}{2}\\ \frac{1}{2}\end{bmatrix}.$$

于是

$$\boldsymbol{T}=(\boldsymbol{\gamma}_1,\boldsymbol{\gamma}_2,\boldsymbol{\gamma}_3,\boldsymbol{\gamma}_4)=\begin{bmatrix}\frac{\sqrt{2}}{2}&0&-\frac{1}{2}&\frac{1}{2}\\ \frac{\sqrt{2}}{2}&0&\frac{1}{2}&-\frac{1}{2}\\ 0&\frac{\sqrt{2}}{2}&-\frac{1}{2}&-\frac{1}{2}\\ 0&\frac{\sqrt{2}}{2}&\frac{1}{2}&\frac{1}{2}\end{bmatrix},$$

即为所求的正交矩阵，且

$$\boldsymbol{T}^{-1}\boldsymbol{A}\boldsymbol{T}=\begin{bmatrix}4&&&\\&4&&\\&&8&\\&&&12\end{bmatrix}.$$

小 结

一、本章内容结构

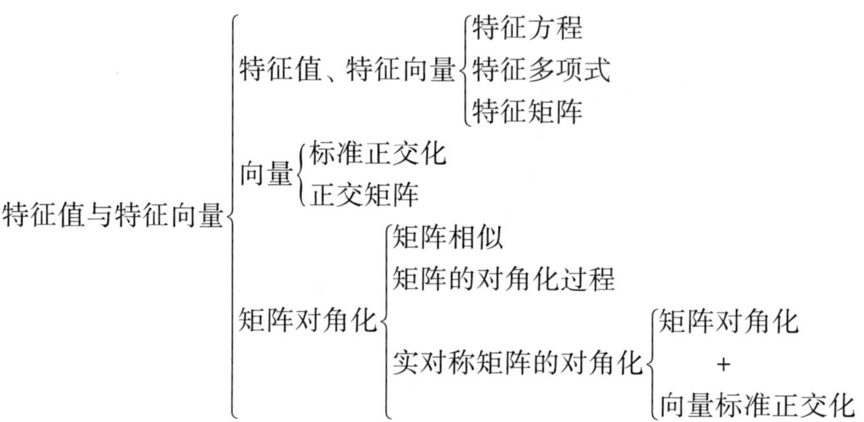

二、知识点小结

本章的主要内容包括：矩阵的特征值与特征向量、向量的内积、向量的标准正交化与正交矩阵、矩阵的对角化.

1. 矩阵的特征值与特征向量具有下面的性质：

(1) $\boldsymbol{A}$ 与 $\boldsymbol{A}^{\mathrm{T}}$ 具有相同的特征多项式，因而具有相同的特征值；

(2) 属于不同特征值的特征向量一定线性无关；

(3) 属于同一特征值的特征向量的非零线性组合仍是属于这个特征值的特征向量；

(4) 矩阵的特征向量总是相对于矩阵的特征值而言的，一个特征值具有的特征向量不是唯一的，但一个特征向量不能属于不同的特征值；

(5) 若 $\lambda_1, \lambda_2, \cdots, \lambda_n$ 是 n 阶方阵 $\boldsymbol{A}$ 的全部特征值，则

$$\lambda_1+\lambda_2+\cdots+\lambda_n=tr(A),$$
$$\lambda_1\cdot\lambda_2\cdots\lambda_n=|A|;$$

(6) 若 λ 是 $\boldsymbol{A}$ 的特征值，则 λ^k 是 $\boldsymbol{A}^k$ 的特征值，$\varphi(\lambda)$ 是 $\varphi(\boldsymbol{A})$ 的特征值，其中 $\varphi(\boldsymbol{A})$ 是矩阵 $\boldsymbol{A}$ 的多项式；

(7) 若 λ 是可逆方程 $\boldsymbol{A}$ 的特征值，则 $\lambda\neq 0$，且 $\dfrac{1}{\lambda}$ 是 $\boldsymbol{A}^{-1}$ 的特征值，$\dfrac{1}{\lambda}|\boldsymbol{A}|$ 是 $\boldsymbol{A}^*$ 的特征值.

2. 向量的内积具有以下的性质:

(1) $[\boldsymbol{\alpha}, \boldsymbol{\beta}]=[\boldsymbol{\beta}, \boldsymbol{\alpha}]$;
(2) $[\lambda\boldsymbol{\alpha}, \boldsymbol{\beta}]=\lambda[\boldsymbol{\alpha}, \boldsymbol{\beta}]$;
(3) $[\boldsymbol{\alpha}+\boldsymbol{\beta}, \boldsymbol{\gamma}]=[\boldsymbol{\alpha}, \boldsymbol{\gamma}]+[\boldsymbol{\beta}, \boldsymbol{\gamma}]$;
(4) 可以用内积定义 n 维向量的长度与夹角.

称 $\|\boldsymbol{\alpha}\|=\sqrt{[\boldsymbol{\alpha}, \boldsymbol{\alpha}]}=\sqrt{a_1^2+a_2^2+\cdots+a_n^2}$ 为向量 $\boldsymbol{\alpha}$ 的长度(或范数).

当 $\boldsymbol{\alpha}\neq\mathbf{0}$, $\boldsymbol{\beta}\neq\mathbf{0}$ 时, $\theta=\arccos\dfrac{[\alpha, \beta]}{\|\alpha\|\|\beta\|}$称为向量 $\boldsymbol{\alpha}$ 与 $\boldsymbol{\beta}$ 的夹角.

当 $[\boldsymbol{\alpha}, \boldsymbol{\beta}]=0$ 时, 称 $\boldsymbol{\alpha}$ 与 $\boldsymbol{\beta}$ 正交.

3. 向量的标准正交化与正交矩阵

任何一个非零向量都可以化为单位向量, 若 $\boldsymbol{\alpha}\neq\mathbf{0}$, 令

$$\boldsymbol{\alpha}^0=\frac{1}{\|\boldsymbol{\alpha}\|}\boldsymbol{\alpha},$$

则 $\boldsymbol{\alpha}^0$ 便是单位向量, 我们把这一过程称为非零向量的单位化.

正交向量组是一组两两正交的非零向量. 正交向量组一定是线性无关的; 但反过来, 结论不一定成立. 然而, 对于任一个线性无关的向量组, 我们可以通过施密特正交化方法得到一个正交向量组.

关于正交矩阵, 下面的命题是等价的:
(1) $\boldsymbol{T}$ 是正交矩阵;
(2) $\boldsymbol{T}^{\mathrm{T}}T=E$;
(3) $\boldsymbol{T}$ 可逆, 且 $\boldsymbol{T}^{-1}=\boldsymbol{T}^{\mathrm{T}}$;
(4) $\boldsymbol{T}$ 的列(行)向量组是标准正交向量组.

因此, 正交矩阵 $\boldsymbol{T}$ 具有下面的性质:
(1) $|\boldsymbol{T}|=\pm1$;
(2) $\boldsymbol{T}^{-1}$ 与 $\boldsymbol{T}^{\mathrm{T}}$ 也是正交矩阵;
(3) 若 $\boldsymbol{A}$、$\boldsymbol{B}$ 都是 n 阶正交矩阵, 则 $\boldsymbol{AB}$ 也是正交矩阵.

4. 矩阵的对角化

若用一个可逆矩阵 $\boldsymbol{P}$ 对 $\boldsymbol{A}$ 进行 $\boldsymbol{P}^{-1}\boldsymbol{AP}$ 的运算, 我们称对 $\boldsymbol{A}$ 进行相似变换.

一个 n 阶方阵可对角化, 也就是对 $\boldsymbol{A}$ 进行相似变换可化为对角矩阵, 或者说 $\boldsymbol{A}$ 相似于对角矩阵.

关于 n 阶方阵 $\boldsymbol{A}$ 可对角化的几个等价命题:
(1) $\boldsymbol{A}$ 可对角化的充分必要条件是 $\boldsymbol{A}$ 有 n 个线性无关的特征向量;
(2) $\boldsymbol{A}$ 可对角化的充分必要条件是 $\boldsymbol{A}$ 的每个 k_i 重特征值恰有 k_i 个线性无关的特征向量;
(3) $\boldsymbol{A}$ 可对角化的充分必要条件是 $R(\boldsymbol{A}-\lambda_i\boldsymbol{E})=n-k_i(i=1, 2, \cdots, r)$, 其中 k_i 为 $\boldsymbol{A}$ 的特征值 λ_i 的重数, 且 $k_1+k_2+\cdots+k_r=n$.

特别地, 若 n 阶方阵 $\boldsymbol{A}$ 含有 n 个互异的特征值, 则 $\boldsymbol{A}$ 一定能够对角化.

利用矩阵 $\boldsymbol{A}$ 的对角化，可以很简单地求 $\boldsymbol{A}$ 的高次幂及 $\boldsymbol{A}$ 的多项式. 这是因为：若存在可逆矩阵 $\boldsymbol{P}$，使 $\boldsymbol{P}^{-1}\boldsymbol{AP}=\boldsymbol{\Lambda}=\mathrm{diag}(\lambda_1,\lambda_2,\cdots,\lambda_n)$，则 $\boldsymbol{A}=\boldsymbol{P\Lambda P}^{-1}$，于是有 $\boldsymbol{A}^k=\boldsymbol{P\Lambda}^k\boldsymbol{P}^{-1}=\boldsymbol{P}\mathrm{diag}(\lambda_1^k,\lambda_2^k,\cdots,\lambda_n^k)\boldsymbol{P}^{-1}$ 及 $\varphi(\boldsymbol{A})=\boldsymbol{P}\varphi(\boldsymbol{\Lambda})\boldsymbol{P}^{-1}=\boldsymbol{P}\mathrm{diag}(\varphi(\lambda_1),\varphi(\lambda_2),\cdots,\varphi(\lambda_n))\boldsymbol{P}^{-1}$，其中 $\varphi(\lambda)$ 是关于 λ 的多项式.

n 阶方阵 $\boldsymbol{A}$ 通过相似变换对角化过程的一般步骤为：

(1)求出 $\boldsymbol{A}$ 的全部特征值 $\lambda_1,\lambda_2,\cdots,\lambda_n$(重数按个数计算)；

(2)对每个不同的特征值 λ_i，设其重数为 k_i，求解齐次线性方程组 $(\boldsymbol{A}-\lambda_i\boldsymbol{E})\boldsymbol{x}=\boldsymbol{0}$ 的基础解系，若基础解系恰由 k_i 个解向量 $\boldsymbol{\xi}_{i1},\boldsymbol{\xi}_{i2},\cdots,\boldsymbol{\xi}_{ik_i}$ 构成，则 A 可对角化；

(3)令 $\boldsymbol{P}=(\boldsymbol{\xi}_{11},\boldsymbol{\xi}_{12},\cdots,\boldsymbol{\xi}_{1k_1},\boldsymbol{\xi}_{21},\boldsymbol{\xi}_{22},\cdots,\boldsymbol{\xi}_{2k_2},\cdots,\boldsymbol{\xi}_{rk_r})$，则

$$\boldsymbol{P}^{-1}\boldsymbol{AP}=\Lambda=\mathrm{diag}(\underbrace{\lambda_1,\cdots,\lambda_1}_{k_1},\underbrace{\lambda_2,\cdots,\lambda_2}_{k_2},\cdots,\underbrace{\lambda_r,\cdots,\lambda_r}_{k_r}).$$

需要注意的是：$\boldsymbol{P}$ 中列向量的次序与对角矩阵 $\boldsymbol{\Lambda}$ 的对角线上的特征值的次序应该相对应.

实对称矩阵 $\boldsymbol{A}$ 是一定能够对角化的，且存在正交矩阵 $\boldsymbol{T}$，使 $\boldsymbol{T}^{-1}\boldsymbol{AT}=\Lambda$ 是对角矩阵.

若用一个正交矩阵 T 对 $\boldsymbol{A}$ 进行 $\boldsymbol{T}^{-1}\boldsymbol{AT}$ 的运算，我们称对 $\boldsymbol{A}$ 进行正交变换. 显然，正交变换一定是相似变换.

对实对称矩阵通过正交变换对角化的步骤，与通过相似变换对角化的步骤是类似的，只是在第(2)步，对每个 k_i 重特征值 λ_i，求出 k_i 个线性无关的特征向量 $\boldsymbol{\xi}_{i1},\boldsymbol{\xi}_{i2},\cdots,\boldsymbol{\xi}_{ik_i}$ 后，若不是正交向量组，则需用施密特正交化方法将其正交化，然后单位化，则得到 k_i 个两两正交的单位特征向量 $\boldsymbol{e}_{i1},\boldsymbol{e}_{i2},\cdots,\boldsymbol{e}_{ik_i}$，从而得到矩阵 $\boldsymbol{A}$ 的 n 个两两正交的单位特征向量，以这些向量作为列向量构成正交矩阵 $\boldsymbol{T}$，则可使 $\boldsymbol{T}^{-1}\boldsymbol{AT}$ 化为对角矩阵.

习 题

1. 判断下列命题是否正确.

(1)满足 $\boldsymbol{Ax}=\lambda\boldsymbol{x}$ 的 x 一定是 $\boldsymbol{A}$ 的特征向量；

(2)如果 $\boldsymbol{x}_1,\boldsymbol{x}_2,\cdots,\boldsymbol{x}_r$ 是矩阵 $\boldsymbol{A}$ 对应于特征值 λ 的特征向量，则 $k_1\boldsymbol{x}_1+k_2\boldsymbol{x}_2+\cdots+k_r\boldsymbol{x}_r$ 也是 $\boldsymbol{A}$ 对应于 λ 的特征向量；

(3)实矩阵的特征值一定是实数.

2. 求下列矩阵的特征值和特征向量.

(1)$\begin{bmatrix}2&-3\\-3&1\end{bmatrix}$；　(2)$\begin{bmatrix}6&2&4\\2&3&2\\4&2&6\end{bmatrix}$；

(3)$\begin{bmatrix}2&-2&0\\-2&1&-2\\0&-2&0\end{bmatrix}$；　(4)$\begin{bmatrix}2&3&-1&-4\\0&-1&-2&1\\0&1&2&-2\\0&1&1&2\end{bmatrix}$.

3. 设 3 阶方阵 $\boldsymbol{A}$ 的特征值为 $\lambda_1=1$，$\lambda_2=0$，$\lambda_3=-1$，对应的特征向量依次为

$$\boldsymbol{x}_1=\begin{bmatrix}1\\2\\2\end{bmatrix},\ \boldsymbol{x}_2=\begin{bmatrix}2\\-2\\1\end{bmatrix},\ \boldsymbol{x}_3=\begin{bmatrix}-2\\-1\\2\end{bmatrix},$$

求矩阵 $\boldsymbol{A}$.

4. 设 3 阶实对称矩阵 $\boldsymbol{A}$ 的特征值为−1，1，1，与特征值−1 对应的特征向量 $\boldsymbol{x}=(-1,1,1)^{\mathrm{T}}$，求 $\boldsymbol{A}$.

5. 若 n 阶方阵满足 $\boldsymbol{A}^2=\boldsymbol{A}$，则称 $\boldsymbol{A}$ 为幂等矩阵. 试证：幂等矩阵的特征值只可能是 1 或者是 0.

6. 若 $\boldsymbol{A}^2=\boldsymbol{E}$，则 $\boldsymbol{A}$ 的特征值只可能是±1.

7. 设 λ_1，λ_2 是 n 阶矩阵 $\boldsymbol{A}$ 的两个不同的特征根，$\boldsymbol{\alpha}_1$，$\boldsymbol{\alpha}_2$ 分别是 $\boldsymbol{A}$ 的属于 λ_1，λ_2 的特征向量，证明 $\alpha_1+\alpha_2$ 不是 $\boldsymbol{A}$ 的特征向量.

8. 计算 $[\boldsymbol{\alpha},\boldsymbol{\beta}]$.

(1) $\boldsymbol{\alpha}=(-1,0,3,-5)$，$\boldsymbol{\beta}=(4,-2,0,1)$；

(2) $\alpha=\left(\dfrac{\sqrt{3}}{2},-\dfrac{1}{3},\dfrac{\sqrt{3}}{4},-1\right)$，$\beta=\left(-\dfrac{\sqrt{3}}{2},-2,\sqrt{3},\dfrac{2}{3}\right)$.

9. 把下列向量单位化.

(1) $\boldsymbol{\alpha}=(3,0,-1,4)$；(2) $\boldsymbol{\alpha}=(5,1,-2,0)$.

10. 利用施密特正交化方法把下列向量组正交化.

(1) $\boldsymbol{\alpha}_1=(0,1,1)^{\mathrm{T}}$，$\boldsymbol{\alpha}_2=(1,1,0)^{\mathrm{T}}$，$\boldsymbol{\alpha}_3=(1,0,1)^{\mathrm{T}}$；

(2) $\boldsymbol{\alpha}_1=(1,0,-1,1)$，$\boldsymbol{\alpha}_2=(1,-1,0,1)$，$\boldsymbol{\alpha}_3=(-1,1,1,0)$.

11. 试证：若 n 维向量 $\boldsymbol{\alpha}$ 与 $\boldsymbol{\beta}$ 正交，则对于任意实数 k，l，有 $k\boldsymbol{\alpha}$ 与 $l\boldsymbol{\beta}$ 正交.

12. 下列矩阵是否为正交矩阵？

(1) $\begin{bmatrix}1 & -\dfrac{1}{2} & \dfrac{1}{3}\\ -\dfrac{1}{2} & 1 & \dfrac{1}{2}\\ \dfrac{1}{3} & \dfrac{1}{2} & -1\end{bmatrix}$；　　(2) $\dfrac{\sqrt{2}}{2}\begin{bmatrix}1 & 0 & 1 & 0\\1 & 0 & -1 & 0\\0 & 1 & 0 & 1\\0 & -1 & 0 & 1\end{bmatrix}$.

13. 设 $\boldsymbol{x}$ 为 n 维列向量，$\boldsymbol{x}^{\mathrm{T}}\boldsymbol{x}=1$，令 $\boldsymbol{H}=\boldsymbol{E}-2\boldsymbol{x}\boldsymbol{x}^{\mathrm{T}}$. 求证 $\boldsymbol{H}$ 是对称的正交矩阵.

14. 设 $\boldsymbol{A}$ 与 $\boldsymbol{B}$ 都是 n 阶正交矩阵，证明 $\boldsymbol{AB}$ 也是正交矩阵.

15. 求正交矩阵 $\boldsymbol{T}$，使 $\boldsymbol{T}^{-1}\boldsymbol{AT}$ 为对角矩阵.

(1) $\boldsymbol{A}=\begin{bmatrix}0 & -2 & 2\\-2 & -3 & 4\\2 & 4 & -3\end{bmatrix}$；　　(2) $\boldsymbol{A}=\begin{bmatrix}1 & 2 & 4\\2 & -3 & 2\\4 & 2 & 1\end{bmatrix}$；

(3) $\boldsymbol{A}=\begin{bmatrix}4 & 1 & 0 & -1\\1 & 4 & -1 & 0\\0 & -1 & 4 & 1\\-1 & 0 & 1 & 4\end{bmatrix}$，　　(4) $\boldsymbol{A}=\begin{bmatrix}3 & -2 & 0\\-2 & 2 & -2\\0 & -2 & 1\end{bmatrix}$.

16. 设矩阵 $\boldsymbol{A}=\begin{bmatrix}-2 & 0 & 0\\ 2 & x & 2\\ 2 & 1 & 1\end{bmatrix}$ 与 $\boldsymbol{B}=\begin{bmatrix}-1 & 0 & 0\\ 0 & 2 & 0\\ 0 & 0 & y\end{bmatrix}$ 相似.

(1) 求 $\boldsymbol{x}$ 与 $\boldsymbol{y}$;

(2) 求可逆矩阵 $\boldsymbol{P}$, 使 $\boldsymbol{P}^{-1}\boldsymbol{AP}=\boldsymbol{B}$.

17. 设 $\boldsymbol{A}=\begin{bmatrix}1 & 1 & -1\\ 0 & 0 & 1\\ 0 & -2 & 3\end{bmatrix}$, 求 $\boldsymbol{A}^{100}$.

第 6 章

二次型

二次型的理论起源于二次曲线(曲面)的化简问题. 在力学、物理学以及数学的其他分支中, 常通过坐标变换把一个二次齐次多项式的非平方项去掉, 变成只含有平方项的二次齐次式, 使相应的问题得以简化.

本章主要讨论化实二次型为只含平方项的二次型(标准型)的方法以及一种重要的二次型——正定二次型的性质和判断.

6.1 二次型及其矩阵表示

定义 6.1 n 元变量 $x_1, x_2, \cdots, x_n$ 的二次齐次多项式

$$f(x_1, x_2, \cdots, x_n)=a_{11}x_1^2+a_{22}x_2^2+\cdots+a_{nn}x_n^2+2a_{12}x_1x_2+\cdots+2a_{1n}x_1x_n+2a_{23}x_2x_3+\cdots+2a_{n-1,n}x_{n-1}x_n \tag{6.1}$$

称为 **n 元二次型**, 简称为**二次型**. 当 a_{ij} 为复数时, f 称为**复二次型**; 当 a_{ij} 为实数时, f 称为**实二次型**. 我们仅讨论实二次型.

取 $a_{ij}=a_{ji}(i<j)$, 则 $2a_{ij}x_ix_j=a_{ij}x_ix_j+a_{ji}x_jx_i$. 于是式(6.1)可写成对称形式

$$\begin{aligned} f &= a_{11}x_1^2+a_{12}x_1x_2+\cdots+a_{1n}x_1x_n \\ &\quad +a_{21}x_2x_1+a_{22}x_2^2+\cdots+a_{2n}x_2x_n+\cdots \\ &\quad +a_{n1}x_nx_1+a_{n2}x_nx_2+\cdots+a_{nn}x_n^2 \\ &= \sum_{i,j=1}^{n} a_{ij}x_ix_j \end{aligned} \tag{6.2}$$

记

$$\boldsymbol{A}=\begin{bmatrix} a_{11} & a_{12} & \cdots & a_{1n} \\ a_{21} & a_{22} & \cdots & a_{2n} \\ \vdots & \vdots & & \vdots \\ a_{n1} & a_{n2} & \cdots & a_{nn} \end{bmatrix},\ \boldsymbol{x}=\begin{bmatrix} x_1 \\ x_2 \\ \vdots \\ x_n \end{bmatrix}, \tag{6.3}$$

则式(6.2)可以用矩阵形式简单表示为

$$f=\sum_{i,j=1}^{n}a_{ij}x_ix_j=(x_1, x_2, \cdots, x_n)\begin{bmatrix}a_{11}&a_{12}&\cdots&a_{1n}\\a_{21}&a_{22}&\cdots&a_{2n}\\\vdots&\vdots&&\vdots\\a_{n1}&a_{n2}&\cdots&a_{nn}\end{bmatrix}\begin{bmatrix}x_1\\x_2\\\vdots\\x_n\end{bmatrix}=\boldsymbol{x}^{\mathrm{T}}\boldsymbol{A}\boldsymbol{x},$$

其中，$\boldsymbol{A}$ 为实对称矩阵.

例如，二次型 $f=x_1^2+2x_1x_2+3x_2^2+2x_1x_3-6x_2x_3+4x_3^2$ 用矩阵表示就是

$$f=(x_1, x_2, x_3)\begin{bmatrix}1&1&1\\1&3&-3\\1&-3&4\end{bmatrix}\begin{bmatrix}x_1\\x_2\\x_3\end{bmatrix}.$$

显然，这种矩阵表示是唯一的，即任给一个二次型就唯一确定一个对称矩阵；反之，任给一个对称矩阵也可唯一确定一个二次型，即二者之间存在一一对应关系. 我们把对称矩阵 $\boldsymbol{A}$ 称为**二次型 f 的矩阵**，$\boldsymbol{A}$ 的秩称为 **f 的秩**，也称 f 为**对称矩阵 $\boldsymbol{A}$ 的二次型**.

例 6.1 求二次型 $f=(x_1, x_2, x_3)\begin{bmatrix}1&4&3\\2&2&-5\\-1&1&3\end{bmatrix}\begin{bmatrix}x_1\\x_2\\x_3\end{bmatrix}$ 的矩阵.

解 对于任意的二次型 $f=\boldsymbol{x}^{\mathrm{T}}\boldsymbol{B}\boldsymbol{x}$，有 $f=f^{\mathrm{T}}=(\boldsymbol{x}^{\mathrm{T}}\boldsymbol{B}\boldsymbol{x})^{\mathrm{T}}=\boldsymbol{x}^{\mathrm{T}}\boldsymbol{B}^{\mathrm{T}}\boldsymbol{x}$，所以有

$$f=\frac{1}{2}(\boldsymbol{x}^{\mathrm{T}}\boldsymbol{B}\boldsymbol{x}+\boldsymbol{x}^{\mathrm{T}}\boldsymbol{B}^{\mathrm{T}}\boldsymbol{x})=\boldsymbol{x}^{\mathrm{T}}\left(\frac{1}{2}(\boldsymbol{B}^{\mathrm{T}}+\boldsymbol{B})\right)\boldsymbol{x}$$

而 $\left(\frac{1}{2}(\boldsymbol{B}^{\mathrm{T}}+\boldsymbol{B})\right)^{\mathrm{T}}=\frac{1}{2}(\boldsymbol{B}^{\mathrm{T}}+\boldsymbol{B})$ 为对称矩阵，故其即为 f 的矩阵.

对于本题而言，$\boldsymbol{B}=\begin{bmatrix}1&4&3\\2&2&-5\\-1&1&3\end{bmatrix}$，故该二次型 f 的矩阵为

$$\boldsymbol{A}=\frac{1}{2}(\boldsymbol{B}^{\mathrm{T}}+\boldsymbol{B})=\begin{bmatrix}1&3&1\\3&2&-2\\1&-2&3\end{bmatrix}.$$

例 6.2 设 $\boldsymbol{A}=\begin{bmatrix}1&3&0\\3&2&1\\0&1&-1\end{bmatrix}$，求对称矩阵 $\boldsymbol{A}$ 对应的二次型.

解 因为 $\boldsymbol{A}$ 为对称矩阵，故有

$$f=(x_1, x_2, x_3)\begin{bmatrix}1&3&0\\3&2&1\\0&1&-1\end{bmatrix}\begin{bmatrix}x_1\\x_2\\x_3\end{bmatrix}=x_1^2+6x_1x_2+2x_2^2+2x_2x_3-x_3^2.$$

例 6.3 求二次型 $f=(x_1, x_2, x_3)\begin{bmatrix}1&0&0\\0&3&0\\0&0&4\end{bmatrix}\begin{bmatrix}x_1\\x_2\\x_3\end{bmatrix}$ 的秩.

解　因为 $A=\begin{bmatrix}1&0&0\\0&3&0\\0&0&4\end{bmatrix}$ 的秩为 3，所以二次型 $f=(x_1,\ x_2,\ x_3)\begin{bmatrix}1&0&0\\0&3&0\\0&0&4\end{bmatrix}\begin{bmatrix}x_1\\x_2\\x_3\end{bmatrix}$ 的秩为 3.

6.2　化二次型为标准型

在解析几何中讨论二次曲线，当中心与坐标原点重合时，其一般方程为

$$ax^2+2bxy+cy^2=d,$$

选择适当的坐标旋转变换

$$\begin{cases}x=x'\cos\theta-y'\sin\theta,\\ y=x'\sin\theta+y'\cos\theta,\end{cases}$$

则曲线方程化为标准形式

$$\boldsymbol{A}x'^2+\boldsymbol{B}y'^2=\boldsymbol{C},$$

再根据标准型作出曲线形状的判断.

在这里，我们对二次型也类似地进行讨论. 即对于一般的二次型

$$f(x_1,\ x_2,\ \cdots,\ x_n)=\sum_{i,\ j=1}^{n}a_{ij}x_ix_j=\boldsymbol{x}^{\mathrm{T}}\boldsymbol{A}\boldsymbol{x}.$$

找到一个非退化的线性变换 $\boldsymbol{x}=\boldsymbol{C}\boldsymbol{y}$（$\boldsymbol{C}$ 为 $\boldsymbol{C}$ 阶可逆矩阵），使得

$$f=\boldsymbol{x}^{\mathrm{T}}\boldsymbol{A}\boldsymbol{x}=(\boldsymbol{C}\boldsymbol{y})^{\mathrm{T}}\boldsymbol{A}(\boldsymbol{C}\boldsymbol{y})=\boldsymbol{y}^{\mathrm{T}}(\boldsymbol{C}^{\mathrm{T}}\boldsymbol{A}\boldsymbol{C})\boldsymbol{y}=k_1y_1^2+k_2y_2^2+\cdots+k_ny_n^2,$$

即利用非退化线性变换将二次型化为只含平方项的形式. 这种只含平方项的二次型，称为二次型的**标准型（或法式）**.

定理 6.1　任给可逆矩阵 $\boldsymbol{C}$，令 $\boldsymbol{B}=\boldsymbol{C}^{\mathrm{T}}\boldsymbol{A}\boldsymbol{C}$，如果 $\boldsymbol{A}$ 为对称矩阵，则 $\boldsymbol{B}$ 亦为对称矩阵，且 $R(\boldsymbol{A})=R(\boldsymbol{B})$. 此时，也称 $\boldsymbol{A}$ 与 $\boldsymbol{B}$ **合同**，记作 $\boldsymbol{A}\simeq\boldsymbol{B}$.

证　因 $\boldsymbol{A}^{\mathrm{T}}=\boldsymbol{A}$，故 $\boldsymbol{B}^{\mathrm{T}}=(\boldsymbol{C}^{\mathrm{T}}\boldsymbol{A}\boldsymbol{C})^{\mathrm{T}}=\boldsymbol{C}^{\mathrm{T}}\boldsymbol{A}^{\mathrm{T}}\boldsymbol{C}=\boldsymbol{C}^{\mathrm{T}}\boldsymbol{A}\boldsymbol{C}=\boldsymbol{B}$，即 $\boldsymbol{B}$ 为对称矩阵.

又因为 $\boldsymbol{B}=\boldsymbol{C}^{\mathrm{T}}\boldsymbol{A}\boldsymbol{C}$，而 $\boldsymbol{C}^{\mathrm{T}}$ 与 $\boldsymbol{C}$ 均为可逆矩阵，故 $\boldsymbol{A}$ 与 $\boldsymbol{B}$ 等价，于是 $R(\boldsymbol{A})=R(\boldsymbol{B})$.

定理 6.1 说明，经可逆变换 $\boldsymbol{x}=\boldsymbol{C}\boldsymbol{y}$ 后，二次型 f 的矩阵 $\boldsymbol{A}$ 变为与 $\boldsymbol{A}$ 合同的对称矩阵 $\boldsymbol{C}^{\mathrm{T}}\boldsymbol{A}\boldsymbol{C}$，且二次型的秩不变.

矩阵的合同关系与相似关系、等价关系类似，也具有：

(1) **反身性**：$\boldsymbol{A}$ 与自身合同，即 $\boldsymbol{A}\simeq\boldsymbol{A}$；

(2) **对称性**：若 $\boldsymbol{A}$ 与 $\boldsymbol{B}$ 合同，则 $\boldsymbol{B}$ 与 $\boldsymbol{A}$ 合同，即若 $\boldsymbol{A}\simeq\boldsymbol{B}$，则 $\boldsymbol{B}\simeq\boldsymbol{A}$；

(3) **传递性**：若 $\boldsymbol{A}$ 与 $\boldsymbol{B}$ 合同，$\boldsymbol{B}$ 与 $\boldsymbol{C}$ 合同，则 $\boldsymbol{A}$ 与 $\boldsymbol{C}$ 合同，即若 $\boldsymbol{A}\simeq\boldsymbol{B}$，$\boldsymbol{B}\simeq\boldsymbol{C}$，则 $\boldsymbol{A}\simeq\boldsymbol{C}$.

（请读者自行验证.）

1. 用正交变换化二次型为标准型

要使二次型 f 经可逆变换 $\boldsymbol{x}=\boldsymbol{C}\boldsymbol{y}$ 变成标准型，这就是要使

$$\boldsymbol{y}^{\mathrm{T}}\boldsymbol{C}^{\mathrm{T}}\boldsymbol{A}\boldsymbol{C}\boldsymbol{y}=k_1y_1^2+k_2y_2^2+\cdots+k_ny_n^2$$

$$=(y_1, y_2, \cdots, y_n)\begin{bmatrix} k_1 & & & \\ & k_2 & & \\ & & \ddots & \\ & & & k_n \end{bmatrix}\begin{bmatrix} y_1 \\ y_2 \\ \vdots \\ y_n \end{bmatrix},$$

也就是要使 $\boldsymbol{C}^{\mathrm{T}}\boldsymbol{AC}$ 成为对角矩阵. 这样，问题就归结为：对于对称矩阵 $\boldsymbol{A}$，寻求可逆矩阵 $\boldsymbol{C}$，使 $\boldsymbol{C}^{\mathrm{T}}\boldsymbol{AC}$ 为对角矩阵.

由定理 5. 11，我们有如下定理：

定理 6. 2 任给二次型 $f=\sum\limits_{i,j=1}^{n} a_{ij}x_ix_j$，总有正交变换 $\boldsymbol{x}=\boldsymbol{Ty}$，使 f 化成标准型

$$f=\lambda_1 y_1^2+\lambda_2 y_2^2+\cdots+\lambda_n y_n^2,$$

其中，λ_1，λ_2，…，λ_n 是 f 的矩阵 $\boldsymbol{A}=(a_{ij})$ 的特征值.

用正交变换把二次型化为标准型，这在理论上和实际应用上都是非常重要的，而此方法的具体步骤，就是上一章所介绍的化实对称矩阵为对角矩阵的三个步骤.

例 6. 4 求一个正交变换 $\boldsymbol{x}=\boldsymbol{Ty}$，把二次型

$$f=2x_1x_2+2x_1x_3-2x_1x_4-2x_2x_3+2x_2x_4+2x_3x_4$$

化为标准型.

解 f 的矩阵是

$$\boldsymbol{A}=\begin{bmatrix} 0 & 1 & 1 & -1 \\ 1 & 0 & -1 & 1 \\ 1 & -1 & 0 & 1 \\ -1 & 1 & 1 & 0 \end{bmatrix},$$

求解该矩阵特征值

$$|\boldsymbol{A}-\lambda\boldsymbol{E}|=\begin{vmatrix} -\lambda & 1 & 1 & -1 \\ 1 & -\lambda & -1 & 1 \\ 1 & -1 & -\lambda & 1 \\ -1 & 1 & 1 & -\lambda \end{vmatrix} \xlongequal[-r_2+r_3]{-r_1+r_4} \begin{vmatrix} -\lambda & 1 & 1 & -1 \\ 1 & -\lambda & -1 & 1 \\ 0 & \lambda-1 & 1-\lambda & 0 \\ \lambda-1 & 0 & 0 & 1-\lambda \end{vmatrix}$$

$$\xlongequal[c_4+c_1]{c_3+c_2} \begin{vmatrix} -\lambda-1 & 2 & 1 & -1 \\ 2 & -\lambda-1 & -1 & 1 \\ 0 & 0 & 1-\lambda & 0 \\ 0 & 0 & 0 & 1-\lambda \end{vmatrix} =(1-\lambda)^2\begin{vmatrix} -\lambda-1 & 2 \\ 2 & -\lambda-1 \end{vmatrix}$$

$$=(\lambda-1)^3(\lambda+3)=0$$

得 $\boldsymbol{A}$ 的全部特征值为 $\lambda_1=\lambda_2=\lambda_3=1$，$\lambda_4=-3$.

对于 $\lambda_1=\lambda_2=\lambda_3=1$，求解齐次线性方程组 $(\boldsymbol{A}-\boldsymbol{E})\boldsymbol{x}=\boldsymbol{0}$，由

$$\boldsymbol{A}-\boldsymbol{E}=\begin{bmatrix} -1 & 1 & 1 & -1 \\ 1 & -1 & -1 & 1 \\ 1 & -1 & -1 & 1 \\ -1 & 1 & 1 & -1 \end{bmatrix} \to \begin{bmatrix} -1 & 1 & 1 & -1 \\ 0 & 0 & 0 & 0 \\ 0 & 0 & 0 & 0 \\ 0 & 0 & 0 & 0 \end{bmatrix},$$

得基础解系

$$\boldsymbol{\alpha}_1=\begin{bmatrix}1\\1\\0\\0\end{bmatrix},\ \boldsymbol{\alpha}_2=\begin{bmatrix}1\\0\\1\\0\end{bmatrix},\ \boldsymbol{\alpha}_3=\begin{bmatrix}-1\\0\\0\\1\end{bmatrix}.$$

正交化得

$$\boldsymbol{\beta}_1=\boldsymbol{\alpha}_1=\begin{bmatrix}1\\1\\0\\0\end{bmatrix},$$

$$\boldsymbol{\beta}_2=\boldsymbol{\alpha}_2-\frac{[\boldsymbol{\beta}_1,\boldsymbol{\alpha}_2]}{[\boldsymbol{\beta}_1,\boldsymbol{\beta}_1]}\boldsymbol{\beta}_1=\begin{bmatrix}1\\0\\1\\0\end{bmatrix}-\frac{1}{2}\begin{bmatrix}1\\1\\0\\0\end{bmatrix}=\begin{bmatrix}\frac{1}{2}\\-\frac{1}{2}\\1\\0\end{bmatrix},$$

$$\boldsymbol{\beta}_3=\boldsymbol{\alpha}_3-\frac{[\boldsymbol{\beta}_1,\boldsymbol{\alpha}_3]}{[\boldsymbol{\beta}_1,\boldsymbol{\beta}_1]}\boldsymbol{\beta}_1-\frac{[\boldsymbol{\beta}_2,\boldsymbol{\alpha}_3]}{[\boldsymbol{\beta}_2,\boldsymbol{\beta}_2]}\boldsymbol{\beta}_2=\begin{bmatrix}-1\\0\\0\\1\end{bmatrix}+\frac{1}{2}\begin{bmatrix}1\\1\\0\\0\end{bmatrix}+\frac{1}{3}\begin{bmatrix}\frac{1}{2}\\-\frac{1}{2}\\1\\0\end{bmatrix}=\begin{bmatrix}-\frac{1}{3}\\\frac{1}{3}\\\frac{1}{3}\\1\end{bmatrix}.$$

单位化得

$$\boldsymbol{\gamma}_1=\frac{\boldsymbol{\beta}_1}{\|\boldsymbol{\beta}_1\|}=\begin{bmatrix}\frac{\sqrt{2}}{2}\\\frac{\sqrt{2}}{2}\\0\\0\end{bmatrix},\ \boldsymbol{\gamma}_2=\frac{\boldsymbol{\beta}_2}{\|\boldsymbol{\beta}_2\|}=\begin{bmatrix}\frac{\sqrt{6}}{6}\\-\frac{\sqrt{6}}{6}\\\frac{\sqrt{6}}{6}\\0\end{bmatrix},\ \boldsymbol{\gamma}_3=\frac{\boldsymbol{\beta}_3}{\|\boldsymbol{\beta}_3\|}=\begin{bmatrix}-\frac{\sqrt{3}}{6}\\\frac{\sqrt{3}}{6}\\\frac{\sqrt{3}}{6}\\\frac{\sqrt{3}}{2}\end{bmatrix}.$$

对于 $\lambda_4=-3$，求解齐次线性方程组 $(\boldsymbol{A}+3\boldsymbol{E})\boldsymbol{x}=\boldsymbol{0}$，由

$$\boldsymbol{A}+3\boldsymbol{E}=\begin{bmatrix}3&1&1&-1\\1&3&-1&1\\1&-1&3&1\\-1&1&1&3\end{bmatrix}\to\begin{bmatrix}1&-1&-1&-3\\0&1&0&1\\0&0&1&1\\0&0&0&0\end{bmatrix},$$

得基础解系 $\alpha_4=(1,-1,-1,1)^{\mathrm{T}}$，因为只有一个向量，不需要正交化，直接单位化得

$$\boldsymbol{\gamma}_4=\frac{\boldsymbol{\alpha}_4}{\|\boldsymbol{\alpha}_4\|}=\begin{bmatrix}\frac{1}{2}\\-\frac{1}{2}\\-\frac{1}{2}\\\frac{1}{2}\end{bmatrix},$$

取正交矩阵

$$\boldsymbol{T}=(\boldsymbol{\gamma}_1,\boldsymbol{\gamma}_2,\boldsymbol{\gamma}_3,\boldsymbol{\gamma}_4)=\begin{bmatrix}\frac{\sqrt{2}}{2}&\frac{\sqrt{6}}{6}&-\frac{\sqrt{3}}{6}&\frac{1}{2}\\\frac{\sqrt{2}}{2}&-\frac{\sqrt{6}}{6}&\frac{\sqrt{3}}{6}&-\frac{1}{2}\\0&\frac{\sqrt{6}}{3}&\frac{\sqrt{3}}{6}&-\frac{1}{2}\\0&0&\frac{\sqrt{3}}{2}&\frac{1}{2}\end{bmatrix},$$

再令 $\boldsymbol{x}=\boldsymbol{T}\boldsymbol{y}$，则可得标准型

$$f=\boldsymbol{x}^{\mathrm{T}}\boldsymbol{A}\boldsymbol{x}=\boldsymbol{y}^{\mathrm{T}}(\boldsymbol{T}^{\mathrm{T}}\boldsymbol{A}\boldsymbol{T})\boldsymbol{y}=y_1^2+y_2^2+y_3^2-3y_4^2.$$

例 6.5 已知二次型

$$f(x_1,x_2,x_3)=2x_1^2+3x_2^2+2ax_2x_3+3x_3^2(a>0),$$

通过正交变换可化为标准型 $f=y_1^2+2y_2^2+5y_3^2$，求参数 a 及所用的正交变换.

解 f 的矩阵为 $\boldsymbol{A}=\begin{bmatrix}2&0&0\\0&3&a\\0&a&3\end{bmatrix}$，$\boldsymbol{A}$ 的特征多项式为

$$|\boldsymbol{A}-\lambda\boldsymbol{E}|=\begin{vmatrix}2-\lambda&0&0\\0&3-\lambda&a\\0&a&3-\lambda\end{vmatrix}=(3-a-\lambda)(2-\lambda)(3+a-\lambda)=0,$$

所以 $\boldsymbol{A}$ 的特征值为 $3-a$，2，$3+a$.

由定理 6.2，$\boldsymbol{A}$ 可以通过正交变换化为标准型 $f=\lambda_1y_1^2+\lambda_2y_2^2+\lambda_3y_3^2$，其中 λ_1，λ_2，λ_3 为 $\boldsymbol{A}$ 的特征值 $3-a$，2，$3+a$，对比题设的标准型 $f=y_1^2+2y_2^2+5y_3^2$，可知 $\lambda_1=3-a=1$，$\lambda_2=2$，$\lambda_3=3+a=5$，解得 $a=2$，$\boldsymbol{A}=\begin{bmatrix}2&0&0\\0&3&2\\0&2&3\end{bmatrix}$.

注意 因为题设 $a>0$，所以 $3-a=5$，$3+a=1$ 是不可能的.

对于 $\lambda_1=1$，求解 $(\boldsymbol{A}-\boldsymbol{E})\boldsymbol{x}=\boldsymbol{0}$，得基础解系

$$\boldsymbol{\alpha}_1=\begin{bmatrix}0\\1\\-1\end{bmatrix},$$

直接单位化得

$$\boldsymbol{\gamma}_1=\frac{\boldsymbol{\alpha}_1}{\|\boldsymbol{\alpha}_1\|}=\begin{bmatrix}0\\-\frac{1}{\sqrt{2}}\\\frac{1}{\sqrt{2}}\end{bmatrix}.$$

对于 $\lambda_2=2$，求解 $(\boldsymbol{A}-2\boldsymbol{E})\boldsymbol{x}=\boldsymbol{0}$，得基础解系

$$\boldsymbol{\alpha}_2=\begin{bmatrix}1\\0\\0\end{bmatrix},$$

直接单位化得

$$\boldsymbol{\gamma}_2=\frac{\boldsymbol{\alpha}_2}{\|\boldsymbol{\alpha}_2\|}=\begin{bmatrix}1\\0\\0\end{bmatrix}.$$

对于 $\lambda_3=5$，求解 $(\boldsymbol{A}-5\boldsymbol{E})\boldsymbol{x}=\boldsymbol{0}$，得基础解系

$$\boldsymbol{\alpha}_3=\begin{bmatrix}0\\1\\1\end{bmatrix},$$

直接单位化得

$$\boldsymbol{\gamma}_3=\frac{\boldsymbol{\alpha}_3}{\|\boldsymbol{\alpha}_3\|}=\begin{bmatrix}0\\\frac{1}{\sqrt{2}}\\\frac{1}{\sqrt{2}}\end{bmatrix}.$$

令 $\boldsymbol{T}=(\boldsymbol{\gamma}_1,\ \boldsymbol{\gamma}_2,\ \boldsymbol{\gamma}_3)=\begin{bmatrix}0&1&0\\\frac{1}{\sqrt{2}}&0&\frac{1}{\sqrt{2}}\\-\frac{1}{\sqrt{2}}&0&\frac{1}{\sqrt{2}}\end{bmatrix}$，$\boldsymbol{x}=\boldsymbol{T}\boldsymbol{y}$ 即为所用的正交变换.

例 6.6　求二次型

$$f(x_1,\ x_2,\ x_3)=2x_1x_2-2x_1x_3+2x_2x_3$$

在 $\boldsymbol{x}=(x_1,\ x_2,\ x_3)^{\mathrm{T}}$ 满足 $\boldsymbol{x}^{\mathrm{T}}\boldsymbol{x}=x_1^2+x_2^2+x_3^2=1$ 时的最小值.

解　二次型对应的矩阵为

$$\boldsymbol{A}=\begin{bmatrix}0&1&-1\\1&0&1\\-1&1&0\end{bmatrix},$$

$$|\boldsymbol{A}-\lambda\boldsymbol{E}|=\begin{vmatrix}-\lambda & 1 & -1\\ 1 & -\lambda & 1\\ -1 & 1 & -\lambda\end{vmatrix}\xlongequal{-r_1+r_3}\begin{vmatrix}-\lambda & 1 & -1\\ 1 & -\lambda & 1\\ \lambda-1 & 0 & 1-\lambda\end{vmatrix}$$

$$\xlongequal{c_3+c_1}\begin{vmatrix}-1-\lambda & 1 & -1\\ 2 & -\lambda & 1\\ 0 & 0 & 1-\lambda\end{vmatrix}=(1-\lambda)\begin{vmatrix}-1-\lambda & 1\\ 2 & -\lambda\end{vmatrix}$$

$$=-(\lambda+2)(\lambda-1)^2=0$$

所以 $\boldsymbol{A}$ 的特征值为 $\lambda_1=-2$, $\lambda_2=\lambda_3=1$.

由定理 6. 2, 存在正交变换 $\boldsymbol{x}=\boldsymbol{T}\boldsymbol{y}$, $\boldsymbol{y}=(y_1, y_2, y_3)^{\mathrm{T}}$, 使得

$$f(x_1, x_2, x_3)=-2y_1^2+y_2^2+y_3^2=\varphi(y_1, y_2, y_3),$$

此时由 $x^{\mathrm{T}}x=x_1^2+x_2^2+x_3^2=1$ 有

$$1=\boldsymbol{x}^{\mathrm{T}}\boldsymbol{x}=(\boldsymbol{T}\boldsymbol{y})^{\mathrm{T}}(\boldsymbol{T}\boldsymbol{y})=\boldsymbol{y}^{\mathrm{T}}(\boldsymbol{T}^{\mathrm{T}}\boldsymbol{T})\boldsymbol{y}=\boldsymbol{y}^{\mathrm{T}}\boldsymbol{y}=y_1^2+y_2^2+y_3^2, \tag{6.4}$$

原问题转化为求 $\varphi(y_1, y_2, y_3)=-2y_1^2+y_2^2+y_3^2$ 在条件(6. 4)下的最小值, 此时显然有:

$$\varphi(y_1, y_2, y_3)=-2y_1^2+y_2^2+y_3^2=-2(1-y_2^2-y_3^2)+y_2^2+y_3^2=-2+3y_2^2+3y_3^2\geqslant-2$$

当 $y_2=y_3=0$, $y_1=\pm1$ 时取得最小值-2, 此时 $\boldsymbol{y}=\pm(1, 0, 0)^{\mathrm{T}}$.

事实上, 当 $\boldsymbol{x}=(x_1, x_2. x_3)^{\mathrm{T}}=\pm\left(\frac{1}{\sqrt{3}}, -\frac{1}{\sqrt{3}}, \frac{1}{\sqrt{3}}\right)^{\mathrm{T}}$ 为对应于最小特征值 $\lambda_1=-2$ 的单位向量时, $f(x_1, x_2, x_3)=2x_1x_2-2x_1x_3+2x_2x_3$ 取得最小值-2.

用正交变换化二次型为标准型, 具有保持几何形状不变的优点. 如果不限于用正交变换, 那么还可有多种方法把二次型化成标准型, 如配方法, 初等变换法等. 下面通过实例来介绍配方法和初等变换法.

2. 用配方法化二次型为标准型

例 6. 7 化二次型

$$f=x_1^2+2x_1x_2+2x_1x_3+2x_2^2+6x_2x_3+5x_3^2$$

成标准型, 并求所用的变换矩阵.

解 由于 f 中含变量 x_1 的平方项, 故把含 x_1 的项归并起来配方可得

$$\begin{aligned}f&=x_1^2+2x_1(x_2+x_3)+(x_2+x_3)^2-(x_2+x_3)^2+2x_2^2+6x_2x_3+5x_3^2\\&=(x_1+x_2+x_3)^2+(x_2^2+4x_2x_3+4x_3^2)\\&=(x_1+x_2+x_3)^2+(x_2+2x_3)^2\end{aligned}$$

作线性变换

$$\begin{cases}y_1=x_1+x_2+x_3,\\ y_2=x_2+2x_3,\\ y_3=x_3,\end{cases}$$

即

$$\begin{cases}x_1=y_1-y_2+y_3,\\ x_2=y_2-2y_3,\\ x_3=y_3,\end{cases}$$

也就是作线性变换 $\boldsymbol{x}=\boldsymbol{C}\boldsymbol{y}$，就把 f 化成标准型 $f=y_1^2+y_2^2$，其中变换矩阵

$$\boldsymbol{C}=\begin{bmatrix}1 & -1 & 1\\0 & 1 & -2\\0 & 0 & 1\end{bmatrix}\quad(|\boldsymbol{C}|=1\neq 0).$$

例 6.8　化二次型

$$f=2x_1x_2+2x_1x_3-6x_2x_3$$

成标准型，并求所用的变换矩阵.

解　在 f 中不含平方项，所以不能用上例的方式配方. 由于含有 x_1x_2 乘积项，故令

$$\begin{cases}x_1=y_1+y_2,\\x_2=y_1-y_2,\\x_3=y_3,\end{cases}$$

也就是作线性变换 $\boldsymbol{x}=\boldsymbol{C}_1\boldsymbol{y}$，其中 $C_1=\begin{bmatrix}1 & 1 & 0\\1 & -1 & 0\\0 & 0 & 1\end{bmatrix}$，代入题设二次型得

$$f=2y_1^2-2y_2^2-4y_1y_3+8y_2y_3.\ ,$$

再配方，得

$$\begin{aligned}f&=(2y_1^2-4y_1y_3+2y_3^2)-2y_3^2+(-2y_2^2+8y_2y_3-8y_3^2)+8y_3^2\\&=2(y_1-y_3)^2-2(y_2-2y_3)^2+6y_3^2\end{aligned}$$

故令

$$\begin{cases}z_1=y_1-y_3\\z_2=y_2-2y_3,\\z_3=y_3\end{cases}$$

即

$$\begin{cases}y_1=z_1+z_3\\y_2=z_2+2z_3,\\y_3=z_3\end{cases}$$

也就是作线性变换 $\boldsymbol{y}=\boldsymbol{C}_2\boldsymbol{z}$，其中 $\boldsymbol{C}_2=\begin{bmatrix}1 & 0 & 1\\0 & 1 & 2\\0 & 0 & 1\end{bmatrix}$，

则有

$$f=2z_1^2-2z_2^2+6z_3^2.$$

总的线性变换为 $\boldsymbol{x}=\boldsymbol{C}_1\boldsymbol{y}=\boldsymbol{C}_1(\boldsymbol{C}_2\boldsymbol{z})=(\boldsymbol{C}_1\boldsymbol{C}_2)\boldsymbol{z}$，故所用变换矩阵为：

$$\boldsymbol{C}=\boldsymbol{C}_1\boldsymbol{C}_2=\begin{bmatrix}1 & 1 & 0\\1 & -1 & 0\\0 & 0 & 1\end{bmatrix}\begin{bmatrix}1 & 0 & 1\\0 & 1 & 2\\0 & 0 & 1\end{bmatrix}=\begin{bmatrix}1 & 1 & 3\\1 & -1 & -1\\0 & 0 & 1\end{bmatrix}\quad(|\boldsymbol{C}|=-2\neq 0).$$

一般地，任何二次型都可用上面两例的方法找到可逆变换化成标准型，且标准型中所含有的项数就是二次型的秩.

3. 用初等变换法化二次型为标准型

我们知道化二次型为标准型就是寻求可逆矩阵 $\boldsymbol{C}$，使 $\boldsymbol{C}^{\mathrm{T}}\boldsymbol{A}\boldsymbol{C}$ 成为对角矩阵. 这里 $\boldsymbol{A}$ 为二

次型的矩阵，而任一可逆矩阵又可分解为若干初等矩阵之积，从而我们有

定理 6.3 对实对称矩阵 $\boldsymbol{A}$，一定存在一系列初等矩阵 $\boldsymbol{P}_1$，$\boldsymbol{P}_2$，…，$\boldsymbol{P}_s$，使得

$$\boldsymbol{P}_s^{\mathrm{T}}\cdots\boldsymbol{P}_2^{\mathrm{T}}\boldsymbol{P}_1^{\mathrm{T}}\boldsymbol{A}\boldsymbol{P}_1\boldsymbol{P}_2\cdots\boldsymbol{P}_s=\mathrm{diag}(d_1,\ d_2,\ \cdots,\ d_n).$$

关于初等矩阵，显然有

$$\boldsymbol{E}^{\mathrm{T}}(i,\ j)=\boldsymbol{E}(i,\ j),\ \boldsymbol{E}^{\mathrm{T}}(i(k))=\boldsymbol{E}(i(k)),\ \boldsymbol{E}^{\mathrm{T}}(i+j(k))=\boldsymbol{E}(i+j(k)).$$

记 $\boldsymbol{C}=\boldsymbol{P}_1\boldsymbol{P}_2\cdots\boldsymbol{P}_s$，则上述定理表明：对 $\boldsymbol{A}$ 同时施行一系列同类的初等行、列变换，得到对角矩阵，而相应地，将这一系列的初等列变换施加于单位阵，就得到变换矩阵 $\boldsymbol{C}$. 其具体做法是将 n 阶单位阵 $\boldsymbol{E}$ 放在二次型的矩阵 $\boldsymbol{A}$ 的下面，形成一个 $2n\times n$ 矩阵. 对此矩阵作相同的行、列变换，把 $\boldsymbol{A}$ 化成对角形的同时，把单位阵 $\boldsymbol{E}$ 化成了可逆变换矩阵 $\boldsymbol{C}$，这就是初等变换法.

例 6.9 用初等变换法将例 6.7 中二次型化为标准型.

解 二次型 f 的矩阵

$$\boldsymbol{A}=\begin{bmatrix}1&1&1\\1&2&3\\1&3&5\end{bmatrix},$$

$$\begin{bmatrix}\boldsymbol{A}\\\boldsymbol{E}\end{bmatrix}=\begin{bmatrix}1&1&1\\1&2&3\\1&3&5\\1&0&0\\0&1&0\\0&0&1\end{bmatrix}\xrightarrow[-r_1+r_3]{-r_1+r_2}\begin{bmatrix}1&1&1\\0&1&2\\0&2&4\\1&0&0\\0&1&0\\0&0&1\end{bmatrix}\xrightarrow[-c_1+c_3]{-c_1+c_2}\begin{bmatrix}1&0&0\\0&1&2\\0&2&4\\1&-1&-1\\0&1&0\\0&0&1\end{bmatrix}$$

$$\xrightarrow{-2r_2+r_3}\begin{bmatrix}1&0&0\\0&1&2\\0&0&0\\1&-1&-1\\0&1&0\\0&0&1\end{bmatrix}\xrightarrow{-2c_2+c_3}\begin{bmatrix}1&0&0\\0&1&0\\0&0&0\\1&-1&1\\0&1&-2\\0&0&1\end{bmatrix},$$

因此

$$\boldsymbol{C}=\begin{bmatrix}1&-1&1\\0&1&-2\\0&0&1\end{bmatrix}\quad(|\boldsymbol{C}|=1\neq0),$$

故令

$$\boldsymbol{x}=\begin{bmatrix}1&-1&1\\0&1&-2\\0&0&1\end{bmatrix}\boldsymbol{y},$$

则有

$$f=y_1^2+y_2^2.$$

例 6.10 用初等变换法将例 6.8 中二次型 $f=2x_1x_2+2x_1x_3-6x_2x_3$ 化为标准型.

解 二次型 f 的矩阵

$$\boldsymbol{A}=\begin{bmatrix}0&1&1\\1&0&-3\\1&-3&0\end{bmatrix},$$

$$\begin{bmatrix}\boldsymbol{A}\\\boldsymbol{E}\end{bmatrix}=\begin{bmatrix}0&1&1\\1&0&-3\\1&-3&0\\1&0&0\\0&1&0\\0&0&1\end{bmatrix}\xrightarrow[c_2+c_1]{r_2+r_1}\begin{bmatrix}2&1&-2\\1&0&-3\\-2&-3&0\\1&0&0\\1&1&0\\0&0&1\end{bmatrix}\xrightarrow[r_1+r_3]{-\frac{1}{2}r_1+r_2}\begin{bmatrix}2&1&-2\\0&-\frac{1}{2}&-2\\0&-2&-2\\1&0&0\\1&1&0\\0&0&1\end{bmatrix}$$

$$\xrightarrow[c_1+c_3]{-\frac{1}{2}c_1+c_2}\begin{bmatrix}2&0&0\\0&-\frac{1}{2}&-2\\0&-2&-2\\1&-\frac{1}{2}&1\\1&\frac{1}{2}&1\\0&0&1\end{bmatrix}\xrightarrow[-4c_2+c_3]{-4r_2+r_3}\begin{bmatrix}2&0&0\\0&-\frac{1}{2}&0\\0&0&6\\1&-\frac{1}{2}&3\\1&\frac{1}{2}&-1\\0&0&1\end{bmatrix}.$$

因此

$$\boldsymbol{C}=\begin{pmatrix}1&-\frac{1}{2}&3\\1&\frac{1}{2}&-1\\0&0&1\end{pmatrix}\quad(|C|=1\neq0),$$

故令

$$\boldsymbol{x}=\begin{bmatrix}1&-\frac{1}{2}&3\\1&\frac{1}{2}&-1\\0&0&1\end{bmatrix}\boldsymbol{y},$$

则有

$$f=2y_1^2-\frac{1}{2}y_2^2+6y_3^2.$$

6.3　正定二次型

上节我们用不同的方法，把一个二次型化为标准型. 从例 6. 8 和例 6. 10 可知，化二次型为标准型时，可用不同的变换矩阵，且所得标准型也不相同，即二次型的标准型不是唯一的. 在化标准型的过程中，二次型的秩是不变的，即一个二次型的两个不同标准型中含有的非零平方项数是相同的，都等于二次型的秩.

1. 惯性定理和二次型的正定性

设实二次型$f(x_1, x_2, \cdots, x_n)=\boldsymbol{x}^{\mathrm{T}}\boldsymbol{A}\boldsymbol{x}$的秩为$r$，通过非退化的线性变换$\boldsymbol{x}=\boldsymbol{C}\boldsymbol{y}$($\boldsymbol{C}$为$n$阶可逆矩阵)，可将其化为标准型

$$f(x_1, x_2, \cdots, x_n)=\boldsymbol{y}^{\mathrm{T}}(\boldsymbol{C}^{\mathrm{T}}\boldsymbol{A}\boldsymbol{C})\boldsymbol{y}=k_1y_1^2+k_2y_2^2+\cdots+k_ry_r^2,$$

其中，$r\leqslant n$，$k_i\neq 0(i=1, 2, \cdots, r)$. 设$k_1, k_2, \cdots, k_p>0$，$k_{p+1}, k_{p+2}, \cdots, k_r<0$，继续作可逆线性变换

$$\begin{cases} z_1=\sqrt{k_1}\,y_1, \\ \cdots \\ z_p=\sqrt{k_p}\,y_p, \\ z_{p+1}=\sqrt{-k_{p+1}}\,y_{p+1}, \\ \cdots \\ z_r=\sqrt{-k_r}\,y_r, \end{cases}$$

此时二次型进一步化为

$$f(x_1, x_2, \cdots, x_n)=z_1^2+z_2^2+\cdots+z_p^2-z_{p+1}^2-\cdots-z_r^2.$$

我们将该式称为二次型的**规范标准型**，简称**规范型**.

事实上，二次型的标准型虽然不是唯一的，但其规范型唯一. 也就是说在实可逆变换下，标准型中正系数的个数是不变的，从而负系数的个数也是不变的，正、负系数个数之差——符号差同样是不变的. 即有如下定理：

定理 6.4(惯性定理) 设有二次型$f=\boldsymbol{x}^{\mathrm{T}}\boldsymbol{A}\boldsymbol{x}$，它的秩为$r$，若有两个实的非退化线性变换$\boldsymbol{x}=\boldsymbol{C}\boldsymbol{y}$和$\boldsymbol{x}=\boldsymbol{P}\boldsymbol{z}$，使

$$f=k_1y_1^2+k_2y_2^2+\cdots+k_ry_r^2 \quad (k_i\neq 0),$$

及

$$f=\lambda_1z_1^2+\lambda_2z_2^2+\cdots+\lambda_rz_r^2 \quad (\lambda_i\neq 0),$$

则$k_1, k_2, \cdots, k_r$中正数的个数与$\lambda_1, \lambda_2, \cdots\lambda_r$中正数的个数相同.

定义 6.2 秩为r的二次型的标准型$f=l_1x_1^2+l_2x_2^2+\cdots+l_rx_r^2$中，系数为正的平方项的个数$p$称为此二次型的**正惯性指数**，系数为负的平方项的个数$r-p$称为此二次型的**负惯性指数**，$s=2p-r$称为此二次型的**符号差**.

例如：二次型的标准型为$f=2y_1^2-\dfrac{1}{2}y_2^2+6y_3^2$，则其正惯性指数等于2，负惯性指数等于1，符号差为1.

定义 6.3 二次型$f(\boldsymbol{x})=\boldsymbol{x}^{\mathrm{T}}\boldsymbol{A}\boldsymbol{x}$，如果对任何$\boldsymbol{x}\neq\boldsymbol{0}$，都有$f(\boldsymbol{x})>0$(显然$f(\boldsymbol{0})=0$)，则称$f$为**正定二次型**，称$\boldsymbol{A}$为**正定矩阵**；如果对任何$\boldsymbol{x}\neq\boldsymbol{0}$，都有$f(\boldsymbol{x})<0$，则称$f$为**负定二次型**，其矩阵$\boldsymbol{A}$为**负定矩阵**.

例如：$f=x_1^2+x_2^2+\cdots+x_n^2$是正定二次型；而$f=-x_1^2-x_2^2-\cdots-x_n^2$是负定二次型.

定义 6.4 二次型$f(\boldsymbol{x})=\boldsymbol{x}^{\mathrm{T}}\boldsymbol{A}\boldsymbol{x}$，如果对任何$\boldsymbol{x}$，都有$f(\boldsymbol{x})\geqslant 0$，则称$f$为**半正定二次型，**称$\boldsymbol{A}$为**半正定矩阵**；如果对任何$\boldsymbol{x}$，都有$f(\boldsymbol{x})\leqslant 0$，则称$f$为**半负定二次型，**称$\boldsymbol{A}$为**半负定矩阵**.

正定、半正定、负定、半负定的二次型合称为**定型二次型**；其余二次型称为**不定型二次型**. 显然，正定二次型是半正定二次型，负定二次型是半负定二次型，反之不一定.

定理 6.5　设 $\boldsymbol{A}$ 为 n 阶矩阵，$f=\boldsymbol{x}^{\mathrm{T}}\boldsymbol{A}\boldsymbol{x}$ 为正定二次型的充分必要条件是：它的正惯性指数等于 n.

证　设可逆变换 $\boldsymbol{x}=\boldsymbol{C}\boldsymbol{y}$，使

$$f(\boldsymbol{x})=f(\boldsymbol{C}\boldsymbol{y})=\sum_{i=1}^{n} k_i y_i^2.$$

先证明充分性. 设 f 的正惯性指数为 n，则 $k_i>0(i=1, 2, \cdots, n)$，任给 $\boldsymbol{x}\neq\boldsymbol{0}$，有 $\boldsymbol{y}=\boldsymbol{C}^{-1}\boldsymbol{x}\neq\boldsymbol{0}$，从而有

$$f(\boldsymbol{x})=f(\boldsymbol{C}\boldsymbol{y})=\sum_{i=1}^{n} k_i y_i^2>0,$$

即 f 是正定二次型.

再证明必要性. 假设正惯性指数不等于 n，则一定存在某个 $s(1\leqslant s\leqslant n)$，使得 $k_s\leqslant 0$. 令 $\boldsymbol{y}=(\underbrace{0, \cdots, 0, 1, 0, \cdots, 0}_{\text{第}s\text{个分量是}1}{}^{\mathrm{T}})$，则 $\boldsymbol{x}=\boldsymbol{C}\boldsymbol{y}\neq\boldsymbol{0}$，且有

$$f(\boldsymbol{x})=f(\boldsymbol{C}\boldsymbol{y})=k_s\leqslant 0,$$

这与 f 为正定二次型矛盾. 所以如果 f 为正定二次型，必有正惯性指数等于 n.

推论　对称矩阵 $\boldsymbol{A}$ 正定，当且仅当 $\boldsymbol{A}$ 的特征值全为正.

完全相似地，我们有二次型 f 为负定二次型，当且仅当它的负惯性指数等于 n，对称矩阵 $\boldsymbol{A}$ 为负定矩阵，当且仅当它的所有特征值全为负.

下面我们不加证明的介绍判定矩阵正(负)定的一个充分必要条件，即

定理 6.6　对称矩阵 $\boldsymbol{A}=\begin{bmatrix} a_{11} & a_{12} & \cdots & a_{1n} \\ a_{21} & a_{22} & \cdots & a_{2n} \\ \vdots & \vdots & & \vdots \\ a_{n1} & a_{n2} & \cdots & a_{nn} \end{bmatrix}$ 正定，当且仅当 $\boldsymbol{A}$ 的各阶(顺序)主子式全为正，即

$$a_{11}>0, \quad \begin{vmatrix} a_{11} & a_{12} \\ a_{21} & a_{22} \end{vmatrix}>0, \quad \begin{vmatrix} a_{11} & a_{12} & a_{13} \\ a_{21} & a_{22} & a_{23} \\ a_{31} & a_{32} & a_{33} \end{vmatrix}>0, \cdots, \quad \begin{vmatrix} a_{11} & a_{12} & \cdots & a_{1n} \\ a_{21} & a_{22} & \cdots & a_{2n} \\ \vdots & \vdots & & \vdots \\ a_{n1} & a_{n2} & \cdots & a_{nn} \end{vmatrix}>0$$

对称矩阵 $\boldsymbol{A}$ 负定，当且仅当 $\boldsymbol{A}$ 的奇数阶(顺序)主子式为负，偶数阶(顺序)主子式为正，即

$$a_{11}<0, \quad \begin{vmatrix} a_{11} & a_{12} \\ a_{21} & a_{22} \end{vmatrix}>0, \quad \begin{vmatrix} a_{11} & a_{12} & a_{13} \\ a_{21} & a_{22} & a_{23} \\ a_{31} & a_{32} & a_{33} \end{vmatrix}<0, \cdots$$

或者也可以直接用 $-\boldsymbol{A}$ 正定(即 $-\boldsymbol{A}$ 的各阶顺序主子式为正)来判定 $\boldsymbol{A}$ 负定，有时这样更加方便.

例 6.11　判定 $f(x_1, x_2, x_3)=(x_1, x_2, x_3)\begin{bmatrix} 3 & 2 & 0 \\ 2 & 3 & 0 \\ 0 & 0 & 1 \end{bmatrix}\begin{bmatrix} x_1 \\ x_2 \\ x_3 \end{bmatrix}$ 的正定性.

解 f的矩阵$\boldsymbol{A}=\begin{bmatrix}3&2&0\\2&3&0\\0&0&1\end{bmatrix}$. 由$|\boldsymbol{A}-\lambda\boldsymbol{E}|=(1-\lambda)^2(5-\lambda)$，得$\boldsymbol{A}$的特征值为1，1，5. 根据定理6.5的推论知，$\boldsymbol{A}$为正定矩阵，从而$f$为正定二次型.

例6.12 判定二次型

$$f(x,y,z)=-5x^2-6y^2-4z^2+4xy+4xz$$

的正定性.

解 f的矩阵为

$$\boldsymbol{A}=\begin{bmatrix}-5&2&2\\2&-6&0\\2&0&-4\end{bmatrix}.$$

因为$a_{11}=-5<0$，$\begin{vmatrix}a_{11}&a_{12}\\a_{21}&a_{22}\end{vmatrix}=\begin{vmatrix}-5&2\\2&-6\end{vmatrix}=26>0$，$|\boldsymbol{A}|=-80<0$，所以由定理6.6知，$f$为负定二次型.

例6.13 设$f=x_1^2+4x_2^2+4x_3^2+2\lambda x_1x_2-2x_1x_3+4x_2x_3$，问$\lambda$取何值时，$f$为正定二次型？

解 f的矩阵

$$\boldsymbol{A}=\begin{bmatrix}1&\lambda&-1\\\lambda&4&2\\-1&2&4\end{bmatrix},$$

由定理6.6，只需

$$a_{11}=1>0,\quad\begin{vmatrix}a_{11}&a_{12}\\a_{21}&a_{22}\end{vmatrix}=\begin{vmatrix}1&\lambda\\\lambda&4\end{vmatrix}=4-\lambda^2>0,\quad|\boldsymbol{A}|=-4(\lambda-1)(\lambda+2)>0,$$

也就是$-2<\lambda<1$，即可使$\boldsymbol{f}$为正定二次型.

例6.14 证明：若$\boldsymbol{A}=(a_{ij})$为正定矩阵，则$a_{ii}>0\ (i=1,2,\cdots,n)$.

证 因为A正定，故对任何$\boldsymbol{x}\neq\boldsymbol{0}$，有$\boldsymbol{x}^{\mathrm{T}}\boldsymbol{A}\boldsymbol{x}>0$.

于是取

$$\boldsymbol{x}_1=(1,0,\cdots,0)^{\mathrm{T}},\ \boldsymbol{x}_2=(0,1,\cdots,0)^{\mathrm{T}},\ \cdots,\ \boldsymbol{x}_n=(0,0,\cdots,1)^{\mathrm{T}},$$

则有

$$\boldsymbol{x}_1^{\mathrm{T}}\boldsymbol{A}\boldsymbol{x}_1=a_{11}>0,\ \boldsymbol{x}_2^{\mathrm{T}}\boldsymbol{A}\boldsymbol{x}_2=a_{22}>0,\ \cdots,\ \boldsymbol{x}_n^{\mathrm{T}}\boldsymbol{A}\boldsymbol{x}_n=a_{nn}>0,$$

即

$$a_{ii}>0\quad(i=1,2,\cdots,n).$$

类似地，若$\boldsymbol{A}$负定，则$a_{ii}<0\ (i=1,2,\cdots,n)$.

此例表明，主对角线上元素均大于零是二次型的矩阵正定的必要条件，但它并非充分条件，例如

$$\boldsymbol{A}=\begin{bmatrix}1&-2\\-2&1\end{bmatrix}$$

的主对角线元素$a_{11}=a_{22}=1>0$，但因$|\boldsymbol{A}|=-3<0$，故$\boldsymbol{A}$不是正定的.

2. 二次型正定性的应用——判别多元函数的极值

设 n 元函数 $f(x_1, x_2, \cdots, x_n)$ 在点 $P_0(x_1^0, x_2^0, \cdots, x_n^0)$ 的某个邻域内有二阶连续偏导数，由多元函数的泰勒(*Taylor*)公式得

$$
\begin{aligned}
& f(x_1^0+\Delta x_1, x_2^0+\Delta x_2, \cdots, x_n^0+\Delta x_n)-f(x_1^0, x_2^0, \cdots, x_n^0) \\
& =\left(\Delta x_1 \frac{\partial}{\partial x_1}+\Delta x_2 \frac{\partial}{\partial x_2}+\cdots+\Delta x_n \frac{\partial}{\partial x_n}\right) f(x_1^0, x_2^0, \cdots, x_n^0) \\
& +\frac{1}{2!}\left(\Delta x_1 \frac{\partial}{\partial x_1}+\Delta x_2 \frac{\partial}{\partial x_2}+\cdots+\Delta x_n \frac{\partial}{\partial x_n}\right)^2 f(x_1^0, x_2^0, \cdots, x_n^0)+R.
\end{aligned}
$$

简写为矩阵表达式

$$f(P_0+\Delta P)-f(P_0)=\boldsymbol{x}^{\mathrm{T}} \boldsymbol{\varphi}+\frac{1}{2} \boldsymbol{x}^{\mathrm{T}} \boldsymbol{A x}+R,$$

其中

$$P_0=(x_1^0, x_2^0, \cdots, x_n^0),$$
$$\Delta P=(\Delta x_1, \Delta x_2, \cdots, \Delta x_n),$$
$$\boldsymbol{x}=\begin{bmatrix}\Delta x_1 \\ \Delta x_2 \\ \vdots \\ \Delta x_n\end{bmatrix}, \quad \varphi=\begin{bmatrix}\dfrac{\partial f}{\partial x_1} \\ \dfrac{\partial f}{\partial x_2} \\ \vdots \\ \dfrac{\partial f}{\partial x_n}\end{bmatrix}_{P_0},$$

$$\boldsymbol{A}=\begin{bmatrix}
\dfrac{\partial^2 f}{\partial x_1^2} & \dfrac{\partial^2 f}{\partial x_1 \partial x_2} & \cdots & \dfrac{\partial^2 f}{\partial x_1 \partial x_n} \\
\dfrac{\partial^2 f}{\partial x_2 \partial x_1} & \dfrac{\partial^2 f}{\partial x_2^2} & \cdots & \dfrac{\partial^2 f}{\partial x_2 \partial x_n} \\
\vdots & \vdots & & \vdots \\
\dfrac{\partial^2 f}{\partial x_n \partial x_1} & \dfrac{\partial^2 f}{\partial x_n \partial x_2} & \cdots & \dfrac{\partial^2 f}{\partial x_n^2}
\end{bmatrix}_{P_0}, \tag{6.5}$$

显然，$\boldsymbol{A}$ 为实对称矩阵，由高等数学可知，函数 $f(P)$ 在 P_0 处有极值的必要条件是 $\boldsymbol{\varphi}$ 为零向量，即有如下定理：

定理 6.7(极值存在的必要条件)　设函数 $f(x_1, x_2, \cdots, x_n)$ 在点 $P_0(x_1^0, x_2^0, \cdots, x_n^0)$ 处有极值，且偏导都存在，则有

$$\left.\frac{\partial f}{\partial x_i}\right|_{P_0}=0 \quad (i=1, 2, \cdots, n).$$

在此条件下，点 P_0 为 f 的驻点，这时有

$$f(P_0+\Delta P)-f(P_0)=\frac{1}{2} \boldsymbol{x}^{\mathrm{T}} \boldsymbol{A x}+R.$$

当 $\Delta x_i(i=1, 2, \cdots, n)$ 足够小时，由于余项 R 是更高阶的无穷小，所以上式右端正负号完全由二次型 $\boldsymbol{x}^{\mathrm{T}}\boldsymbol{A}\boldsymbol{x}$ 来决定，故若这二次型的秩为 n，则有如下定理：

定理 6.8(极值存在的充分条件)　设函数 $f(x_1, x_2, \cdots, x_n)$ 在点 $P_0(x_1^0, x_2^0, \cdots, x_n^0)$ 的某领域有二阶连续偏导，且 $\left.\frac{\partial f}{\partial x_i}\right|_{P_0}=0(i=1, 2, \cdots, n)$，则：

(1) 当 $\boldsymbol{x}^{\mathrm{T}}\boldsymbol{A}\boldsymbol{x}$ 为正定时，P_0 为 f 的一个极小值点；

(2) 当 $\boldsymbol{x}^{\mathrm{T}}\boldsymbol{A}\boldsymbol{x}$ 为负定时，P_0 为 f 的一个极大值点；

(3) 当 $\boldsymbol{x}^{\mathrm{T}}\boldsymbol{A}\boldsymbol{x}$ 为不定时，P_0 不是 f 的极值点.

当 $\boldsymbol{x}^{\mathrm{T}}\boldsymbol{A}\boldsymbol{x}$ 的秩小于 n 时，要决定 f 在点 P_0 的性态，还需研究余项 R，这里就不再讨论了.

当 $n=2$ 时，就得到熟知的二元函数在 P_0 有极值的充分条件，即若

$$\left.\frac{\partial f}{\partial x_1}\right|_{P_0}=\left.\frac{\partial f}{\partial x_2}\right|_{P_0}=0,$$

记 $a=\left.\frac{\partial^2 f}{\partial x_1^2}\right|_{P_0}$，$b=\left.\frac{\partial^2 f}{\partial x_1 \partial x_2}\right|_{P_0}$，$c=\left.\frac{\partial^2 f}{\partial x_2^2}\right|_{P_0}$，得 $\boldsymbol{A}=\begin{bmatrix} a & b \\ b & c \end{bmatrix}$. 于是当 $R(\boldsymbol{A})=2$ 时，有

(1) $\boldsymbol{A}$ 正定时，$f(P_0)$ 为极小值；

(2) $\boldsymbol{A}$ 负定时，$f(P_0)$ 为极大值；

(3) $\boldsymbol{A}$ 不定时，$f(P_0)$ 不是极值.

例 6.15　求函数 $f(x, y)=3xy-x^3-y^3$ 的极值.

解　解方程组

$$\begin{cases} \dfrac{\partial f}{\partial x}=3y-3x^2=0, \\ \dfrac{\partial f}{\partial y}=3x-3y^2=0, \end{cases}$$

得驻点 $P_1(0, 0)$，$P_2(1, 1)$.

又因为

$$\frac{\partial^2 f}{\partial x^2}=-6x,\ \frac{\partial^2 f}{\partial x \partial y}=3,\ \frac{\partial^2 f}{\partial y^2}=-6y,$$

所以在 P_1 处有 $\boldsymbol{A}_1=\begin{bmatrix} 0 & 3 \\ 3 & 0 \end{bmatrix}$，$|\boldsymbol{A}_1|\neq 0$ 且 $\boldsymbol{A}_1$ 为不定型矩阵，所以 $f(P_1)$ 非极值.

在 P_2 处有 $\boldsymbol{A}_2=\begin{bmatrix} -6 & 3 \\ 3 & -6 \end{bmatrix}$，$|\boldsymbol{A}_2|\neq 0$ 且 $\boldsymbol{A}_2$ 为负定矩阵，所以 $f(P_2)$ 为极大值.

例 6.16　求函数 $f(x_1, x_2, x_3)=x_1^3+x_2^2+x_3^2+12x_1x_2+2x_3$ 的极值.

解　解方程组

$$\begin{cases}\dfrac{\partial f}{\partial x_1}=3x_1^2+12x_2=0,\\ \dfrac{\partial f}{\partial x_2}=2x_2+12x_1=0,\\ \dfrac{\partial f}{\partial x_3}=2x_3+2=0,\end{cases}$$

得驻点 $P_1(0,0,-1)$，$P_2(24,-144,-1)$.

又因为

$$\frac{\partial^2 f}{\partial x_1^2}=6x_1,\ \frac{\partial^2 f}{\partial x_1\partial x_2}=12,\ \frac{\partial^2 f}{\partial x_1\partial x_3}=0,$$
$$\frac{\partial^2 f}{\partial x_2^2}=2,\ \frac{\partial^2 f}{\partial x_2\partial x_3}=0,\ \frac{\partial^2 f}{\partial x_3^2}=2,$$

于是由式(6.5)可知

$$\boldsymbol{A}=\begin{pmatrix}6x_1 & 12 & 0\\ 12 & 2 & 0\\ 0 & 0 & 2\end{pmatrix},$$

在点 $P_1(0,0,-1)$处，有

$$\boldsymbol{A}_1=\begin{pmatrix}0 & 12 & 0\\ 12 & 2 & 0\\ 0 & 0 & 2\end{pmatrix},$$

其顺序主子式是

$$0,\ \begin{vmatrix}0 & 12\\ 12 & 2\end{vmatrix}=-144<0,\ \begin{vmatrix}0 & 12 & 0\\ 12 & 2 & 0\\ 0 & 0 & 2\end{vmatrix}=-288<0,$$

显然 $\boldsymbol{A}_1$ 不定，故 $P_1(0,0,-1)$不是极值点.

在点 $P_2(24,-144,-1)$处，有

$$\boldsymbol{A}_2=\begin{pmatrix}144 & 12 & 0\\ 12 & 2 & 0\\ 0 & 0 & 2\end{pmatrix},$$

其顺序主子式是

$$144>0,\ \begin{vmatrix}144 & 12\\ 12 & 2\end{vmatrix}=144>0,\ \begin{vmatrix}144 & 12 & 0\\ 12 & 2 & 0\\ 0 & 0 & 2\end{vmatrix}=288>0,$$

显然 $\boldsymbol{A}_2$ 正定，故 $P_2(24,-144,-1)$为极小值点，极小值为 $f(P_2)=-6913$.

小　结

一、本章内容结构

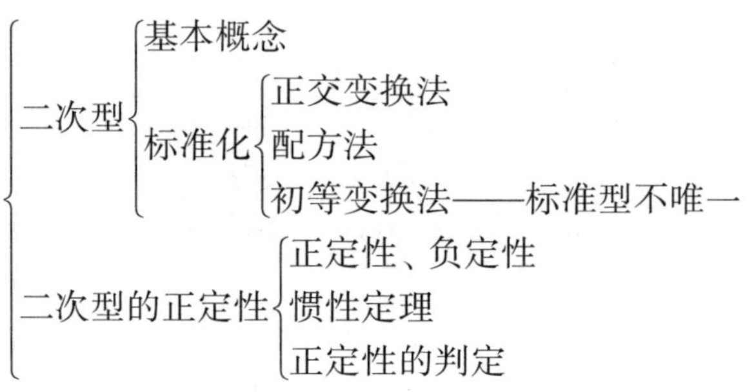

二、知识点小结

1. 二次型的基本概念

二次型的矩阵形式 $f=\boldsymbol{x}^{\mathrm{T}}\boldsymbol{A}\boldsymbol{x}$ 中，$\boldsymbol{A}$ 必须是对称矩阵，否则 $f=\boldsymbol{x}^{\mathrm{T}}\boldsymbol{A}\boldsymbol{x}$ 不唯一. 例如：$f=x_1^2+2x_1x_2+x_2^2$，取

$$\boldsymbol{A}=\begin{bmatrix}1 & 2\\0 & 1\end{bmatrix}\text{或}\boldsymbol{A}=\begin{bmatrix}1 & 0\\2 & 1\end{bmatrix}$$

都是不正确的，因为它们都不是对称矩阵.

2. 二次型的标准化

将二次型标准化，需要注意以下几点：

(1) 在变换二次型的过程中，所有的线性变换必须是非退化的(即线性变换的矩阵是可逆的). 当线性变换 $\boldsymbol{x}=\boldsymbol{C}\boldsymbol{y}$ 非退化时，即有 $\boldsymbol{y}=\boldsymbol{C}^{-1}\boldsymbol{x}$，这一线性变换可以将所得的二次型还原. 由此可从所得二次型的性质推知原二次型的一些性质.

(2) 一般来说，二次型经非退化线性变换化成的标准型是不唯一的，与所使用的非退化线性变换有关. 但由惯性定理知，标准型中所含非零平方项的个数、含正平方项的个数及含负平方项的个数都是唯一的.

(3) 二次型化为标准型，其实质就是利用矩阵的合同变换，将一个实对称矩阵化为对角矩阵. 所谓对矩阵 $\boldsymbol{A}$ 的合同变换，是指用一个可逆矩阵 $\boldsymbol{C}$ 对 $\boldsymbol{A}$ 进行 $\boldsymbol{C}^{\mathrm{T}}\boldsymbol{A}\boldsymbol{C}$ 的运算. 因此，我们也称实对称矩阵 $\boldsymbol{A}$ 与 $\boldsymbol{C}^{\mathrm{T}}\boldsymbol{A}\boldsymbol{C}$ 是合同的.

二次型化为标准型的方法很多，我们主要介绍了三种方法：

方法一——正交交换法. 其步骤与实对称矩阵通过正交变换对角化的过程是一致的. 因

此，正交变换法既是合同变换，也是相似变换. 合同变换的主要优点是保留秩不变和“对称性、半正定及正定性”. 相似变换不一定能保留对称性，但能保留秩不变与特征值不变. 因此，正交变换具有保持几何形状不变的优点，而且平方项的系数恰好是 $\boldsymbol{A}$ 的特征值.

方法二——配方法. 如果二次型中含有变量 x_i 的平方项，则先把含有 x_i 的各项配成关于 x_i 的完全平方，并用同样的方法对其余变量配方，经过非退化线性变换，就得到标准型.

如果二次型中不含平方项，但有某个 $a_{ij}\neq 0$ $(i\neq j)$，则先作一个可逆线性变换：

$$\begin{cases}x_i=y_i+y_j\\x_j=y_i-y_j\\x_k=y_k\end{cases}\quad(k=1,\ 2,\ \cdots,\ n,\ k\neq i,\ j),$$

使二次型出现平方项，再按上述方法配方.

方法三——初等变换法. 对 $2n\times n$ 矩阵 $\begin{bmatrix}\boldsymbol{A}\\\boldsymbol{E}\end{bmatrix}$ 施行相同的初等行变换与初等列变换，将 $\boldsymbol{A}$ 化为对角矩阵 $\boldsymbol{\Lambda}$，此时下方的 $\boldsymbol{E}$ 同步化为矩阵 $\boldsymbol{C}$，令 $\boldsymbol{x}=\boldsymbol{C}\boldsymbol{y}$，则二次型 f 可以化为标准型 $f=\boldsymbol{y}^{\mathrm{T}}\boldsymbol{\Lambda}\boldsymbol{y}$.

配方法与初等变换法形式比较简单，但变化时只保留了秩不变的性质，标准型中平方项的系数不一定都是 $\boldsymbol{A}$ 的特征值，即特征值不再保持不变.

3. 二次型(或对称矩阵)的正定性

二次型的正(负)定与对称矩阵的正(负)定在概念上是一致的. 关于一个 n 元二次型(n 阶对称矩阵)的正(负)定，下面的命题是等价的：

(1) n 元二次型 f(n 阶对称矩阵 $\boldsymbol{A}$)是正(负)定的；

(2) f 的标准型中 n 个平方项都是正(负)平方项，即 n 个平方项的系数全大于(小于)零；

(3) f 的正(负)惯性指数等于 n；

(4) $\boldsymbol{A}$ 的特征值全为正(负)；

(5) $\boldsymbol{A}$ 与 $\boldsymbol{E}(-\boldsymbol{E})$ 合同；

(6) 存在可逆矩阵 $\boldsymbol{C}$，使 $\boldsymbol{A}=\boldsymbol{C}^{\mathrm{T}}\boldsymbol{C}$ $(\boldsymbol{A}=-\boldsymbol{C}^{\mathrm{T}}\boldsymbol{C})$；

(7) $\boldsymbol{A}$ 的各阶顺序主子式全都大于零($\boldsymbol{A}$ 的奇数阶顺序主子式全小于零，而偶数阶顺序主子式全大于零).

正定矩阵首先是对称矩阵. 正定矩阵具有下面的性质：

(1) 若 $\boldsymbol{A}$ 是正定矩阵，则 $k\boldsymbol{A}(k>0)$，$\boldsymbol{A}^{\mathrm{T}}$，$\boldsymbol{A}^{-1}$，$\boldsymbol{A}^{*}$ 也是正定矩阵；

(2) 若 $\boldsymbol{A}$ 是 $m\times n$ 矩阵，且 $R(\boldsymbol{A})=n<m$，则 $\boldsymbol{A}^{\mathrm{T}}\boldsymbol{A}$ 也是正定矩阵；

(3) 若 $\boldsymbol{A}$ 是正定矩阵，则 $|\boldsymbol{A}|>0$，从而 $\boldsymbol{A}$ 可逆；

(4) 若 $\boldsymbol{A}$ 是正定矩阵，则 $\boldsymbol{A}$ 的主对角线上的元素 $a_{ii}>0$，$i=1,\ 2,\ \cdots,\ n$；

(5) 若 $\boldsymbol{A}$，$\boldsymbol{B}$ 都是 n 阶正定矩阵，则 $\boldsymbol{A}+\boldsymbol{B}$ 也是正定矩阵.

值得注意的是，$\boldsymbol{AB}$ 与 $\boldsymbol{BA}$ 不一定是正定矩阵. 例如 $\boldsymbol{A}=\begin{bmatrix}2&1\\1&2\end{bmatrix}$，$\boldsymbol{B}=\begin{bmatrix}1&-1\\-1&2\end{bmatrix}$ 都正定，但 $\boldsymbol{AB}=\begin{bmatrix}1&0\\-1&3\end{bmatrix}$，$\boldsymbol{BA}=\begin{bmatrix}1&-1\\0&3\end{bmatrix}$ 都不是对称矩阵，自然更不可能是正定矩阵.

习　题

1. 将下列二次型用矩阵形式表示.

(1) $f(x_1, x_2, x_3)=x_1^2-2x_2^2+5x_3^2+2x_1x_2+6x_2x_3+2x_3x_1$;

(2) $f(x_1, x_2, x_3, x_4)=x_1x_2+x_2x_3+x_3x_4+x_4x_1$;

(3) $f(x_1, x_2, x_3, x_4)=6x_1^2+3x_1x_2-2x_1x_3+5x_1x_4+2x_2^2-x_2x_4$.

2. 写出二次型 $f(x_1, x_2, x_3)=(a_1x_1+a_2x_2+a_3x_3)^2$ 的矩阵.

3. 当 t 为何值时，二次型 $f(x_1, x_2, x_3)=x_1^2+6x_1x_2+4x_1x_3+x_2^2+2x_2x_3+tx_3^2$ 的秩为 2?

4. 已知二次型 $f=x_1^2+x_2^2+x_3^2+2ax_1x_2+2x_1x_3+2bx_2x_3$ 经过正交变换化为标准型 $f=y_2^2+2y_3^2$，求参数 a, b 及所用的正交变换矩阵.

5. 用配方法把下列二次型化为标准型，并求所作变换.

(1) $f(x_1, x_2, x_3)=2x_1x_2+4x_1x_3-x_2^2-8x_3^2$;

(2) $f(x_1, x_2, x_3)=2x_1x_2+4x_1x_3$.

6. 用初等变换法把下列二次型化为标准型，并求所作变换.

(1) $f(x_1, x_2, x_3, x_4)=x_1x_2+x_1x_3+x_1x_4+x_2x_3+x_2x_4-x_3x_4$;

(2) $f(x_1, x_2, x_3)=2x_1^2+5x_1x_2-4x_2x_3$.

7. 设二次型 $f(x_1, x_2, x_3)=2x_1x_2-2x_1x_3+2x_2x_3$

(1) 用正交变换化二次型为标准型;

(2) 设 $\boldsymbol{A}$ 为上述二次型的矩阵，求 $\boldsymbol{A}^5$.

8. 求正交变换，把二次曲面方程 $2x_1^2+5x_2^2+5x_3^2+4x_1x_2-4x_1x_3-8x_2x_3=1$ 化成标准方程.

9. 判断下列二次型的正定性.

(1) $f=-2x_1^2-6x_2^2-4x_3^2+2x_1x_2+2x_2x_3$;

(2) $f=3x_1^2+4x_2^2+5x_3^2+4x_1x_2-x_2x_3$;

(3) $f=99x_1^2-12x_1x_2+48x_1x_3+130x_2^2-60x_2x_3+71x_3^2$.

10. t 满足什么条件时，下列二次型是正定的?

(1) $f=x_1^2+4x_2^2+2x_3^2+2tx_1x_2+2x_2x_3$;

(2) $f=x^2+2y^2+2xy-2xz+2tyz$.

11. 假设把任意 $x_1\neq 0$, $x_2\neq 0$, …, $x_n\neq 0$ 代入二次型 $f(x_1, x_2, \cdots, x_n)$ 都使 $f>0$，问 f 是否必然正定?

12. 试证：如果 $\boldsymbol{A}$, $\boldsymbol{B}$ 都是 n 阶正定矩阵，则 $\boldsymbol{A}+\boldsymbol{B}$ 也是正定的.

13. 试证：如果 $\boldsymbol{A}$ 是 n 阶可逆矩阵，则 $\boldsymbol{A}^{\mathrm{T}}\boldsymbol{A}$ 是正定矩阵.

14. 试证：如果 $\boldsymbol{A}$ 正定，则 $\boldsymbol{A}^{\mathrm{T}}$, $\boldsymbol{A}^{-1}$, $\boldsymbol{A}^*$ 都是正定矩阵.

第 7 章

线性空间与线性变换

向量与向量组是线性代数的主要研究对象. 在第三章中，我们把 n 元有序数组叫作 n 维向量，讨论了向量的许多性质，并介绍过向量空间的概念. 在这里，我们把这些概念推广，使向量及向量的概念更具一般性、更加抽象化.

7.1 线性空间的定义与性质

线性空间是线性代数最基本的概念之一，它是向量空间的自然推广.

定义 7.1 设 V 是一个非空集合，R 为实数域. 如果有：

1. 对于任意两个元素 $\boldsymbol{\alpha}$，$\boldsymbol{\beta}\in V$，总有唯一的一个元素 $\boldsymbol{\gamma}\in V$ 与之对应，称这种运算为**加法**，记作 $\boldsymbol{\gamma}=\boldsymbol{\alpha}+\boldsymbol{\beta}$；

2. 对于任一数 $k\in\mathbf{R}$ 与任一元素 $\boldsymbol{\alpha}\in V$，总有唯一的一个元素 $\boldsymbol{\delta}\in V$ 与之对应，称这种运算为**数量乘法**(简称**数乘**)，记为 $\boldsymbol{\delta}=k\cdot\boldsymbol{\alpha}$；

3. 上述两种运算满足以下八条运算规律(对任意 $\boldsymbol{\alpha}$，$\boldsymbol{\beta}$，$\boldsymbol{\gamma}\in V$；k，$m\in\mathbf{R}$)：

(1) $\boldsymbol{\alpha}+\boldsymbol{\beta}=\boldsymbol{\beta}+\boldsymbol{\alpha}$；

(2) $(\boldsymbol{\alpha}+\boldsymbol{\beta})+\boldsymbol{\gamma}=\boldsymbol{\alpha}+(\boldsymbol{\beta}+\boldsymbol{\gamma})$；

(3) 在 V 中有一个元素 $\mathbf{0}$ (称为**零元素**)，使对任何 $\boldsymbol{\alpha}\in V$，都有 $\boldsymbol{\alpha}+\mathbf{0}=\boldsymbol{\alpha}$；

(4) 对任何 $\boldsymbol{\alpha}\in V$，都有 V 中的元素 $\boldsymbol{\beta}$，使 $\boldsymbol{\alpha}+\boldsymbol{\beta}=\mathbf{0}$ ($\boldsymbol{\beta}$ 称为 $\boldsymbol{\alpha}$ 的**负元素**，记为 $-\boldsymbol{\alpha}$)；

(5) $1\cdot\boldsymbol{\alpha}=\boldsymbol{\alpha}$；

(6) $k\cdot(m\cdot\boldsymbol{\alpha})=(km)\cdot\boldsymbol{\alpha}$；

(7) $(k+m)\cdot\boldsymbol{\alpha}=k\cdot\boldsymbol{\alpha}+m\cdot\boldsymbol{\alpha}$；

(8) $k\cdot(\boldsymbol{\alpha}+\boldsymbol{\beta})=k\cdot\boldsymbol{\alpha}+k\cdot\boldsymbol{\beta}$.

那么，V 就称为 $\mathbf{R}$ 上的**向量空间**(或**线性空间**)，V 中的元素称为(实)**向量**(上面的实数域 $\mathbf{R}$ 也可为一般数域).

简而言之，凡满足上面八条运算规律的加法及数量乘法称为**线性运算**；凡定义了线性运算的集合称为**向量空间**(或**线性空间**).

注意 向量不一定是有序数组；

向量空间 V 对加法与数乘封闭；

向量空间中的运算只要求满足八条运算规律，不一定是有序数组的加法及数乘运算.

例 7.1 实数域 **R** 上次数不超过 n 的多项式的全体，我们记作 $P[x]_n$，即

$$P[x]_n=\{a_nx^n+a_{n-1}x^{n-1}+\cdots+a_1x+a_0 \mid a_n,a_{n-1},\cdots,a_1,a_0\in R\}.$$

对于通常的多项式加法、多项式数乘构成 **R** 上的向量空间.

例 7.2 实数域 **R** 上 n 次多项式的全体，记作 W，即

$$W=\{a_nx^n+a_{n-1}x^{n-1}+\cdots+a_1x+a_0 \mid a_n,a_{n-1},\cdots,a_1,a_0\in R,a_n\neq 0\}.$$

对于通常的多项式加法、多项式数乘不构成 **R** 上的向量空间.

因为 $0\cdot(a_nx^n+a_{n-1}x^{n-1}+\cdots+a_1x+a_0)=0\notin W$，即 W 对数乘不封闭.

例 7.3 元素属于实数域 R 的全体 $m\times n$ 矩阵组成的集合，按矩阵的加法和数与矩阵的数量乘法构成实数域 **R** 上的线性空间，记作 $\mathbf{R}^{m\times n}$.

例 7.4 区间 $[a,b]$ 上全体连续实函数，按函数的加法、数与函数的乘法，构成 **R** 上的线性空间，记作 $C[a,b]$.

例 7.5 n 个有序实数组成的数组的全体

$$S^n=\{x=(x_1,x_2,\cdots,x_n) \mid x_1,x_2,\cdots,x_n\in\mathbf{R}\}$$

对于通常的有序数组的加法及如下定义的数乘

$$k\cdot(x_1,x_2,\cdots,x_n)=(0,0,\cdots,0)$$

不构成 **R** 上的向量空间，因为只要 $x_1,x_2,\cdots,x_n$ 不全为 0，就有：

$$1\cdot(x_1,x_2,\cdots,x_n)=(0,0,\cdots,0)\neq(x_1,x_2,\cdots,x_n)$$

与运算规律(5)矛盾.

注 (1)在例 7.5 中，S^n 对所定义的加法与数乘运算是封闭的，但不满足运算规律(5). 这说明，验证一个集合是否构成线性空间，不能只验证集合对所定义的加法与数乘运算是否封闭. 一般来说，若集合中定义的加法与数乘运算不是通常的实数间的加法与数乘运算时，除了验证这两种运算的封闭性外，还应仔细检验是否满足八条线性运算规律.

(2)比较 $\mathbf{R}^n$ 和例 7.5 中的 S^n，作为集合，它们是一样的，但因为在其中所定义的运算不同，所以 $\mathbf{R}^n$ 是向量空间而 S^n 则不是向量空间. 由此可见，线性空间是集合与运算二者的结合. 一般来说，同一集合，若定义两种不同的线性运算，则构成不同的线性空间；若定义的运算不是线性运算，则不构成线性空间. 因此，**线性空间中所定义的线性运算是本质的，而其中的向量具体是什么并不重要.**

例 7.6 正实数的全体，记作 $\mathbf{R}^+$. 定义加法、数乘运算为

$$a\oplus b=ab\ (a,\ b\in\mathbf{R}^+),\ k\cdot a=a^k\ (k\in\mathbf{R},\ a\in\mathbf{R}^+),$$

验证 $\mathbf{R}^+$ 对上述加法与数乘运算构成 **R** 上的线性空间.

证 一共需要验证 10 条.

对加法封闭：对任意 $a,b\in\mathbf{R}^+$，有 $a\oplus b=ab\in\mathbf{R}^+$；

对数乘封闭：对任意 $k\in\mathbf{R}$，$a\in\mathbf{R}^+$，有 $k\cdot a=a^k\in\mathbf{R}^+$；

(1) $a\oplus b=ab=ba=b\oplus a$；

(2) $(a\oplus b)\oplus c=(ab)\oplus c=(ab)c=a(bc)=a\oplus(b\oplus c)$；

(3) $\mathbf{R}^+$ 中的元素 1 满足：$a\oplus 1=a\cdot 1=a$（1 叫作 $\mathbf{R}^+$ 的零元素）；

(4)对任何 $a\in\mathbf{R}^+$，有 $a\oplus a^{-1}=a\cdot a^{-1}=1$（$a^{-1}$ 叫作 a 的负元素）；

(5) $1\cdot a=a^1=a$；

(6) $k\cdot(m\cdot a)=k\cdot(a^m)=(a^m)^k=a^{km}=(km)\cdot a$;

(7) $(k+m)\cdot a=a^{k+m}=a^k a^m=a^k\oplus a^m=k\cdot a\oplus m\cdot a$;

(8) $k\cdot(a\oplus b)=k\cdot(ab)=(ab)^k=a^k b^k=a^k\oplus b^k=k\cdot a\oplus k\cdot b$.

因此，$\mathbf{R}^+$对于上面定义的运算构成 $\mathbf{R}$ 上的线性空间.

下面我们直接从定义来证明线性空间的一些基本性质.

定理 7.1　设 V 是数域 $\mathbf{R}$ 上的线性空间，则

(1) V 中零元素是唯一的；

(2) V 中任一元素的负元素是唯一的($\boldsymbol{\alpha}$ 的负元素记作$-\boldsymbol{\alpha}$)；

(3) $0\cdot\boldsymbol{\alpha}=\mathbf{0}$；$(-1)\cdot\boldsymbol{\alpha}=-\boldsymbol{\alpha}$；$k\cdot\mathbf{0}=\mathbf{0}$；

(4) 如果 $k\cdot\boldsymbol{\alpha}=\mathbf{0}$，那么 $k=0$ 或者 $\boldsymbol{\alpha}=\mathbf{0}$.

证　(1) 假设 $\mathbf{0}_1$，$\mathbf{0}_2$ 是线性空间 V 中的两个零元素，即对任何 $\boldsymbol{\alpha}\in V$，有

$$\boldsymbol{\alpha}+\mathbf{0}_1=\boldsymbol{\alpha},\ \boldsymbol{\alpha}+\mathbf{0}_2=\boldsymbol{\alpha},$$

于是分别取 $\boldsymbol{\alpha}=\mathbf{0}_2$，$\mathbf{0}_1$ 得

$$\mathbf{0}_2+\mathbf{0}_1=\mathbf{0}_2,\ \mathbf{0}_1+\mathbf{0}_2=\mathbf{0}_1,$$

故 $\mathbf{0}_1=\mathbf{0}_1+\mathbf{0}_2=\mathbf{0}_2+\mathbf{0}_1=\mathbf{0}_2$.

(2) 假设 $\boldsymbol{\alpha}$ 有两个负元素 $\boldsymbol{\beta}$ 与 $\boldsymbol{\gamma}$，即 $\boldsymbol{\alpha}+\boldsymbol{\beta}=\mathbf{0}$，$\boldsymbol{\alpha}+\boldsymbol{\gamma}=\mathbf{0}$. 于是

$$\boldsymbol{\beta}=\boldsymbol{\beta}+\mathbf{0}=\boldsymbol{\beta}+(\boldsymbol{\alpha}+\boldsymbol{\gamma})=(\boldsymbol{\beta}+\boldsymbol{\alpha})+\boldsymbol{\gamma}=\mathbf{0}+\boldsymbol{\gamma}=\boldsymbol{\gamma}.$$

利用负元素，我们可以定义线性空间中的减法

$$\boldsymbol{\alpha}-\boldsymbol{\beta}=\boldsymbol{\alpha}+(-\boldsymbol{\beta}).$$

(3) 因为 $\boldsymbol{\alpha}+0\cdot\boldsymbol{\alpha}=1\cdot\boldsymbol{\alpha}+0\cdot\boldsymbol{\alpha}=(1+0)\cdot\boldsymbol{\alpha}=1\cdot\boldsymbol{\alpha}=\boldsymbol{\alpha}$，

所以

$$0\cdot\boldsymbol{\alpha}=\mathbf{0}+0\cdot\boldsymbol{\alpha}=(-\boldsymbol{\alpha}+\boldsymbol{\alpha})+0\cdot\boldsymbol{\alpha}=-\boldsymbol{\alpha}+(\boldsymbol{\alpha}+0\cdot\boldsymbol{\alpha})=-\boldsymbol{\alpha}+\boldsymbol{\alpha}=\mathbf{0};$$

又因为

$$\boldsymbol{\alpha}+(-1)\cdot\boldsymbol{\alpha}=1\cdot\boldsymbol{\alpha}+(-1)\cdot\boldsymbol{\alpha}=[1+(-1)]\cdot\boldsymbol{\alpha}=0\cdot\boldsymbol{\alpha}=\mathbf{0},$$

所以

$$(-1)\cdot\boldsymbol{\alpha}=\mathbf{0}+(-1)\cdot\boldsymbol{\alpha}=(-\boldsymbol{\alpha}+\boldsymbol{\alpha})+(-1)\cdot\boldsymbol{\alpha}=-\boldsymbol{\alpha}+[\boldsymbol{\alpha}+(-1)\cdot\boldsymbol{\alpha}]=-\boldsymbol{\alpha}+\mathbf{0}=-\boldsymbol{\alpha};$$

而

$$\begin{aligned}k\cdot\mathbf{0}&=k\cdot[\boldsymbol{\alpha}+(-1)\cdot\boldsymbol{\alpha}]=k\cdot\boldsymbol{\alpha}+k\cdot[(-1)\cdot\boldsymbol{\alpha}]=k\cdot\boldsymbol{\alpha}+[k\cdot(-1)]\cdot\boldsymbol{\alpha}\\&=k\cdot\boldsymbol{\alpha}+(-k)\cdot\boldsymbol{\alpha}=[k+(-k)]\cdot\boldsymbol{\alpha}=0\cdot\boldsymbol{\alpha}=\mathbf{0}.\end{aligned}$$

(4) 假设 $k\neq0$，那么

$$\boldsymbol{\alpha}=1\cdot\boldsymbol{\alpha}=\left(\frac{1}{k}\cdot k\right)\boldsymbol{\alpha}=\frac{1}{k}\cdot(k\cdot\boldsymbol{\alpha})=\frac{1}{k}\cdot\mathbf{0}=\mathbf{0}.$$

第 3 章子空间的概念可推广到一般线性空间中.

定义 7.2　设 W 是 $\mathbf{R}$ 上线性空间 V 的一个非空子集. 如果 W 对于 V 的两种运算也构成数域 $\mathbf{R}$ 上的线性空间，称 W 为 V 的**线性子空间**(简称**子空间**).

如何判断线性空间 V 的非空子集能否构成子空间呢？事实上，因为 W 是 V 的一部分，V 中运算对 W 而言，定义 7.1 中规律(1)(2)(5)(6)(7)(8)显然被满足，因此只要 W 对运算封闭且满足规律(3)(4)即可. 而由定理 7.1(3)知，若 W 对运算封闭，则必能满足规律(3)(4)，因此有以下定理.

定理 7.2 线性空间 V 的非空子集 W 构成 V 的子空间的充分必要条件是 W 对于 V 中的两种运算封闭，即

(1) 如果 $\boldsymbol{\alpha}, \boldsymbol{\beta} \in W$，则 $\boldsymbol{\alpha}+\boldsymbol{\beta} \in W$；

(2) 如果 $k \in \mathbf{R}$，$\boldsymbol{\alpha} \in W$，则 $k\boldsymbol{\alpha} \in W$.

例 7.7 在全体实函数组成的线性空间中，所有实系数多项式组成 V 的一个子空间.

例 7.8 设 $\boldsymbol{A} \in \mathbf{R}^{m\times n}$，齐次线性方程组 $\boldsymbol{Ax}=\boldsymbol{0}$ 的全部解向量构成 n 维线性空间 $\mathbf{R}^n$ 的一个子空间.

7.2 维数、基与坐标

在第三章，我们讨论了 n 维数组向量之间的关系，介绍了一些重要概念，如线性组合、线性相关与线性无关等，这些概念及有关性质只涉及线性运算，因此，对于一般的线性空间中的元素(向量)仍然适用，以后我们将直接引用这些概念和性质. 基与维数的概念同样适用于一般的线性空间.

定义 7.3 在线性空间 V 中，如果存在 n 个元素 $\boldsymbol{\alpha}_1, \boldsymbol{\alpha}_2, \cdots, \boldsymbol{\alpha}_n$，满足：

(1) $\boldsymbol{\alpha}_1, \boldsymbol{\alpha}_2, \cdots, \boldsymbol{\alpha}_n$ 线性无关；

(2) V 中任一元素 $\boldsymbol{\alpha}$ 都可由 $\boldsymbol{\alpha}_1, \boldsymbol{\alpha}_2, \cdots, \boldsymbol{\alpha}_n$ 线性表示；

那么，$\boldsymbol{\alpha}_1, \boldsymbol{\alpha}_2, \cdots, \boldsymbol{\alpha}_n$ 就称为线性空间 V 的一个**基**，n 称为线性空间 V 的**维数**，记为 $\dim V=n$.

维数为 n 的线性空间称为 n **维线性空间**，记作 V_n.

如果在 V 中可以找到任意多个线性无关的向量，那么 V 就称为**无限维**的.

若知 $\boldsymbol{\alpha}_1, \boldsymbol{\alpha}_2, \cdots, \boldsymbol{\alpha}_n$ 为 V_n 的一个基，则对任何 $\boldsymbol{\alpha} \in V_n$，都有一组有序数 $x_1, x_2, \cdots, x_n$，使

$$\boldsymbol{\alpha}=x_1\boldsymbol{\alpha}_1+x_2\boldsymbol{\alpha}_2+\cdots+x_n\boldsymbol{\alpha}_n,$$

并且这组数是唯一的(否则 $\boldsymbol{\alpha}_1, \boldsymbol{\alpha}_2, \cdots, \boldsymbol{\alpha}_n$ 线性相关).

反之，任给一组有序数 $x_1, x_2, \cdots, x_n$，可唯一确定 V_n 中元素

$$\boldsymbol{\alpha}=x_1\boldsymbol{\alpha}_1+x_2\boldsymbol{\alpha}_2+\cdots+x_n\boldsymbol{\alpha}_n.$$

这样，V_n 的元素与有序数组$(x_1, x_2, \cdots, x_n)$之间存在着一一对应的关系，因此可用这组有序数来表示 $\boldsymbol{\alpha}$，于是我们有以下定义.

定义 7.4 设 $\boldsymbol{\alpha}_1, \boldsymbol{\alpha}_2, \cdots, \boldsymbol{\alpha}_n$ 是线性空间 V_n 的一个基，对于任一元素 $\boldsymbol{\alpha} \in V_n$，有且仅有一组有序数 $x_1, x_2, \cdots, x_n$，使

$$\boldsymbol{\alpha}=x_1\boldsymbol{\alpha}_1+x_2\boldsymbol{\alpha}_2+\cdots+x_n\boldsymbol{\alpha}_n,$$

$x_1, x_2, \cdots, x_n$ 这组有序数就称为 $\boldsymbol{\alpha}$ 在基 $\boldsymbol{\alpha}_1, \boldsymbol{\alpha}_2, \cdots, \boldsymbol{\alpha}_n$ 下的**坐标**，记作

$$(x_1, x_2, \cdots, x_n) \text{或} (x_1, x_2, \cdots, x_n)^{\mathrm{T}}.$$

例 7.9 在线性空间 $P[x]_3$ 中，$\boldsymbol{\alpha}_1=1$，$\boldsymbol{\alpha}_2=x$，$\boldsymbol{\alpha}_3=x^2$，$\boldsymbol{\alpha}_4=x^3$ 就是 $P[x]_3$ 的一个基，$P[x]_3$ 的维数是 4，$P[x]_3$ 中的任一多项式

$$f(x)=a_3x^3+a_2x^2+a_1x+a_0$$

可写成

$$f(x)=a_3\boldsymbol{\alpha}_4+a_2\boldsymbol{\alpha}_3+a_1\boldsymbol{\alpha}_2+a_0\boldsymbol{\alpha}_1,$$

因此 $f(x)$ 在基 $\boldsymbol{\alpha}_1$, $\boldsymbol{\alpha}_2$, $\boldsymbol{\alpha}_3$, $\boldsymbol{\alpha}_4$ 下的坐标为 (a_0, a_1, a_2, a_3).

易见 $\boldsymbol{\beta}_1=1$, $\boldsymbol{\beta}_2=1+x$, $\boldsymbol{\beta}_3=2x^2$, $\boldsymbol{\beta}_4=x^3$ 也是 $P[x]_3$ 的一个基，而

$$f(x)=(a_0-a_1)\boldsymbol{\beta}_1+a_1\boldsymbol{\beta}_2+\frac{a_2}{2}\boldsymbol{\beta}_3+a_3\boldsymbol{\beta}_4,$$

因此 $f(x)$ 在基 $\boldsymbol{\beta}_1$, $\boldsymbol{\beta}_2$, $\boldsymbol{\beta}_3$, $\boldsymbol{\beta}_4$ 下的坐标为 $\left(a_0-a_1, a_1, \frac{a_2}{2}, a_3\right)$.

取定 V_n 的一个基 $\boldsymbol{\alpha}_1$, $\boldsymbol{\alpha}_2$, $\cdots$, $\boldsymbol{\alpha}_n$, 设 $\boldsymbol{\alpha}, \boldsymbol{\beta}\in V_n$, 且有：

$$\boldsymbol{\alpha}=x_1\boldsymbol{\alpha}_1+x_2\boldsymbol{\alpha}_2+\cdots+x_n\boldsymbol{\alpha}_n,$$
$$\boldsymbol{\beta}=y_1\boldsymbol{\alpha}_1+y_2\boldsymbol{\alpha}_2+\cdots+y_n\boldsymbol{\alpha}_n,$$

于是

$$\boldsymbol{\alpha}+\boldsymbol{\beta}=(x_1+y_1)\boldsymbol{\alpha}_1+(x_2+y_2)\boldsymbol{\alpha}_2+\cdots+(x_n+y_n)\boldsymbol{\alpha}_n,$$
$$k\boldsymbol{\alpha}=(kx_1)\boldsymbol{\alpha}_1+(kx_2)\boldsymbol{\alpha}_2+\cdots+(kx_n)\boldsymbol{\alpha}_n.$$

即 $\boldsymbol{\alpha}+\boldsymbol{\beta}$ 的坐标是

$$(x_1+y_1, x_2+y_2, \cdots, x_n+y_n)=(x_1, x_2, \cdots, x_n)+(y_1, y_2, \cdots, y_n),$$

$k\boldsymbol{\alpha}$ 的坐标是

$$(kx_1, kx_2, \cdots, kx_n)=k(x_1, x_2, \cdots, x_n).$$

总之，在线性空间 V_n 中取定一个基 $\boldsymbol{\alpha}_1$, $\boldsymbol{\alpha}_2$, $\cdots$, $\boldsymbol{\alpha}_n$, 则 V_n 中的向量 $\boldsymbol{\alpha}$ 与 n 维数组向量空间 $\mathbf{R}^n$ 中的向量 $(x_1, x_2, \cdots, x_n)$ 之间有一一对应的关系，且这个对应关系保持线性组合的对应，即

设 $\boldsymbol{\alpha}\leftrightarrow(x_1, x_2, \cdots, x_n)$, $\boldsymbol{\beta}\leftrightarrow(y_1, y_2, \cdots, y_n)$, 则

(1) $\boldsymbol{\alpha}+\boldsymbol{\beta}\leftrightarrow(x_1, x_2, \cdots, x_n)+(y_1, y_2, \cdots, y_n)$;

(2) $k\boldsymbol{\alpha}\leftrightarrow k(x_1, x_2, \cdots, x_n)$.

由上面所述，我们可以说 V_n 与 $\mathbf{R}^n$ 有相同的结构，称 V_n 与 $\mathbf{R}^n$ **同构**.

一般地，设 V 与 U 是 $\mathbf{R}$ 上的两个线性空间，如果在它们的元素之间有一一对应的关系，且这个对应关系保持线性组合的对应，那么就说线性空间 V 与 U 同构.

易见，同构关系具有传递性.

定理 7.3　$\mathbf{R}$ 上的两个有限维线性空间同构，当且仅当它们的维数相等.

同构主要是保持线性运算的对应关系，因此，V_n 中的线性运算就可转化为 $\mathbf{R}^n$ 中的线性运算，并且 $\mathbf{R}^n$ 中凡只涉及线性运算的性质都适用于 V_n. 但 $\mathbf{R}^n$ 中超出线性运算的性质，在 V_n 中就不一定具备，如内积.

7.3　基变换与坐标变换

在 n 维线性空间 V 中，任意 n 个线性无关的向量都可以取作 V 的基，从例 7.9 可以看出，同一个向量在不同基下的坐标一般是不一样的. 那么，向量的坐标是如何随着基的变化而发生变换的呢？

设 $\boldsymbol{\alpha}_1$, $\boldsymbol{\alpha}_2$, $\cdots$, $\boldsymbol{\alpha}_n$ 及 $\boldsymbol{\beta}_1$, $\boldsymbol{\beta}_2$, $\cdots$, $\boldsymbol{\beta}_n$ 是线性空间 V_n 的两个基，它们之间有如下关系

$$\begin{cases}\boldsymbol{\beta}_1=c_{11}\boldsymbol{\alpha}_1+c_{21}\boldsymbol{\alpha}_2+\cdots+c_{n1}\boldsymbol{\alpha}_n,\\ \boldsymbol{\beta}_2=c_{12}\boldsymbol{\alpha}_1+c_{22}\boldsymbol{\alpha}_2+\cdots+c_{n2}\boldsymbol{\alpha}_n,\\ \cdots\\ \boldsymbol{\beta}_n=c_{1n}\boldsymbol{\alpha}_1+c_{2n}\boldsymbol{\alpha}_2+\cdots+c_{nn}\boldsymbol{\alpha}_n.\end{cases}\tag{7.1}$$

关系式(7.1)用矩阵记号可表示为

$$\begin{aligned}(\boldsymbol{\beta}_1,\boldsymbol{\beta}_2,\cdots,\boldsymbol{\beta}_n)&=(\boldsymbol{\alpha}_1,\boldsymbol{\alpha}_2,\cdots,\boldsymbol{\alpha}_n)\begin{bmatrix}c_{11}&c_{12}&\cdots&c_{1n}\\c_{21}&c_{22}&\cdots&c_{2n}\\\vdots&\vdots&&\vdots\\c_{n1}&c_{n2}&\cdots&c_{nn}\end{bmatrix}\\&=(\boldsymbol{\alpha}_1,\boldsymbol{\alpha}_2,\cdots,\boldsymbol{\alpha}_n)\boldsymbol{C}.\end{aligned}\tag{7.2}$$

式(7.1)和式(7.2)称为**基变换公式**，矩阵 $\boldsymbol{C}=\begin{bmatrix}c_{11}&c_{12}&\cdots&c_{1n}\\c_{21}&c_{22}&\cdots&c_{2n}\\\vdots&\vdots&&\vdots\\c_{n1}&c_{n2}&\cdots&c_{nn}\end{bmatrix}$ 称为由基 $\boldsymbol{\alpha}_1,\boldsymbol{\alpha}_2,\cdots,\boldsymbol{\alpha}_n$ 到基 $\boldsymbol{\beta}_1,\boldsymbol{\beta}_2,\cdots,\boldsymbol{\beta}_n$ 的**过渡矩阵**，由于 $\boldsymbol{\beta}_1,\boldsymbol{\beta}_2,\cdots,\boldsymbol{\beta}_n$ 线性无关，故 $\boldsymbol{C}$ 一定是可逆矩阵.

现在建立 V_n 中任一向量在不同基下坐标间的关系.

定理 7.4 设 V_n 中的向量 $\boldsymbol{\alpha}$ 在基 $\boldsymbol{\alpha}_1,\boldsymbol{\alpha}_2,\cdots,\boldsymbol{\alpha}_n$ 下的坐标为 $(x_1,x_2,\cdots,x_n)^{\mathrm{T}}$，在基 $\boldsymbol{\beta}_1,\boldsymbol{\beta}_2,\cdots,\boldsymbol{\beta}_n$ 下的坐标为 $(x_1',x_2',\cdots,x_n')^{\mathrm{T}}$，若两个基满足式(7.2)，则有坐标变换公式

$$\begin{bmatrix}x_1\\x_2\\\vdots\\x_n\end{bmatrix}=\boldsymbol{C}\begin{bmatrix}x_1'\\x_2'\\\vdots\\x_n'\end{bmatrix},\qquad 或\qquad \begin{bmatrix}x_1'\\x_2'\\\vdots\\x_n'\end{bmatrix}=\boldsymbol{C}^{-1}\begin{bmatrix}x_1\\x_2\\\vdots\\x_n\end{bmatrix}\tag{7.3}$$

证 因为 $\boldsymbol{\alpha}$ 在基 $\boldsymbol{\alpha}_1,\boldsymbol{\alpha}_2,\cdots,\boldsymbol{\alpha}_n$ 下的坐标为 $(x_1,x_2,\cdots,x_n)^{\mathrm{T}}$，在基 $\boldsymbol{\beta}_1,\boldsymbol{\beta}_2,\cdots,\boldsymbol{\beta}_n$ 下的坐标为 $(x_1',x_2',\cdots,x_n')^{\mathrm{T}}$，即

$$\boldsymbol{\alpha}=(\boldsymbol{\alpha}_1,\boldsymbol{\alpha}_2,\cdots,\boldsymbol{\alpha}_n)\begin{bmatrix}x_1\\x_2\\\vdots\\x_n\end{bmatrix},\ \boldsymbol{\alpha}=(\boldsymbol{\beta}_1,\boldsymbol{\beta}_2,\cdots,\boldsymbol{\beta}_n)\begin{bmatrix}x_1'\\x_2'\\\vdots\\x_n'\end{bmatrix},$$

于是由式(7.2)，有

$$(\boldsymbol{\alpha}_1,\boldsymbol{\alpha}_2,\cdots,\boldsymbol{\alpha}_n)\begin{bmatrix}x_1\\x_2\\\vdots\\x_n\end{bmatrix}=(\boldsymbol{\beta}_1,\boldsymbol{\beta}_2,\cdots,\boldsymbol{\beta}_n)\begin{bmatrix}x_1'\\x_2'\\\vdots\\x_n'\end{bmatrix}=(\boldsymbol{\alpha}_1,\boldsymbol{\alpha}_2,\cdots,\boldsymbol{\alpha}_n)\boldsymbol{C}\begin{bmatrix}x_1'\\x_2'\\\vdots\\x_n'\end{bmatrix},$$

而 $\boldsymbol{\alpha}_1,\boldsymbol{\alpha}_2,\cdots,\boldsymbol{\alpha}_n$ 线性无关，所以有关系式(7.3).

例 7.10　在例 7.9 中，我们有

$$(\boldsymbol{\beta}_1,\boldsymbol{\beta}_2,\boldsymbol{\beta}_3,\boldsymbol{\beta}_4)=(\boldsymbol{\alpha}_1,\boldsymbol{\alpha}_2,\boldsymbol{\alpha}_3,\boldsymbol{\alpha}_4)\begin{bmatrix}1&1&0&0\\0&1&0&0\\0&0&2&0\\0&0&0&1\end{bmatrix}=(\boldsymbol{\alpha}_1,\boldsymbol{\alpha}_2,\boldsymbol{\alpha}_3,\boldsymbol{\alpha}_4)\boldsymbol{C}$$

$$\boldsymbol{C}=\begin{bmatrix}1&1&0&0\\0&1&0&0\\0&0&2&0\\0&0&0&1\end{bmatrix},\ \boldsymbol{C}^{-1}=\begin{bmatrix}1&1&0&0\\0&1&0&0\\0&0&2&0\\0&0&0&1\end{bmatrix}^{-1}=\begin{bmatrix}1&-1&0&0\\0&1&0&0\\0&0&\frac{1}{2}&0\\0&0&0&1\end{bmatrix},$$

故

$$\begin{bmatrix}x_1'\\x_2'\\x_3'\\x_4'\end{bmatrix}=\begin{bmatrix}1&-1&0&0\\0&1&0&0\\0&0&\frac{1}{2}&0\\0&0&0&1\end{bmatrix}\begin{bmatrix}x_1\\x_2\\x_3\\x_4\end{bmatrix}=\begin{bmatrix}x_1-x_2\\x_2\\\frac{1}{2}x_3\\x_4\end{bmatrix}.$$

这与例 7.9 所得的结果是一致的.

例 7.11　在线性空间 $\mathbf{R}^{2\times 2}$ 中

$$\boldsymbol{\alpha}_1=\begin{bmatrix}1&0\\0&0\end{bmatrix},\ \boldsymbol{\alpha}_2=\begin{bmatrix}0&1\\0&0\end{bmatrix},\ \boldsymbol{\alpha}_3=\begin{bmatrix}0&0\\1&0\end{bmatrix},\ \boldsymbol{\alpha}_4=\begin{bmatrix}0&0\\0&1\end{bmatrix}$$

和

$$\boldsymbol{\beta}_1=\begin{bmatrix}-1&0\\0&2\end{bmatrix},\ \boldsymbol{\beta}_2=\begin{bmatrix}0&3\\-1&4\end{bmatrix},\ \boldsymbol{\beta}_3=\begin{bmatrix}2&0\\1&0\end{bmatrix},\ \boldsymbol{\beta}_4=\begin{bmatrix}1&-3\\0&2\end{bmatrix}$$

是两组基，求由基 $\boldsymbol{\alpha}_1,\boldsymbol{\alpha}_2,\boldsymbol{\alpha}_3,\boldsymbol{\alpha}_4$ 到基 $\boldsymbol{\beta}_1,\boldsymbol{\beta}_2,\boldsymbol{\beta}_3,\boldsymbol{\beta}_4$ 的过渡矩阵，并求矩阵 $\boldsymbol{A}=\begin{bmatrix}-1&3\\0&2\end{bmatrix}$ 在这两组基下的坐标.

解　因为

$$\begin{cases}\boldsymbol{\beta}_1=-\boldsymbol{\alpha}_1+0\boldsymbol{\alpha}_2+0\boldsymbol{\alpha}_3+2\boldsymbol{\alpha}_4\\\boldsymbol{\beta}_2=0\boldsymbol{\alpha}_1+3\boldsymbol{\alpha}_2-\boldsymbol{\alpha}_3+4\boldsymbol{\alpha}_4\\\boldsymbol{\beta}_3=2\boldsymbol{\alpha}_1+0\boldsymbol{\alpha}_2+\boldsymbol{\alpha}_3+0\boldsymbol{\alpha}_4\\\boldsymbol{\beta}_4=1\boldsymbol{\alpha}_1-3\boldsymbol{\alpha}_2+0\boldsymbol{\alpha}_3+2\boldsymbol{\alpha}_4\end{cases}$$

即

$$(\boldsymbol{\beta}_1,\boldsymbol{\beta}_2,\boldsymbol{\beta}_3,\boldsymbol{\beta}_4)=(\boldsymbol{\alpha}_1,\boldsymbol{\alpha}_2,\boldsymbol{\alpha}_3,\boldsymbol{\alpha}_4)\begin{bmatrix}-1&0&2&1\\0&3&0&-3\\0&-1&1&0\\2&4&0&2\end{bmatrix},$$

则由基 $\boldsymbol{\alpha}_1,\boldsymbol{\alpha}_2,\boldsymbol{\alpha}_3,\boldsymbol{\alpha}_4$ 到基 $\boldsymbol{\beta}_1,\boldsymbol{\beta}_2,\boldsymbol{\beta}_3,\boldsymbol{\beta}_4$ 的过渡矩阵 $\boldsymbol{C}=\begin{bmatrix}-1&0&2&1\\0&3&0&-3\\0&-1&1&0\\2&4&0&2\end{bmatrix}$.

矩阵 $\boldsymbol{A}$ 在基 $\boldsymbol{\alpha}_1, \boldsymbol{\alpha}_2, \boldsymbol{\alpha}_3, \boldsymbol{\alpha}_4$ 下的坐标为 $(-1, 3, 0, 2)^{\mathrm{T}}$，由式(7.3)，$\boldsymbol{A}$ 在基 $\boldsymbol{\beta}_1, \boldsymbol{\beta}_2, \boldsymbol{\beta}_3, \boldsymbol{\beta}_4$ 下的坐标则为 $\boldsymbol{C}^{-1}\begin{bmatrix}-1\\3\\0\\2\end{bmatrix}=\left(1, \dfrac{1}{3}, \dfrac{1}{3}, -\dfrac{2}{3}\right)^{\mathrm{T}}$.

7.4 线性变换

定义 7.5 设 $\boldsymbol{A}$，$\boldsymbol{B}$ 是两非空集合. 如果对于 $\boldsymbol{A}$ 中的任一元素 $\boldsymbol{\alpha}$，按照一定的法则，总有 $\boldsymbol{B}$ 中的一个确定的元素 $\boldsymbol{\beta}$ 与之对应，那么这个法则称为从集合 $\boldsymbol{A}$ 到集合 $\boldsymbol{B}$ 的**映射**. 如果 $\boldsymbol{A}=\boldsymbol{B}$，则称 $\boldsymbol{A}$ 到 $\boldsymbol{B}$ 的映射称为 **$\boldsymbol{A}$ 的变换**.

映射常用 $\boldsymbol{\varphi}$ 表示，$\boldsymbol{A}$ 的变换常用 T 表示.

$\boldsymbol{A}$ 到 $\boldsymbol{B}$ 的映射 $\boldsymbol{\varphi}$ 使 $\boldsymbol{B}$ 中的 $\boldsymbol{\beta}$ 与 $\boldsymbol{A}$ 中的 $\boldsymbol{\alpha}$ 对应，就记

$$\boldsymbol{\beta}=\boldsymbol{\varphi}(\boldsymbol{\alpha})\text{ 或 }\boldsymbol{\beta}=\boldsymbol{\varphi\alpha},$$

此时，$\boldsymbol{\beta}$ 称为 $\boldsymbol{\alpha}$ 在映射 $\boldsymbol{\varphi}$ 下的**像**，$\boldsymbol{\alpha}$ 称为 $\boldsymbol{\beta}$ 在 $\boldsymbol{\varphi}$ 下的**原像**，$\boldsymbol{\varphi}$ 的像的全体构成的集合称为 $\boldsymbol{\varphi}$ 的**像集**(也称**值域**)，记作 $\boldsymbol{\varphi}(\boldsymbol{A})$，即

$$\boldsymbol{\varphi}(\boldsymbol{A})=\{\boldsymbol{\varphi}(\boldsymbol{\alpha})\mid\boldsymbol{\alpha}\in\boldsymbol{A}\}.$$

映射的概念是函数概念的推广.

例 7.12 设 $\boldsymbol{A}=\mathbf{R}$，$\boldsymbol{B}=\mathbf{R}^{+}$，$\boldsymbol{\varphi}(x)=x^2+3$ 是 $\mathbf{R}$ 到 $\mathbf{R}^{+}$ 的一个映射，它把 x 映射到 x^2+3，7 是 -2 在 $\boldsymbol{\varphi}$ 下的像.

定义 7.6 设 $\boldsymbol{U}$，$\boldsymbol{V}$ 是 $\mathbf{R}$ 上的两个线性空间，$\boldsymbol{\varphi}$ 是 $\boldsymbol{V}$ 到 $\boldsymbol{U}$ 上的一个映射，如果 $\boldsymbol{\varphi}$ 满足

(1) $\forall\boldsymbol{\alpha}, \boldsymbol{\beta}\in\boldsymbol{V}$，$\boldsymbol{\varphi}(\boldsymbol{\alpha}+\boldsymbol{\beta})=\boldsymbol{\varphi}(\boldsymbol{\alpha})+\boldsymbol{\varphi}(\boldsymbol{\beta})$；

(2) $\forall k\in\mathbf{R}$，$\boldsymbol{\alpha}\in\boldsymbol{V}$，$\boldsymbol{\varphi}(k\boldsymbol{\alpha})=k\boldsymbol{\varphi}(\boldsymbol{\alpha})$；

那么，$\boldsymbol{\varphi}$ 就称为 $\boldsymbol{V}$ 到 $\boldsymbol{U}$ 的**线性映射**或**线性算子**.

当 $\boldsymbol{V}=\boldsymbol{U}$ 时，$\boldsymbol{V}$ 到 $\boldsymbol{U}$ 的线性映射称为 $\boldsymbol{V}$ 的**线性变换**.

例 7.13 在线性空间 $P[x]_3$ 中，微分运算 D 是一个线性变换. 因

$$D[f(x)+g(x)]=[f(x)+g(x)]'=f'(x)+g'(x)=Df(x)+Dg(x),$$

$$D[kf(x)]=[kf(x)]'=kf'(x)=kDf(x).$$

例 7.14 由关系式

$$\boldsymbol{T}\begin{bmatrix}x\\y\end{bmatrix}=\begin{bmatrix}\cos\alpha & -\sin\alpha\\ \sin\alpha & \cos\alpha\end{bmatrix}\begin{bmatrix}x\\y\end{bmatrix}$$

确定 xOy 平面上的一个线性变换，$\boldsymbol{T}$ 把任一向量按逆时针方向旋转 α 角.

例 7.15 在线性空间 $\mathbf{R}^3$ 中，变换

$$\boldsymbol{T}(x_1, x_2, x_3)=(x_1^2, x_2+x_3, x_3^2)$$

$\boldsymbol{T}$ 不是 $\mathbf{R}^3$ 的线性变换. 因为取 $\boldsymbol{\xi}=(1, 0, 0)$，$k=2$，则有：

$k\boldsymbol{T}(\boldsymbol{\xi})=2(1, 0, 0)=(2, 0, 0)\neq(4, 0, 0)=\boldsymbol{T}(2, 0, 0)=\boldsymbol{T}(k\boldsymbol{\xi})$.

线性变换具有下述性质：

定理 7.5　设 $\boldsymbol{T}$ 是线性空间 V 上的线性变换，则

(1) $\boldsymbol{T}(-\boldsymbol{\alpha})=-\boldsymbol{T}(\boldsymbol{\alpha})$，$\forall \boldsymbol{\alpha}\in V$；

(2) 若 $\boldsymbol{\beta}=k_1\boldsymbol{\alpha}_1+k_2\boldsymbol{\alpha}_2+\cdots+k_m\boldsymbol{\alpha}_m$，则

$$\boldsymbol{T}(\boldsymbol{\beta})=k_1\boldsymbol{T}(\boldsymbol{\alpha}_1)+k_2\boldsymbol{T}(\boldsymbol{\alpha}_2)+\cdots+k_m\boldsymbol{T}(\boldsymbol{\alpha}_m);$$

(3) $\boldsymbol{T}(\boldsymbol{0})=\boldsymbol{0}$，因此若 $\boldsymbol{\alpha}_1$，$\boldsymbol{\alpha}_2$，…，$\boldsymbol{\alpha}_m$ 线性相关，则 $\boldsymbol{T}(\boldsymbol{\alpha}_1)$，$\boldsymbol{T}(\boldsymbol{\alpha}_2)$，…，$\boldsymbol{T}(\boldsymbol{\alpha}_m)$ 也线性相关.

证　(1)(2) 的证明由定义即得. 这里只证 (3) 中 $\boldsymbol{T}(\boldsymbol{0})=\boldsymbol{0}$，其余请读者自证.

$$\boldsymbol{T}(\boldsymbol{0})=\boldsymbol{T}(0\cdot\boldsymbol{0})=0\cdot\boldsymbol{T}(\boldsymbol{0})=\boldsymbol{0}.$$

定理 7.6　设 $\boldsymbol{T}$ 是线性空间 V 上的线性变换，则

(1) $\boldsymbol{T}$ 的像集 $\boldsymbol{T}(V)$ 称为 $\boldsymbol{T}$ 的**像空间**，它是 V 的一个子空间；

(2) 使 $\boldsymbol{T}(\boldsymbol{\alpha})=\boldsymbol{0}$ 的 $\boldsymbol{\alpha}$ 的全体

$$\{\boldsymbol{\alpha}\,|\,\boldsymbol{\alpha}\in V,\ \boldsymbol{T}(\boldsymbol{\alpha})=\boldsymbol{0}\}$$

称为线性变换 $\boldsymbol{T}$ 的**核**，记为 $\boldsymbol{T}^{-1}(\boldsymbol{0})$，也是 V 的一个子空间.

证　(1) 设 $k\in\mathbf{R}$，$\boldsymbol{\beta}_1$，$\boldsymbol{\beta}_2\in\boldsymbol{T}(V)$，则存在 $\boldsymbol{\alpha}_1$，$\boldsymbol{\alpha}_2\in V$ 使得

$$\boldsymbol{\beta}_1=\boldsymbol{T}\boldsymbol{\alpha}_1,\ \boldsymbol{\beta}_2=\boldsymbol{T}\boldsymbol{\alpha}_2,$$

从而有

$$\boldsymbol{\beta}_1+\boldsymbol{\beta}_2=\boldsymbol{T}\boldsymbol{\alpha}_1+\boldsymbol{T}\boldsymbol{\alpha}_2=\boldsymbol{T}(\boldsymbol{\alpha}_1+\boldsymbol{\alpha}_2)\in\boldsymbol{T}(V)\quad(\text{因 }\boldsymbol{\alpha}_1,\ \boldsymbol{\alpha}_2\in V),$$

$$k\boldsymbol{\beta}_1=k\boldsymbol{T}\boldsymbol{\alpha}_1=\boldsymbol{T}(k\boldsymbol{\alpha}_1)\in\boldsymbol{T}(V)\quad(\text{因 }k\boldsymbol{\alpha}_1\in V).$$

因此，$\boldsymbol{T}(V)$ 是 V 的子空间.

(2) 设 $\boldsymbol{\alpha}_1$，$\boldsymbol{\alpha}_2\in\boldsymbol{T}^{-1}(\boldsymbol{0})$，那么 $\boldsymbol{T}\boldsymbol{\alpha}_1=\boldsymbol{T}\boldsymbol{\alpha}_2=\boldsymbol{0}$，从而有

$$\boldsymbol{T}(\boldsymbol{\alpha}_1+\boldsymbol{\alpha}_2)=\boldsymbol{T}\boldsymbol{\alpha}_1+\boldsymbol{T}\boldsymbol{\alpha}_2=\boldsymbol{0}+\boldsymbol{0}=\boldsymbol{0}，\text{故 }\boldsymbol{\alpha}_1+\boldsymbol{\alpha}_2\in\boldsymbol{T}^{-1}(\boldsymbol{0});$$

$$\boldsymbol{T}(k\boldsymbol{\alpha}_1)=k\boldsymbol{T}(\boldsymbol{\alpha}_1)=k\cdot\boldsymbol{0}=\boldsymbol{0}，\text{故 }k\boldsymbol{\alpha}_1\in\boldsymbol{T}^{-1}(\boldsymbol{0}).$$

因此，$\boldsymbol{T}^{-1}(\boldsymbol{0})$ 是 V 的子空间.

例 7.16　设有 n 阶方阵

$$\boldsymbol{A}=(\boldsymbol{\alpha}_1,\ \boldsymbol{\alpha}_2,\ \cdots,\ \boldsymbol{\alpha}_n)=\begin{bmatrix} a_{11} & a_{12} & \cdots & a_{1n}\\ a_{21} & a_{22} & \cdots & a_{2n}\\ \vdots & \vdots & & \vdots\\ a_{n1} & a_{n2} & \cdots & a_{nn}\end{bmatrix},$$

其中

$$\boldsymbol{\alpha}_i=\begin{bmatrix} a_{1i}\\ a_{2i}\\ \vdots\\ a_{ni}\end{bmatrix}\quad(i=1,\ 2,\ \cdots,\ n)$$

定义 $\mathbf{R}^n$ 中的变换 $\boldsymbol{T}$ 为

$$\boldsymbol{T}(\boldsymbol{x})=\boldsymbol{A}\boldsymbol{x}\ (\boldsymbol{x}\in\mathbf{R}^n),$$

则 $\boldsymbol{T}$ 为 $\mathbf{R}^n$ 中的线性变换.

证　设 $\boldsymbol{\alpha}$，$\boldsymbol{\beta}\in\mathbf{R}^n$，$k\in\mathbf{R}$，则有

$$\boldsymbol{T}(\boldsymbol{\alpha}+\boldsymbol{\beta})=\boldsymbol{A}(\boldsymbol{\alpha}+\boldsymbol{\beta})=\boldsymbol{A}\boldsymbol{\alpha}+\boldsymbol{A}\boldsymbol{\beta}=\boldsymbol{T}(\boldsymbol{\alpha})+\boldsymbol{T}(\boldsymbol{\beta});$$

$$T(k\boldsymbol{\alpha})=\boldsymbol{A}(k\boldsymbol{\alpha})=k\boldsymbol{A}\alpha=k\boldsymbol{T}(\boldsymbol{\alpha}).$$

故 $\boldsymbol{T}$ 为 $\mathbf{R}^n$ 中的线性变换.

设

$$\boldsymbol{x}=\begin{bmatrix}x_1\\x_2\\\vdots\\x_n\end{bmatrix}\in\mathbf{R}^n$$

因为

$$\boldsymbol{Tx}=\boldsymbol{Ax}=(\boldsymbol{\alpha}_1,\ \boldsymbol{\alpha}_2,\ \cdots,\ \boldsymbol{\alpha}_n)\begin{bmatrix}x_1\\x_2\\\vdots\\x_n\end{bmatrix}=x_1\boldsymbol{\alpha}_1+x_2\boldsymbol{\alpha}_2+\cdots+x_n\boldsymbol{\alpha}_n$$

所以 $\boldsymbol{T}$ 的像空间是由 $\boldsymbol{\alpha}_1,\ \boldsymbol{\alpha}_2,\ \cdots,\ \boldsymbol{\alpha}_n$ 生成的向量空间；$\boldsymbol{T}$ 的核 $\boldsymbol{T}^{-1}(\mathbf{0})$ 是齐次线性方程组 $\boldsymbol{Ax}=\mathbf{0}$ 的解空间.

7.5 线性变换的矩阵表示式

从例 7.16 看到，关系式 $\boldsymbol{T}(\boldsymbol{x})=\boldsymbol{Ax}$ ($\boldsymbol{x}\in\mathbf{R}^n$) 简单明了地表示出 $\mathbf{R}^n$ 中的一个线性变换，我们当然希望 n 维线性空间 $\boldsymbol{V}_n$ 中任何一个线性变换都能用这样的关系式来表示. 首先，我们证明下述两个结论.

(1) 设 $\boldsymbol{\varepsilon}_1,\ \boldsymbol{\varepsilon}_2,\ \cdots,\ \boldsymbol{\varepsilon}_n$ 是线性空间 V_n 的一组基，如果 V_n 的线性变换 $\boldsymbol{T}$ 与 $\boldsymbol{T}'$ 在这组基上的作用相同，即

$$\boldsymbol{T\varepsilon}_i=\boldsymbol{T}'\boldsymbol{\varepsilon}_i\quad(i=1,\ 2,\ \cdots,\ n),$$

那么，$\boldsymbol{T}=\boldsymbol{T}'$.

证 只需验证对于 $\forall\boldsymbol{\alpha}\in\boldsymbol{V}_n$，有 $\boldsymbol{T\alpha}=\boldsymbol{T}'\boldsymbol{\alpha}$.

设 $\boldsymbol{\alpha}=x_1\boldsymbol{\varepsilon}_1+x_2\boldsymbol{\varepsilon}_2+\cdots+x_n\boldsymbol{\varepsilon}_n$. 由 $\boldsymbol{T\varepsilon}_i=\boldsymbol{T}'\boldsymbol{\varepsilon}_i$，有

$$\boldsymbol{T\alpha}=x_1\boldsymbol{T}\varepsilon_1+x_2\boldsymbol{T}\varepsilon_2+\cdots+x_n\boldsymbol{T}\varepsilon_n=x_1\boldsymbol{T}\varepsilon'_1+x_2\boldsymbol{T}\varepsilon'_2+\cdots+x_n\boldsymbol{T}\varepsilon'_n=\boldsymbol{T}'\boldsymbol{\alpha}.$$

(2) 设 $\boldsymbol{\varepsilon}_1,\ \boldsymbol{\varepsilon}_2,\ \cdots,\ \boldsymbol{\varepsilon}_n$ 是 n 维线性空间 V_n 的一组基，对于 V_n 中的任意一组向量 $\boldsymbol{\alpha}_1,\ \boldsymbol{\alpha}_2,\ \cdots,\ \boldsymbol{\alpha}_n$，一定有一个线性变换 $\boldsymbol{T}$ 使

$$\boldsymbol{T\varepsilon}_i=\boldsymbol{\alpha}_i,\ (i=1,\ 2,\ \cdots,\ n)$$

证 设 $\boldsymbol{\alpha}=x_1\boldsymbol{\varepsilon}_1+x_2\boldsymbol{\varepsilon}_2+\cdots+x_n\boldsymbol{\varepsilon}_n\in V_n$，作变换 $\boldsymbol{T}$，使

$$\boldsymbol{T}\alpha=x_1\boldsymbol{\alpha}_1+x_2\boldsymbol{\alpha}_2+\cdots+x_n\boldsymbol{\alpha}_n,$$

容易验证 $\boldsymbol{T}$ 是 V_n 的线性变换，且

$$\boldsymbol{T\varepsilon}_i=0\boldsymbol{\alpha}_1+\cdots+1\cdot\boldsymbol{\alpha}_i+\cdots+0\boldsymbol{\alpha}_n=\boldsymbol{\alpha}_i.$$

综合以上两点，得

定理 7.7 设 $\boldsymbol{\varepsilon}_1,\ \boldsymbol{\varepsilon}_2,\ \cdots,\ \boldsymbol{\varepsilon}_n$ 是线性空间 V_n 的一组基，$\boldsymbol{\alpha}_1,\ \boldsymbol{\alpha}_2,\ \cdots,\ \boldsymbol{\alpha}_n$ 是 V_n 中任意 n 个

向量，则存在唯一的线性变换 $\boldsymbol{T}$ 使

$$\boldsymbol{T\varepsilon}_i=\boldsymbol{\alpha}_i \quad (i=1,\ 2,\ \cdots,\ n)$$

以后，记 $\boldsymbol{T}(\boldsymbol{\varepsilon}_1,\ \boldsymbol{\varepsilon}_2,\ \cdots,\ \boldsymbol{\varepsilon}_n)=(\boldsymbol{T\varepsilon}_1,\ \boldsymbol{T\varepsilon}_2,\ \cdots,\ \boldsymbol{T\varepsilon}_n)$.

定义 7.7　设 $\boldsymbol{\varepsilon}_1,\ \boldsymbol{\varepsilon}_2,\ \cdots,\ \boldsymbol{\varepsilon}_n$ 是线性空间 V_n 的一组基，$\boldsymbol{T}$ 是 V_n 的一个线性变换，基向量的像可以被基线性表出：

$$\begin{cases}\boldsymbol{T\varepsilon}_1=a_{11}\boldsymbol{\varepsilon}_1+a_{21}\boldsymbol{\varepsilon}_2+\cdots+a_{n1}\boldsymbol{\varepsilon}_n,\\ \boldsymbol{T\varepsilon}_2=a_{12}\boldsymbol{\varepsilon}_1+a_{22}\boldsymbol{\varepsilon}_2+\cdots+a_{n2}\boldsymbol{\varepsilon}_n,\\ \qquad\cdots\\ \boldsymbol{T\varepsilon}_n=a_{1n}\boldsymbol{\varepsilon}_1+a_{2n}\boldsymbol{\varepsilon}_2+\cdots+a_{nn}\boldsymbol{\varepsilon}_n.\end{cases} \tag{7.4}$$

用矩阵表示就是

$$\boldsymbol{T}(\boldsymbol{\varepsilon}_1,\ \boldsymbol{\varepsilon}_2,\ \cdots,\ \boldsymbol{\varepsilon}_n)=(\boldsymbol{T\varepsilon}_1,\ \boldsymbol{T\varepsilon}_2,\ \cdots,\ \boldsymbol{T\varepsilon}_n)=(\boldsymbol{\varepsilon}_1,\ \boldsymbol{\varepsilon}_2,\ \cdots,\ \boldsymbol{\varepsilon}_n)\boldsymbol{A}, \tag{7.5}$$

其中

$$\boldsymbol{A}=\begin{bmatrix}a_{11} & a_{12} & \cdots & a_{1n}\\ a_{21} & a_{22} & \cdots & a_{2n}\\ \vdots & \vdots & & \vdots\\ a_{n1} & a_{n2} & \cdots & a_{nn}\end{bmatrix}.$$

矩阵 $\boldsymbol{A}$ 称为 $\boldsymbol{T}$ **在基** $\boldsymbol{\varepsilon}_1$**，**$\boldsymbol{\varepsilon}_2$**，**$\cdots$**，**$\boldsymbol{\varepsilon}_n$ **下的矩阵**.

因 $\boldsymbol{\varepsilon}_1,\ \boldsymbol{\varepsilon}_2,\ \cdots,\ \boldsymbol{\varepsilon}_n$ 线性无关，式(7.4)中的 a_{ij} 由 $\boldsymbol{T}$ 唯一确定，也就是说 $\boldsymbol{A}$ 由 $\boldsymbol{T}$ 唯一确定.

给定一个方阵 $\boldsymbol{A}$，定义变换 $\boldsymbol{T}$：

$$\boldsymbol{T\alpha}=\boldsymbol{T}\left[(\boldsymbol{\varepsilon}_1,\ \boldsymbol{\varepsilon}_2,\ \cdots,\ \boldsymbol{\varepsilon}_n)\begin{bmatrix}x_1\\ x_2\\ \vdots\\ x_n\end{bmatrix}\right]=(\boldsymbol{\varepsilon}_1,\ \boldsymbol{\varepsilon}_2,\ \cdots,\ \boldsymbol{\varepsilon}_n)\boldsymbol{A}\begin{bmatrix}x_1\\ x_2\\ \vdots\\ x_n\end{bmatrix}, \tag{7.6}$$

其中，$\boldsymbol{\alpha}=x_1\boldsymbol{\varepsilon}_1+x_2\boldsymbol{\varepsilon}_2+\cdots+x_n\boldsymbol{\varepsilon}_n$. 易知，$\boldsymbol{T}$ 是由 n 阶矩阵 $\boldsymbol{A}$ 确定的线性变换，且 $\boldsymbol{T}$ 在基 $\boldsymbol{\varepsilon}_1,\ \boldsymbol{\varepsilon}_2,\ \cdots,\ \boldsymbol{\varepsilon}_n$ 下的矩阵是 $\boldsymbol{A}$.

这样，根据定理 7.7，在 V_n 中取定一组基 $\boldsymbol{\varepsilon}_1,\ \boldsymbol{\varepsilon}_2,\ \cdots,\ \boldsymbol{\varepsilon}_n$ 后，V_n 的线性变换 $\boldsymbol{T}$ 与其在基 $\boldsymbol{\varepsilon}_1,\ \boldsymbol{\varepsilon}_2,\ \cdots,\ \boldsymbol{\varepsilon}_n$ 下的矩阵 $\boldsymbol{A}$ 之间，有一一对应的关系.

由关系式(7.6)，$\boldsymbol{\alpha}$ 与 $\boldsymbol{T\alpha}$ 在基下的坐标分别为

$$\begin{bmatrix}x_1\\ x_2\\ \vdots\\ x_n\end{bmatrix},\quad \boldsymbol{A}\begin{bmatrix}x_1\\ x_2\\ \vdots\\ x_n\end{bmatrix}.$$

例 7.17　在 $P[x]_3$ 中，取基 $\boldsymbol{\varepsilon}_1=1$，$\boldsymbol{\varepsilon}_2=x$，$\boldsymbol{\varepsilon}_3=x^2$，$\boldsymbol{\varepsilon}_4=x^3$，求微分运算 $\boldsymbol{D}$(线性变换)在这个基下的矩阵.

解

$\boldsymbol{D\varepsilon}_1=0=0\boldsymbol{\varepsilon}_1+0\boldsymbol{\varepsilon}_2+0\boldsymbol{\varepsilon}_3+0\boldsymbol{\varepsilon}_4$,

$\boldsymbol{D\varepsilon}_2=1=1\boldsymbol{\varepsilon}_1+0\boldsymbol{\varepsilon}_2+0\boldsymbol{\varepsilon}_3+0\boldsymbol{\varepsilon}_4$,

$\boldsymbol{D\varepsilon}_3=2x=0\boldsymbol{\varepsilon}_1+2\boldsymbol{\varepsilon}_2+0\boldsymbol{\varepsilon}_3+0\boldsymbol{\varepsilon}_4$,

$\boldsymbol{D\varepsilon}_4=3x^2=0\boldsymbol{\varepsilon}_1+0\boldsymbol{\varepsilon}_2+3\boldsymbol{\varepsilon}_3+0\boldsymbol{\varepsilon}_4$,

$$(\boldsymbol{D\varepsilon}_1, \boldsymbol{D\varepsilon}_2, \boldsymbol{D\varepsilon}_3, \boldsymbol{D\varepsilon}_4)=(\boldsymbol{\varepsilon}_1, \boldsymbol{\varepsilon}_2, \boldsymbol{\varepsilon}_3, \boldsymbol{\varepsilon}_4)\begin{bmatrix}0&1&0&0\\0&0&2&0\\0&0&0&3\\0&0&0&0\end{bmatrix}$$

由式(7.5), $\boldsymbol{D}$ 在这个基下的矩阵为 $\boldsymbol{A}=\begin{bmatrix}0&1&0&0\\0&0&2&0\\0&0&0&3\\0&0&0&0\end{bmatrix}$.

例 7.18 函数集合 $V_3=\{\boldsymbol{\alpha}=(\boldsymbol{a}_2x^2+a_1x+a_0)e^x \mid a_2, a_1, a_0\in\mathbf{R}\}$ 对于函数的线性运算构成 3 维线性空间, 在 V_3 中取一组基

$$\boldsymbol{\alpha}_1=x^2e^x, \boldsymbol{\alpha}_2=xe^x, \boldsymbol{\alpha}_3=e^x,$$

求微分运算 $\boldsymbol{D}$ 在这组基下的矩阵.

解 设 $\beta_1=\boldsymbol{D}(\boldsymbol{\alpha}_1)=x^2e^x+2xe^x=\boldsymbol{\alpha}_1+2\boldsymbol{\alpha}_2$,

$\beta_2=\boldsymbol{D}(\boldsymbol{\alpha}_2)=xe^x+e^x=\boldsymbol{\alpha}_2+\boldsymbol{\alpha}_3$,

$\beta_3=\boldsymbol{D}(\boldsymbol{\alpha}_3)=e^x=\boldsymbol{\alpha}_3$.

易知: $\beta_1, \beta_2, \beta_3$ 线性无关, 故为一个基. 由

$$\begin{pmatrix}\beta_1\\\beta_2\\\beta_3\end{pmatrix}=\begin{pmatrix}\alpha_1+2\alpha_2\\\alpha_2+\alpha_3\\\alpha_3\end{pmatrix}=P^{\mathrm{T}}\begin{pmatrix}\alpha_1\\\alpha_2\\\alpha_3\end{pmatrix},$$

知

$$\boldsymbol{P}^{\mathrm{T}}=\begin{pmatrix}1&2&0\\0&1&1\\0&0&1\end{pmatrix},$$

故 $\boldsymbol{P}=\begin{bmatrix}1&0&0\\2&1&0\\0&1&1\end{bmatrix}$. 即 $\boldsymbol{D}$ 在基下的矩阵为 $\begin{bmatrix}1&0&0\\2&1&0\\0&1&1\end{bmatrix}$.

例 7.19 在 $\mathbf{R}^3$ 中, 取基 $\boldsymbol{e}_1=(1, 0, 0)$, $\boldsymbol{e}_2=(0, 1, 0)$, $\boldsymbol{e}_3=(0, 0, 1)$, $\boldsymbol{T}$ 表示将向量投影到 yOz 平面的线性变换, 即

$$\boldsymbol{T}(x\boldsymbol{e}_1+y\boldsymbol{e}_2+z\boldsymbol{e}_3)=y\boldsymbol{e}_2+z\boldsymbol{e}_3.$$

(1)求 $\boldsymbol{T}$ 在基 $\boldsymbol{e}_1, \boldsymbol{e}_2, \boldsymbol{e}_3$ 下的矩阵;

(2)取基为 $\boldsymbol{\varepsilon}_1=2\boldsymbol{e}_1$, $\boldsymbol{\varepsilon}_2=\boldsymbol{e}_1-2\boldsymbol{e}_2$, $\boldsymbol{\varepsilon}_3=\boldsymbol{e}_3$, 求 $\boldsymbol{T}$ 在该基下的矩阵.

解 (1) $\boldsymbol{Te}_1=\boldsymbol{T}(\boldsymbol{e}_1+0\boldsymbol{e}_2+0\boldsymbol{e}_3)=\boldsymbol{0}$,

$\boldsymbol{Te}_2=\boldsymbol{T}(0\boldsymbol{e}_1+\boldsymbol{e}_2+0\boldsymbol{e}_3)=\boldsymbol{e}_2$,

$\boldsymbol{Te}_3=\boldsymbol{T}(0\boldsymbol{e}_1+0\boldsymbol{e}_2+\boldsymbol{e}_3)=\boldsymbol{e}_3$,

$$\boldsymbol{T}(\boldsymbol{e}_1, \boldsymbol{e}_2, \boldsymbol{e}_3)=(\boldsymbol{e}_1, \boldsymbol{e}_2, \boldsymbol{e}_3)\begin{bmatrix}0&0&0\\0&1&0\\0&0&1\end{bmatrix}.$$

由式(7.5)，T 在基 e_1，e_2，e_3 下的矩阵为$\begin{bmatrix}0&0&0\\0&1&0\\0&0&1\end{bmatrix}$.

(2)由 $T\varepsilon_1=T(2e_1)=2Te_1=\mathbf{0}$，

$T\varepsilon_2=T(e_1-2e_2)=Te_1-2Te_2=-2e_2=-e_1+(e_1-2e_2)=-\frac{1}{2}\varepsilon_1+\varepsilon_2$，

$T\varepsilon_3=Te_3=e_3=\varepsilon_3$. $T(\varepsilon_1,\ \varepsilon_2,\ \varepsilon_3)=(\varepsilon_1,\ \varepsilon_2,\ \varepsilon_3)\begin{bmatrix}0&-\frac{1}{2}&0\\0&1&0\\0&0&1\end{bmatrix}$.

由式(7.5)，T 在该基下的矩阵为$\begin{bmatrix}0&-\frac{1}{2}&0\\0&1&0\\0&0&1\end{bmatrix}$.

由上例可见，同一个线性变换在不同基下的矩阵一般是不同的. 一般地，我们有

定理 7.8　设 n 维线性空间 V_n 的线性变换 T 在两组基

$$\varepsilon_1,\ \varepsilon_2,\ \cdots,\ \varepsilon_n \tag{7.7}$$

$$\eta_1,\ \eta_2,\ \cdots,\ \eta_n \tag{7.8}$$

下的矩阵分别为 A 和 B，从基(7.7)到基(7.8)的过渡矩阵为 P，则 $B=P^{-1}AP$(此时，A 与 B 相似).

证　由式(7.2)，$(\eta_1,\ \eta_2,\ \cdots,\ \eta_n)=(\varepsilon_1,\ \varepsilon_2,\ \cdots,\ \varepsilon_n)P$，且 P 为可逆矩阵. 由式(7.5)有

$$T(\varepsilon_1,\ \varepsilon_2,\ \cdots,\ \varepsilon_n)=(\varepsilon_1,\ \varepsilon_2,\ \cdots,\ \varepsilon_n)A,$$

$$T(\eta_1,\ \eta_2,\ \cdots,\ \eta_n)=(\eta_1,\ \eta_2,\ \cdots,\ \eta_n)B.$$

于是

$$\begin{aligned}(\eta_1,\ \eta_2,\ \cdots,\ \eta_n)B&=T(\eta_1,\ \eta_2,\ \cdots,\ \eta_n)\\&=T[(\varepsilon_1,\ \varepsilon_2,\ \cdots,\ \varepsilon_n)P]\\&=[T(\varepsilon_1,\ \varepsilon_2,\ \cdots,\ \varepsilon_n)]P\\&=(\varepsilon_1,\ \varepsilon_2,\ \cdots,\ \varepsilon_n)AP\\&=(\eta_1,\ \eta_2,\ \cdots,\ \eta_n)P^{-1}AP\end{aligned}$$

因为 η_1，η_2，$\cdots$，η_n 是一组基，所以必然线性无关，所以有

$$B=P^{-1}AP.$$

例 7.20　在例 7.19 中

$$(\varepsilon_1,\ \varepsilon_2,\ \varepsilon_3)=(e_1,\ e_2,\ e_3)\begin{bmatrix}2&1&0\\0&-2&0\\0&0&1\end{bmatrix},$$

所以基 e_1，e_2，e_3 到基 ε_1，ε_2，ε_3 的过渡矩阵 $P=\begin{bmatrix}2&0&0\\0&-2&0\\0&0&1\end{bmatrix}$. 因为 T 在基 e_1，e_2，e_3 下矩阵

为 $A=\begin{bmatrix}0&0&0\\0&1&0\\0&0&1\end{bmatrix}$，所以由定理 7.8，$T$ 在基 ε_1，ε_2，ε_3 下的矩阵为：

$$P^{-1}AP=\begin{bmatrix}2&1&0\\0&-2&0\\0&0&1\end{bmatrix}^{-1}\begin{bmatrix}0&0&0\\0&1&0\\0&0&1\end{bmatrix}\begin{bmatrix}2&1&0\\0&-2&0\\0&0&1\end{bmatrix}$$

$$=\begin{bmatrix}\frac{1}{2}&\frac{1}{4}&0\\0&-\frac{1}{2}&0\\0&0&1\end{bmatrix}\begin{bmatrix}0&0&0\\0&-2&0\\0&0&1\end{bmatrix}=\begin{bmatrix}0&-\frac{1}{2}&0\\0&1&0\\0&0&1\end{bmatrix}.$$

这与例 7.18 的结论是一致的.

定义 7.8 线性变换 T 的像空间 $T(V_n)$ 的维数，称为 T 的**秩**；T 的核 $T^{-1}(\mathbf{0})$ 的维数，称为 T 的**零度**.

显然，若 A 是 T 在一组基下的矩阵，则 T 的秩就是 $R(A)$. 若 T 的秩为 r，则 T 的零度为 $n-r$.

定义 7.9 线性变换 T 在一个基下的矩阵 A 的特征值，称为 T 的**特征值**.

因相似矩阵的特征值相同，故线性变换 T 的特征值与基的选择无关. 类似于矩阵，可讨论线性变换的特征值与特征向量.

小　结

一、本章内容结构

- 线性空间
  - 概念、性质
  - 基、维数、坐标
  - 变换（基变换、坐标变换）
- 线性变换
  - 概念
  - 矩阵表示

二、知识点小结

线性空间是线性代数最基本的概念之一，也是我们碰到的第一个抽象的概念. 在线性空间中，元素之间的联系是通过映射来实现的，而通常将线性空间到自身的映射称为变换. 线性变换是其中最基本、最重要的变换，它是线性代数的主要研究对象之一. 本章重点介绍了两方面的内容：线性空间的概念、性质，线性空间的基与坐标及其变换；线性变换的定义，线性变换的矩阵.

下面我们将构成线性空间的条件总结如下：

(1)线性空间中的元素，可以以向量作为研究的对象，也可以抽象成某些集合的形式，如矩阵、多项式、函数等.

(2)线性空间中所定义的加法与数量乘法(数乘)必须是封闭的，并且满足八条运算规律，缺一不可. 其实质就是元素的运算必须在线性空间内.

(3)在线性空间的表示中，线性组合、线性相关、线性无关都是重要的概念，它们只涉及元素的加法和数乘运算，与元素本身的属性无直接关系，因此在第 3 章，我们介绍的这些概念及有关性质可在线性空间中直接引用.

(4)一般说来，线性空间都有无穷多个元素，如何把这些无穷多个元素表达出来，它们的关系如何？这是线性空间的结构问题. 另一方面，线性空间是抽象的，如何将其元素与数发生联系并用具体的数学表达式表示元素，从而把元素之间的运算数量化？对线性空间的元素，运算必须通过基与坐标的建立，按照规定的运算法则才能实现数量运算.

(5)给定 n 维线性空间 V_n 的两组基，就可以确定基变换的过渡矩阵，以及同一向量在不同基下的坐标变换关系. 另外，线性变换把线性相关的向量组映成线性相关的向量组，即若 $\boldsymbol{\alpha}_1, \boldsymbol{\alpha}_2, \cdots, \boldsymbol{\alpha}_m$ 是 V 的一组线性相关的向量，则 $\boldsymbol{T\alpha}_1, \boldsymbol{T\alpha}_2, \cdots, \boldsymbol{T\alpha}_m$ 仍是线性相关的；但这个结论反过来不成立，也就是说，线性变换可能把线性无关的向量组也映成线性相关的向量组，例如零变换就是这样.

习　题

1. 检验以下集合对于所指的线性运算是否构成实数域上的线性空间？

(1)2 阶对称矩阵的全体，对于矩阵的加法和数量乘法；

(2)平面上全体向量，对于通常的加法和如下定义的数量乘法

$$k \cdot \boldsymbol{\alpha}=\boldsymbol{\alpha};$$

(3)全体实数对 $\{(a, b) \mid a, b \in \mathbf{R}\}$，对于如下定义的加法 $\oplus$ 和数量乘法 $\otimes$：

$$(a_1, b_1) \oplus (a_2, b_2)=(a_1+a_2, b_1+b_2+a_1a_2)$$

$$k \otimes (a_1, b_1)=\left(ka_1, kb_1+\frac{k(k-1)}{2}a_1^2\right).$$

2. 试判定下列各子集哪些为线性空间 $\mathbf{R}^n$ 的子空间？

(1) $W_1=\{\boldsymbol{x}=(x_1, x_2, \cdots, x_n)^{\mathrm{T}} \in \mathbf{R}^n \mid x_1+x_2+\cdots+x_n=0\}$；

(2) $W_2=\{\boldsymbol{x}=(x_1, x_2, \cdots, x_n)^{\mathrm{T}} \in \mathbf{R}^n \mid x_1x_2\cdots x_n=0\}$；

3. 设 U 是线性空间 V 的一个子空间，试证：若 U 与 V 的维数相等，则 $U=V$.

4. 设 $\boldsymbol{\alpha}_1, \boldsymbol{\alpha}_2, \cdots, \boldsymbol{\alpha}_r$ 是 n 维线性空间 V_n 的线性无关向量组，证明 V_n 中存在向量 $\boldsymbol{\alpha}_{r+1}, \cdots, \boldsymbol{\alpha}_n$，使 $\boldsymbol{\alpha}_1, \boldsymbol{\alpha}_2, \cdots, \boldsymbol{\alpha}_r, \boldsymbol{\alpha}_{r+1}, \cdots, \boldsymbol{\alpha}_n$ 成为 V_n 的一个基(对 $n-r$ 用数学归纳法).

5. 求 $\mathbf{R}^3$ 中向量 $\boldsymbol{\alpha}=(3, 7, 1)^{\mathrm{T}}$ 在基 $\boldsymbol{\alpha}_1=(1, 3, 5)^{\mathrm{T}}, \boldsymbol{\alpha}_2=(6, 3, 2)^{\mathrm{T}}, \boldsymbol{\alpha}_3=(3, 1, 0)^{\mathrm{T}}$ 下的坐标.

6. 在 $\mathbf{R}^3$ 中，取两个基

$$\boldsymbol{\alpha}_1=(1, 2, 1), \boldsymbol{\alpha}_2=(2, 3, 3), \boldsymbol{\alpha}_3=(3, 7, 1);$$

$$\boldsymbol{\beta}_1=(3,1,4),\boldsymbol{\beta}_2=(5,2,1),\boldsymbol{\beta}_3=(1,1,-6).$$

试求 $\boldsymbol{\alpha}_1,\boldsymbol{\alpha}_2,\boldsymbol{\alpha}_3$ 到 $\boldsymbol{\beta}_1,\boldsymbol{\beta}_2,\boldsymbol{\beta}_3$ 的过渡矩阵与坐标变换公式.

7. 在 $\mathbf{R}^4$ 中求基

$$\boldsymbol{\alpha}_1=(1,0,0,0)^{\mathrm{T}},\boldsymbol{\alpha}_2=(0,1,0,0)^{\mathrm{T}},\boldsymbol{\alpha}_3=(0,0,1,0)^{\mathrm{T}},\boldsymbol{\alpha}_4=(0,0,0,1)^{\mathrm{T}}$$

到基

$$\boldsymbol{\beta}_1=(2,1,-1,1)^{\mathrm{T}},\boldsymbol{\beta}_2=(0,3,1,0)^{\mathrm{T}},\boldsymbol{\beta}_3=(5,3,2,1)^{\mathrm{T}},\boldsymbol{\beta}_4=(6,6,1,3)^{\mathrm{T}}$$

的过渡矩阵，确定向量 $\boldsymbol{\xi}=(x_1,x_2,x_3,x_4)^{\mathrm{T}}$ 在后一个基下的坐标，并求一非零向量，使它在两组基下有相同的坐标.

8. 判别下面所定义的变换，哪些是线性变换，哪些不是?

(1) 在线性空间 $\boldsymbol{V}$ 中，$\boldsymbol{T}(\boldsymbol{\xi})=\boldsymbol{\xi}+\boldsymbol{\alpha}$，其中 $\boldsymbol{\alpha}\in V$ 是一固定向量;

(2) 在 $\mathbf{R}^3$ 中，$\boldsymbol{T}(\boldsymbol{\alpha})=\boldsymbol{\alpha}+(1,0,0)$，$\boldsymbol{\alpha}\in\mathbf{R}^3$;

(3) 在 $\mathbf{R}^{n\times n}$ 中，$\boldsymbol{T}(\boldsymbol{X})=\boldsymbol{BXC}$，其中 $\boldsymbol{B},\boldsymbol{C}\in\mathbf{R}^{n\times n}$ 是两个固定矩阵.

9. 在 n 维线性空间 $\mathbf{R}[x]_n$ 中，定义线性变换微分运算 $\Gamma(f(x))=f'(x)$，其中 $f(x)\in\mathbf{R}[x]_n$. 求 Γ 的值域与核.

10. 已知 $\mathbf{R}^3$ 中，$\boldsymbol{\eta}_1=(-1,0,2)^{\mathrm{T}}$，$\boldsymbol{\eta}_2=(0,1,1)^{\mathrm{T}}$，$\boldsymbol{\eta}_3=(3,-1,0)^{\mathrm{T}}$，定义线性变换 $\boldsymbol{T}$ 为

$$\begin{cases}\boldsymbol{T}(\boldsymbol{\eta}_1)=(-5,0,3)^{\mathrm{T}}\\ \boldsymbol{T}(\boldsymbol{\eta}_2)=(0,-1,6)^{\mathrm{T}}\\ \boldsymbol{T}(\boldsymbol{\eta}_3)=(-5,-1,9)^{\mathrm{T}}\end{cases}$$

求 $\boldsymbol{T}$ 在基 $\boldsymbol{\varepsilon}_1=(1,0,0)^{\mathrm{T}}$，$\boldsymbol{\varepsilon}_2=(0,1,0)^{\mathrm{T}}$，$\boldsymbol{\varepsilon}_3=(0,0,1)^{\mathrm{T}}$ 下的矩阵.

11. 给定线性空间 $\mathbf{R}^3$ 中的两组基

$$\boldsymbol{\varepsilon}_1=(1,0,1)^{\mathrm{T}},\boldsymbol{\varepsilon}_2=(2,1,0)^{\mathrm{T}},\boldsymbol{\varepsilon}_3=(1,1,1)^{\mathrm{T}}$$

$$\boldsymbol{\eta}_1=(1,2,-1)^{\mathrm{T}},\boldsymbol{\eta}_2=(2,2,-1)^{\mathrm{T}},\boldsymbol{\eta}_3=(2,-1,-1)^{\mathrm{T}}$$

求从基 $\boldsymbol{\varepsilon}_1,\boldsymbol{\varepsilon}_2,\boldsymbol{\varepsilon}_3$ 到基 $\boldsymbol{\eta}_1,\boldsymbol{\eta}_2,\boldsymbol{\eta}_3$ 的过渡矩阵.

附录　例题代码

第1章

随着时代的发展进步，线性代数中的很多问题已经可以用计算机程序来解决。这里我们介绍如何使用 Python 程序来解决线性代数中的一些问题。

为了方便起见，我们可以去 https://www.jetbrains.com.cn/pycharm 网站，下载 pycharm 的免费社区版，然后通过 pycharm 来下载 python，这样可以使用图形化界面来帮助处理，避免在命令行格式下运行程序的不便。

本书中的代码，均在 win11 操作系统，PyCharm Community Edition 2024.1.1 版，Python3.12.2 版，第三方库 sympy 1.12.1rc1 版下实现。

例 1.1　(1)计算 6742531 的逆序数，并指出其奇偶性.

代码：

```
num = 6742531
array = str(num)
count = 0
for i in range(len(array)):
    for j in range(i+1,len(array)):
        if array[i] > array[j]:
            count += 1
if count%2 == 0:
    flag='偶'
else:
    flag='奇'
print("{}的逆序数是{}，因而是{}排列".format(array,count,flag))
```

运行结果：

C:\Users\creat\PycharmProjects\pythonProject\.venv\Scripts\python.exe
C:\Users\creat\PycharmProjects\pythonProject\.venv\algebra\x1_1.py
6742531 的逆序数是 17，因而是奇排列

进程已结束，退出代码为 0

例 1.2　设 $\boldsymbol{D}=\begin{vmatrix}1 & \boldsymbol{\lambda}\\2 & \boldsymbol{\lambda}^2\end{vmatrix}$，则当 $\boldsymbol{\lambda}$ 为何值时，$D=0$？

代码：（需事先安装 sympy 库，后同）

```
from sympy import *
L=symbols("L")
A=Matrix([[1,L],[2,L*L]])
D=A.det()
sol=solve(D)
print("当 lamda 在{}中取值时, D=0".format(sol))
```

运行结果：

C:\Users\creat\PycharmProjects\pythonProject\.venv\Scripts\python.exe
C:\Users\creat\PycharmProjects\pythonProject\.venv\algebra\x1_2.py
当 lamda 在[0, 2]中取值时，D=0

进程已结束，退出代码为 0

例 1.3　计算行列式

$$D=\begin{vmatrix}-3 & 0 & 4\\2 & -2 & -1\\-1 & 0 & 5\end{vmatrix}.$$

代码：

```
from sympy import *
A=Matrix([[-3,0,4],[2,-2,-1],[-1,0,5]])
D = A.det()
print("行列式 D 的值为{}".format(D))
```

运行结果：

C:\Users\creat\PycharmProjects\pythonProject\.venv\Scripts\python.exe
C:\Users\creat\PycharmProjects\pythonProject\.venv\algebra\x1_3.py
行列式 D 的值为 22

进程已结束，退出代码为 0

例 1.4　计算四阶行列式

$$D=\begin{vmatrix}a_{11} & 0 & 0 & 0\\a_{21} & a_{22} & 0 & 0\\a_{31} & a_{32} & a_{33} & 0\\a_{41} & a_{42} & a_{43} & a_{44}\end{vmatrix}.$$

代码：

```
from sympy import *
a11,a21,a22,a31,a32,a33,a41,a42,a43,a44=symbols("a11 a21 a22 a31 a32 a33 a41 a42 a43 a44")
A=Matrix([[a11,0,0,0],[a21,a22,0,0],[a31,a32,a33,0],[a41,a42,a43,a44]])
D=A.det()
print("行列式 D={}".format(D))
```

运行结果：

```
C:\Users\creat\PycharmProjects\pythonProject\.venv\Scripts\python.exe
C:\Users\creat\PycharmProjects\pythonProject\.venv\algebra\x1_4.py
行列式 D=a11*a22*a33*a44

进程已结束，退出代码为 0
```

例 1.7 计算四阶行列式

$$D=\begin{vmatrix} 0 & b & 0 & b \\ b & 0 & b & 0 \\ a & 0 & -a & -b \\ 0 & a & -b & -a \end{vmatrix}.$$

代码：

```
from sympy import *
a,b=symbols("a b")
A=Matrix([[0,b,0,b],[b,0,b,0],[a,0,-a,-b],[0,a,-b,-a]])
D=A.det()
print("行列式 D={}".format(D))
```

运行结果：

```
C:\Users\creat\PycharmProjects\pythonProject\.venv\Scripts\python.exe
C:\Users\creat\PycharmProjects\pythonProject\.venv\algebra\x1_7.py
行列式 D=-4*a**2*b**2 + b**4

进程已结束，退出代码为 0
```

例 1.8 计算行列式

$$D=\begin{vmatrix} 1 & x & y & z \\ x & 1 & 0 & 0 \\ y & 0 & 1 & 0 \\ z & 0 & 0 & 1 \end{vmatrix}.$$

代码：

```
from sympy import *
x,y,z=symbols("x y z")
A=Matrix([[1,x,y,z],[x,1,0,0],[y,0,1,0],[z,0,0,1]])
D=A.det()
print("行列式 D={}".format(D))
```

运行结果：

```
C:\Users\creat\PycharmProjects\pythonProject\.venv\Scripts\python.exe
C:\Users\creat\PycharmProjects\pythonProject\.venv\algebra\x1_8.py
行列式 D=-x**2 - y**2 - z**2 + 1

进程已结束,退出代码为 0
```

例 1.9 计算行列式

$$D=\begin{vmatrix}1 & -1 & 2 & -3 & 1\\ -3 & 3 & -7 & 9 & -5\\ 2 & 0 & 4 & -2 & 1\\ 3 & -5 & 7 & -14 & 6\\ 4 & -4 & 10 & -10 & 2\end{vmatrix}.$$

代码：

```
from sympy import *
A=Matrix([[1,-3,2,3,4],[-1,3,0,-5,-4],[2,-7,4,7,10],[-3,9,-2,-14,-
10],[1,-5,1,6,2]])
D = A.det()
print("行列式 D 的值为{}".format(D))
```

运行结果：

```
C:\Users\creat\PycharmProjects\pythonProject\.venv\Scripts\python.exe
C:\Users\creat\PycharmProjects\pythonProject\.venv\algebra\x1_9.py
行列式 D 的值为 12

进程已结束,退出代码为 0
```

例 1.10 计算行列式

$$D=\begin{vmatrix}2 & 0 & 0 & 3\\ 3 & 1 & 0 & 0\\ 5 & 0 & 1 & 0\\ 0 & 1 & 3 & 2\end{vmatrix}.$$

代码:

```
from sympy import *
A=Matrix([[2,0,0,3],[3,1,0,0],[5,0,1,0],[0,1,3,2]])
print("D的代数余子式是:")
for i in range(shape(A)[0]):
    for j in range(shape(A)[1]):
        print("A{}{}={},".format(i+1,j+1,A.cofactor(i,j)),end="")
    print("\b")
B=A.adjugate()
print("D的伴随矩阵是A*=det({})".format(B))
D=0
print("D=",end="")
for i in range(A.shape[1]):
    print("a1{}*A1{}+".format(i+1,i+1),end="")
print("\b=",end="")
for i in range(A.shape[1]):
    D= D+ A[0,i]*B[i,0]
    print("({})*({})+".format(A[0,i],B[i,0]),end="")
print("\b={}".format(D))
```

运行结果:

C:\Users\creat\PycharmProjects\pythonProject\.venv\Scripts\python.exe

C:\Users\creat\PycharmProjects\pythonProject\.venv\algebra\x1_10.py

D的代数余子式是:

A11=2,A12=-6,A13=-10,A14=18,

A21=3,A22=49,A23=-15,A24=-2,

A31=9,A32=-27,A33=13,A34=-6,

A41=-3,A42=9,A43=15,A44=2,

D的伴随矩阵是A*=det(Matrix([[2, 3, 9, -3], [-6, 49, -27, 9], [-10, -15, 13, 15], [18, -2, -6, 2]]))

D=a11*A11+a12*A12+a13*A13+a14*A14=(2)*(2)+(0)*(-6)+(0)*(-10)+(3)*(18)=58

进程已结束, 退出代码为 0

例 1.11　计算行列式

$$D=\begin{vmatrix} a & b & 0 & 0 \\ 0 & a & -b & 0 \\ 0 & 0 & -a & -b \\ b & 0 & 0 & -a \end{vmatrix}.$$

代码：

```
from sympy import *
a,b=symbols("a b")
A=Matrix([[a,b,0,0],[0,a,-b,0],[0,0,-a,-b],[b,0,0,-a]])
B=A.adjugate()
D=0
print("D=",end="")
for i in range(A.shape[1]):
    print("a1{}*A1{}+".format(i+1,i+1),end="")
print("\b=",end="")
for i in range(A.shape[1]):
    D= D+ A[0,i]*B[i,0]
    print("({})*({})+".format(A[0,i],B[i,0]),end="")
print("\b={}".format(D))
```

运行结果：

C:\Users\creat\PycharmProjects\pythonProject\.venv\Scripts\python.exe

C:\Users\creat\PycharmProjects\pythonProject\.venv\algebra\x1_11.py

D=a11*A11+a12*A12+a13*A13+a14*A14=(a)*(a**3)+(b)*(-b**3)+(0)*(-a*b**2)+(0)*(a**2*b)=a**4 - b**4

进程已结束，退出代码为 0

例 1.12 计算行列式(**加边法**)

$$D=\begin{vmatrix}1+a & 1 & 1 & 1\\ 1 & 1-a & 1 & 1\\ 1 & 1 & 1+b & 1\\ 1 & 1 & 1 & 1-b\end{vmatrix}.$$

代码：

```
from sympy import *
a,b=symbols("a b")
A=Matrix([[1+a,1,1,1],[1,1-a,1,1],[1,1,1+b,1],[1,1,1,1-b]])
D=A.det()
print("行列式 D 的值为{}".format(D))
```

运行结果：

C:\Users\creat\PycharmProjects\pythonProject\.venv\Scripts\python.exe

C:\Users\creat\PycharmProjects\pythonProject\.venv\algebra\x1_12.py

行列式 D 的值为 a**2*b**2

进程已结束，退出代码为 0

例 1.13　求方程 $f(x)=0$ 的根，其中

$$f(x)=\begin{vmatrix} x-1 & x-2 & x-1 & x \\ x-2 & x-3 & x-2 & x-1 \\ x-3 & x-6 & x-5 & x-4 \\ x-4 & x-8 & 2x-6 & x-7 \end{vmatrix}.$$

代码：

```
from sympy import *
x=symbols("x")
A=Matrix([[x-1,x-2,x-3,x-4],[x-2,x-3,x-6,x-8],[x-1,x-2,x-5,2*x-6],
[x,x-1,x-4,x-7]])
D=A.det()
sol=solve(D)
print("方程 f(x)=0 的根为:{}".format(sol[0]))
```

运行结果：

C:\Users\creat\PycharmProjects\pythonProject\.venv\Scripts\python.exe
C:\Users\creat\PycharmProjects\pythonProject\.venv\algebra\x1_13.py
方程 f(x)=0 的根为:-3/2

进程已结束，退出代码为 0

例 1.16　解线性方程组

$$\begin{cases} x_1+x_2+x_3=5, \\ 2x_1+x_2-x_3+x_4=1, \\ x_1+2x_2-x_3+x_4=2, \\ x_2+2x_3+3x_4=3. \end{cases}$$

代码：

```
from sympy import *
A=Matrix([[1,1,1,0],[2,1,-1,1],[1,2,-1,1],[0,1,2,3]])
b=Matrix([5,1,2,3])
D=A.det()
print("方程组的解为:",end='')
for i in range(len(b)):
    t1=Matrix([[1,1,1,0],[2,1,-1,1],[1,2,-1,1],[0,1,2,3]])
    t1.col_del(i)
    t1=t1.col_insert(i,b)
    t2=t1.det()
    print("x{}=D{}/D={}/{}={},".format(i+1,i+1,t2,D,t2/D),end='')
print("\b.")
```

运行结果:

C:\Users\creat\PycharmProjects\pythonProject\. venv\Scripts\python. exe
C:\Users\creat\PycharmProjects\pythonProject\. venv\algebra\x1_16. py
方程组的解为:
x1=D1/D=18/18=1,x2=D2/D=36/18=2,x3=D3/D=36/18=2,x4=D4/D=-18/18=-1.

进程已结束,退出代码为 0

例 1.17 问 λ 为何值时,齐次线性方程组

$$\begin{cases}(1-\lambda)x_1+2x_2+x_3=0,\\x_1+(2-\lambda)x_2+x_3=0,\\x_1-x_2+(5-\lambda)x_3=0\end{cases}$$

有非零解?

代码:

```
from sympy import *
L=symbols("L")
A=Matrix([[1-L,2,1],[1,2-L,1],[1,-1,5-L]])
D=A.det()
sol=solve(D)
print("当 lambda 在{}中取值时,齐次线性方程组有非零解".format(sol))
```

运行结果:

C:\Users\creat\PycharmProjects\pythonProject\. venv\Scripts\python. exe
C:\Users\creat\PycharmProjects\pythonProject\. venv\algebra\x1_17. py
当 lambda 在[0, 3, 5]中取值时,齐次线性方程组有非零解

进程已结束,退出代码为 0

第 2 章

例 2.1

$$A=\begin{bmatrix}1&0&2\\3&1&0\end{bmatrix},\ B=\begin{bmatrix}2&1\\1&4\\0&3\end{bmatrix}$$

求 AB.

代码:

```
from sympy import *
A = Matrix([[1, 0, 2], [3, 1, 0]])
B = Matrix([[2, 1], [1, 4], [0, 3]])
print("AB={}".format(A * B))
```

运行结果:

C:\Users\creat\PycharmProjects\pythonProject\.venv\Scripts\python.exe
C:\Users\creat\PycharmProjects\pythonProject\.venv\algebra\x2_1.py
AB=Matrix([[2, 7], [7, 7]])

进程已结束，退出代码为 0

例 2.3　已知 $A=\begin{bmatrix}-2&4\\1&-2\end{bmatrix}$, $B=\begin{bmatrix}2&4\\-3&-6\end{bmatrix}$求 AB 与 BA.

代码:

```
from sympy import *
A = Matrix([[-2, 4], [1, -2]])
B = Matrix([[2, 4], [-3, -6]])
print("AB={}".format(A * B))
print("BA={}".format(B * A))
```

运行结果:

C:\Users\creat\PycharmProjects\pythonProject\.venv\Scripts\python.exe
C:\Users\creat\PycharmProjects\pythonProject\.venv\algebra\x2_3.py
AB=Matrix([[-16, -32], [8, 16]])
BA=Matrix([[0, 0], [0, 0]])

进程已结束，退出代码为 0

例 2.5　设 $A=\begin{bmatrix}1&-1&2\\1&0&3\\-1&2&-1\end{bmatrix}$, $B=\begin{bmatrix}1&1\\2&-1\\3&2\end{bmatrix}$, 那么 $AB=\begin{bmatrix}5&6\\10&7\\0&-5\end{bmatrix}$,

$$A^{\mathrm{T}}=\begin{bmatrix}1&1&-1\\-1&0&2\\2&3&-1\end{bmatrix},\ B^{\mathrm{T}}=\begin{bmatrix}1&2&3\\1&-1&2\end{bmatrix},B^{\mathrm{T}}A^{\mathrm{T}}=\begin{bmatrix}5&10&0\\6&7&-5\end{bmatrix}=(AB)^{\mathrm{T}}.$$

代码:

```
from sympy import *
A = Matrix([[1,-1,2],[1,0,3],[-1,2,-1]])
B = Matrix([[1,1], [2,-1],[3,2]])
AB = A * B
AT=A.T
BT=B.T
BTAT=BT * AT
ABT=AB.T
print("AB={}".format(AB))
print("A^T={}".format(AT))
print("B^T={}".format(BT))
print("B^TA^T={}".format(BTAT))
print("(AB)^T={}".format(ABT))
if BTAT==ABT:
    print("B^TA^T=(AB)^T")
```

运行结果:

```
C:\Users\creat\PycharmProjects\pythonProject\.venv\Scripts\python.exe
C:\Users\creat\PycharmProjects\pythonProject\.venv\algebra\x2_5.py
AB=Matrix([[5, 6], [10, 7], [0, -5]])
A^T=Matrix([[1, 1, -1], [-1, 0, 2], [2, 3, -1]])
B^T=Matrix([[1, 2, 3], [1, -1, 2]])
B^TA^T=Matrix([[5, 10, 0], [6, 7, -5]])
(AB)^T=Matrix([[5, 10, 0], [6, 7, -5]])
B^TA^T=(AB)^T

进程已结束,退出代码为 0
```

例 2.7 已知 $A=\begin{bmatrix}1&3\\2&-2\end{bmatrix}$, $B=\begin{bmatrix}2&5\\3&4\end{bmatrix}$, 求 $|AB|$, $|BA|$.

代码:

```
from sympy import *
A=Matrix([[1,3],[2,-2]])
B=Matrix([[2,5],[3,4]])
AB=A * B
BA=B * A
```

```
DAB=AB.det()
DBA=BA.det()
print("AB={}".format(AB))
print("BA={}".format(BA))
print("|AB|={}".format(DAB))
print("|BA|={}".format(DBA))
if DAB==DBA:
    print("|AB|=|BA|")
```

运行结果:

```
C:\Users\creat\PycharmProjects\pythonProject\.venv\Scripts\python.exe
C:\Users\creat\PycharmProjects\pythonProject\.venv\algebra\x2_7.py
AB=Matrix([[11, 17], [-2, 2]])
BA=Matrix([[12, -4], [11, 1]])
|AB|=56
|BA|=56
|AB|=|BA|

进程已结束,退出代码为 0
```

例 2.8　设矩阵

$$\boldsymbol{A}=\begin{bmatrix} a & b & c & d \\ -b & a & -d & c \\ -c & d & a & -b \\ -d & -c & b & a \end{bmatrix}$$

代码:

```
from sympy import *
a,b,c,d=symbols("a b c d")
A=Matrix([[a,b,c,d],[-b,a,-d,c],[-c,d,a,-b],[-d,-c,b,a]])
D=A.det()
print("A 的行列式是{}".format(D))
```

运行结果:

```
C:\Users\creat\PycharmProjects\pythonProject\.venv\Scripts\python.exe
C:\Users\creat\PycharmProjects\pythonProject\.venv\algebra\x2_8.py
A 的行列式是a**4 + 2*a**2*b**2 + 2*a**2*c**2 + 2*a**2*d**2 + b**4 + 2*b**2*c**2 + 2*b**2*d**2 + c**4 + 2*c**2*d**2 + d**4

进程已结束,退出代码为 0
```

例 2.9 求方阵

$$A=\begin{bmatrix}2&2&3\\1&-1&0\\-1&2&1\end{bmatrix}$$

的逆矩阵 A^{-1}.

代码:

```
from sympy import *
A=Matrix([[2,2,3],[1,-1,0],[-1,2,1]])
D=A.det()
if D==0:
    print("A 没有逆矩阵")
else:
    AX=A.adjugate()
    t=A.shape[0]
    for i in range(t):
        for j in range(t):
            print("A{}{}={}\t".format(i+1,j+1,A.cofactor(i,j)),end="")
        print("")
    print("A 的伴随矩阵为{}".format(AX))
    A_1=1/D*AX
    print("A 的逆矩阵为{}".format(A_1))
```

运行结果:

```
C:\Users\creat\PycharmProjects\pythonProject\.venv\Scripts\python.exe
C:\Users\creat\PycharmProjects\pythonProject\.venv\algebra\x2_9.py
A11=-1   A12=-1   A13=1
A21=4    A22=5    A23=-6
A31=3    A32=3    A33=-4
A 的伴随矩阵为Matrix([[-1, 4, 3], [-1, 5, 3], [1, -6, -4]])
A 的逆矩阵为Matrix([[1, -4, -3], [1, -5, -3], [-1, 6, 4]])

进程已结束,退出代码为 0
```

例 2.10 设

$$A=\begin{bmatrix}1&2&3\\2&2&1\\3&4&3\end{bmatrix},\ B=\begin{bmatrix}2&1\\5&3\end{bmatrix},\ C=\begin{bmatrix}1&3\\2&0\\3&1\end{bmatrix},$$

求矩阵 X 使满足 $AXB=C$.

代码：

```
from sympy import *
A=Matrix([[1,2,3],[2,2,1],[3,4,3]])
B=Matrix([[2,1],[5,3]])
C=Matrix([[1,3],[2,0],[3,1]])
detA=A.det()
detB=B.det()
print("A 的行列式为{}, B 的行列式为{}".format(detA,detB))
if detA==0 | detB==0:
    print("矩阵方程无解")
else:
    A_1=A**(-1)
    B_1=B**(-1)
    print("A 的逆矩阵为{},B 的逆矩阵为{}".format(A_1,B_1))
    print("矩阵方程解为 X=A^(-1)CB^(-1)={}".format(A_1*C*B_1))
```

运行结果：

C:\Users\creat\PycharmProjects\pythonProject\.venv\Scripts\python.exe

C:\Users\creat\PycharmProjects\pythonProject\.venv\algebra\x2_10.py

A 的行列式为 2, B 的行列式为 1

A 的逆矩阵为 Matrix([[1, 3, -2], [-3/2, -3, 5/2], [1, 1, -1]]),B 的逆矩阵为 Matrix([[3, -1], [-5, 2]])

矩阵方程解为 X=A^(-1)CB^(-1)=Matrix([[-2, 1], [10, -4], [-10, 4]])

进程已结束, 退出代码为 0

例 2.11

$$\boldsymbol{A}=\begin{bmatrix}1&0&0&0\\0&1&0&0\\-1&2&1&0\\1&1&0&1\end{bmatrix},\ \boldsymbol{B}=\begin{bmatrix}1&0&1&0\\-1&2&0&1\\1&0&4&1\\-1&-1&2&0\end{bmatrix},$$

求 $\boldsymbol{AB}$.

代码：

```
from sympy import *
A=Matrix([[1,0,0,0],[0,1,0,0],[-1,2,1,0],[1,1,0,1]])
B=Matrix([[1,0,1,0],[-1,2,0,1],[1,0,4,1],[-1,-1,2,0]])
print("AB={}".format(A*B))
```

运行结果：

C:\Users\creat\PycharmProjects\pythonProject\.venv\Scripts\python.exe

C:\Users\creat\PycharmProjects\pythonProject\.venv\algebra\x2_11.py
AB=Matrix([[1, 0, 1, 0], [-1, 2, 0, 1], [-2, 4, 3, 3], [-1, 1, 3, 1]])

进程已结束，退出代码为 0

例 2.12 设 $\boldsymbol{A}=\begin{bmatrix}5&0&0\\0&3&1\\0&2&1\end{bmatrix}$，求 $\boldsymbol{A}^{-1}$.

代码：

```
from sympy import *
try:
    A=Matrix([[5,0,0],[0,3,1],[0,2,1]])
    B=A.inv()
except:
    print("A 没有逆矩阵")
else:
    print("A 的逆矩阵是{}".format(B))
```

运行结果：

C:\Users\creat\PycharmProjects\pythonProject\.venv\Scripts\python.exe
C:\Users\creat\PycharmProjects\pythonProject\.venv\algebra\x2_12.py
A 的逆矩阵是 Matrix([[1/5, 0, 0], [0, 1, -1], [0, -2, 3]])

进程已结束，退出代码为 0

例 2.14 求解线性方程组

$$\begin{cases}6x_1+3x_2=3, & (2.1)\\ x_1+2x_2=5. & (2.2)\end{cases}$$

代码：

```
from sympy import *
x1,x2 =symbols("x1 x2")
eqs=[Eq(6*x1+3*x2,3),Eq(x1+2*x2,5)]
sol=solve(eqs,x1,x2)
print("方程组的解为:{}".format(sol))
```

运行结果：

C:\Users\creat\PycharmProjects\pythonProject\.venv\Scripts\python.exe
C:\Users\creat\PycharmProjects\pythonProject\.venv\algebra\x2_14.py
方程组的解为:{x1: -1, x2: 3}

进程已结束，退出代码为 0

例 2.15 已知 $\boldsymbol{A}=\begin{bmatrix}3&2&9&6\\-1&-3&4&-17\\1&4&-7&3\\-1&-4&7&-3\end{bmatrix}$，对其作初等行变换化为行阶梯形和行最简形。

代码：

```
from sympy import *
A=Matrix([[3,2,9,6],[-1,-3,4,-17],[1,4,-7,3],[-1,-4,7,-3]])
B=A.echelon_form()
C=A.rref()[0]
print("A矩阵的行阶梯形为{}".format(B))
print("A矩阵的行最简形为{}".format(C))
```

运行结果：

C:\Users\creat\PycharmProjects\pythonProject\.venv\Scripts\python.exe

C:\Users\creat\PycharmProjects\pythonProject\.venv\algebra\x2_15.py

A 矩阵的行阶梯形为 Matrix([[3, 2, 9, 6], [0, -7, 21, -45], [0, 0, 0, 429], [0, 0, 0, 0]])

A 矩阵的行最简形为 Matrix([[1, 0, 5, 0], [0, 1, -3, 0], [0, 0, 0, 1], [0, 0, 0, 0]])

进程已结束，退出代码为 0

注意：本题求出的行阶梯形与教材不同，说明行阶梯形不是唯一的，但行最简形和教材相同，说明行最简形是唯一的.

例 2.16 设

$$\boldsymbol{A}=\begin{bmatrix}0&1&2\\1&1&4\\2&-1&0\end{bmatrix}，求 \boldsymbol{A}^{-1}.$$

代码：

```
from sympy import *
A = Matrix([[0,1,2],[1,1,4],[2,-1,0]])
E = eye(3)
AE = A.row_join(E)
EA_1 = AE.rref()[0]
A_1 = EA_1.col([3,4,5])
print("对(A|E)作初等行变换化行最简形为(E|A^(-1))={}".format(EA_1))
print("A的逆矩阵为{}".format(A_1))
```

运行结果：

C:\Users\creat\PycharmProjects\pythonProject\.venv\Scripts\python.exe

C:\Users\creat\PycharmProjects\pythonProject\.venv\algebra\x2_16.py

对(A|E)作初等行变换化行最简形为(E|A^(-1))=Matrix([[1, 0, 0, 2, -1, 1], [0, 1, 0, 4, -2, 1], [0, 0, 1, -3/2, 1, -1/2]])

A 的逆矩阵为 Matrix([[2, -1, 1], [4, -2, 1], [-3/2, 1, -1/2]])

进程已结束，退出代码为 0

例 2.17 在矩阵

$$A=\begin{bmatrix}1&1&3&6&1\\0&1&-2&4&0\\0&0&0&5&3\\0&1&1&0&2\end{bmatrix}$$

中，选定第 1，3 行和第 3，4 列，则位于其交叉位置的元素所组成的 2 阶行列式

$$\begin{vmatrix}3&6\\0&5\end{vmatrix}$$

就是 $\boldsymbol{A}$ 的一个 2 阶子式。

代码：

```
from sympy import *
A=Matrix([[1,1,3,6,1],[0,1,-2,4,0],[0,0,0,5,3],[0,1,1,0,2]])
row=Matrix([1,3])
col=Matrix([3,4])
B=A.row([row[0]-1,row[1]-1])
C=B.col([col[0]-1,col[1]-1])
D=C.det()
print("选定第{},{}行和第{},{}列的 2 阶子式为 det({})={}".format(row[0],
row[1],col[0],col[1],C,D))
```

运行结果：

C:\Users\creat\PycharmProjects\pythonProject\.venv\Scripts\python.exe

C:\Users\creat\PycharmProjects\pythonProject\.venv\algebra\x2_17.py

选定第 1,3 行和第 3,4 列的 2 阶子式为 det(Matrix([[3, 6], [0, 5]]))=15

进程已结束，退出代码为 0

例 2.18 求矩阵

$$A=\begin{bmatrix}1&2&3\\2&3&-5\\4&7&1\end{bmatrix}$$

的秩.

代码:

```
from sympy import *
A=Matrix([[1,2,3],[2,3,-5],[4,7,1]])
print("A 的秩为{}".format(A.rank()))
```

运行结果:

C:\Users\creat\PycharmProjects\pythonProject\.venv\Scripts\python.exe
C:\Users\creat\PycharmProjects\pythonProject\.venv\algebra\x2_18.py
A 的秩为 2

进程已结束，退出代码为 0

例 2.19 求矩阵

$$A=\begin{bmatrix}2&-1&0&3&-2\\0&3&1&-2&5\\0&0&0&4&-3\\0&0&0&0&0\end{bmatrix}$$

的秩.

代码:

```
from sympy import *
A=Matrix([[2,-1,0,3,-2],[0,3,1,-2,5],[0,0,0,4,-3],[0,0,0,0,0]])
print("A 的秩为{}".format(A.rank()))
```

运行结果:

C:\Users\creat\PycharmProjects\pythonProject\.venv\Scripts\python.exe
C:\Users\creat\PycharmProjects\pythonProject\.venv\algebra\x2_19.py
A 的秩为 3

进程已结束，退出代码为 0

例 2.20 设 $A=\begin{bmatrix}3&2&0&5&0\\3&-2&3&6&-1\\2&0&1&5&-3\\1&6&-4&-1&4\end{bmatrix}$，求 $R(A)$.

代码:

```
from sympy import *
A=Matrix([[3,2,0,5,0],[3,-2,3,6,-1],[2,0,1,5,-3],[1,6,-4,-1,4]])
B=A.echelon_form()
print("A 的行阶梯形为{}".format(B))
R=A.rank()
print("A 的秩为{}".format(R))
```

运行结果:

C:\Users\creat\PycharmProjects\pythonProject\. venv\Scripts\python. exe

C:\Users\creat\PycharmProjects\pythonProject\. venv\algebra\x2_20. py

A 的行阶梯形为 Matrix([[3, 2, 0, 5, 0], [0, -12, 9, 3, -3], [0, 0, 0, -48, 96], [0, 0, 0, 0, 0]])

A 的秩为 3

进程已结束, 退出代码为 0

例 2.21 设

$$A=\begin{bmatrix}1 & -1 & 1 & 2\\ 3 & \lambda & -1 & 2\\ 5 & 3 & \mu & 6\end{bmatrix}, \text{已知} R(A)=2, \text{求} \lambda \text{与} \mu \text{的值}.$$

代码:

```
from sympy import *
L,M=symbols("L M")
A=Matrix([[1,-1,1,2],[3,L,-1,2],[5,3,M,6]])
B=A.col([0,1,3])
sol1=solve(B.det())
C=A.col([0,2,3])
sol2=solve(C.det())
print("Lamda={},Mu={}".format(sol1[0],sol2[0]))
```

运行结果:

C:\Users\creat\PycharmProjects\pythonProject\. venv\Scripts\python. exe

C:\Users\creat\PycharmProjects\pythonProject\. venv\algebra\x2_21. py

Lamda=5,Mu=1

进程已结束, 退出代码为 0

第3章

例 3.1 设$\boldsymbol{\alpha}_1=(1, 1, 0, 2)$,$\boldsymbol{\alpha}_2=(0, 1, 1, 3)$，求$2\boldsymbol{\alpha}_1+3\boldsymbol{\alpha}_2$.

代码：

```
from sympy import *
alpha1=Matrix([[1,1,0,2]])
alpha2=Matrix([[0,1,1,3]])
print(2*alpha1+3*alpha2)
```

运行结果：

C:\Users\creat\PycharmProjects\pythonProject\.venv\Scripts\python.exe

C:\Users\creat\PycharmProjects\pythonProject\.venv\algebra\x3_1.py

Matrix([[2, 5, 3, 13]])

进程已结束，退出代码为 0

例 3.2 设$\boldsymbol{\alpha}_1=(1, 2, 3)$,$\boldsymbol{\alpha}_2=(2, 3, 1)$,$\boldsymbol{\alpha}_3=(3, 1, 2)$,$\boldsymbol{\beta}=(0, 4, 2)$. 试问$\boldsymbol{\beta}$能否由$\boldsymbol{\alpha}_1$，$\boldsymbol{\alpha}_2$，$\boldsymbol{\alpha}_3$线性表出？若能，写出具体表达式.

代码：

```
from sympy import *
k1,k2,k3=symbols("k1 k2 k3")
alpha1=Matrix([1,2,3])
alpha2=Matrix([2,3,1])
alpha3=Matrix([3,1,2])
beta=Matrix([0,4,2])
equation=Eq(k1*alpha1+k2*alpha2+k3*alpha3,beta)
sol=solve((equation),(k1,k2,k3))
if sol==[]:
    print("beta 不能由 alpha1,alpha2,alpha3 线性表出")
else:
    print("beta 可以由 alpha1,alpha2,alpha3 线性表出，具体表达式为 beta=k1*alpha1+k2*alpha2+k3*alpha3，其中{}".format(sol))
```

运行结果：

C:\Users\creat\PycharmProjects\pythonProject\.venv\Scripts\python.exe

C:\Users\creat\PycharmProjects\pythonProject\.venv\algebra\x3_2.py

beta 可以由 alpha1,alpha2,alpha3 线性表出，具体表达式为 beta=k1*alpha1+k2*alpha2+k3*alpha3，其中{k1: 1, k2: 1, k3: -1}

进程已结束，退出代码为 0

例 3.3 设 $\boldsymbol{\alpha}=(2,-3,0)$, $\boldsymbol{\beta}=(0,-1,2)$, $\boldsymbol{\gamma}=(0,-7,-4)$, 试问 $\boldsymbol{\gamma}$ 能否由 $\boldsymbol{\alpha}$, $\boldsymbol{\beta}$ 线性表出?

代码:

```
from sympy import *
k1,k2=symbols("k1 k2")
alpha=Matrix([2,-3,0])
beta=Matrix([0,-1,2])
gamma=Matrix([0,-7,-4])
equation=Eq(k1 * alpha+k2 * beta,gamma)
sol=solve((equation),(k1,k2))
if sol==[]:
    print("gamma 不能由 alpha,beta 线性表出")
else:
    print("gamma 可以由 alpha,beta 线性表出, 具体表达式为 gamma=k1 * alpha+k2 * beta, 其中{}".format(sol))
```

运行结果:

```
C:\Users\creat\PycharmProjects\pythonProject\.venv\Scripts\python.exe
C:\Users\creat\PycharmProjects\pythonProject\.venv\algebra\x3_3.py
gamma 不能由 alpha,beta 线性表出

进程已结束, 退出代码为 0
```

例 3.5 判断向量组

$$\boldsymbol{\alpha}_1=(1,1,1),\ \boldsymbol{\alpha}_2=(0,2,5),\ \boldsymbol{\alpha}_3=(1,3,6)$$

的线性相关性.

代码:

```
from sympy import *
k1,k2,k3=symbols("k1 k2 k3")
alpha1=Matrix([1,1,1])
alpha2=Matrix([0,2,5])
alpha3=Matrix([1,3,6])
sol=solve(k1 * alpha1+k2 * alpha2+k3 * alpha3)
if sol=={k1: 0, k2: 0, k3: 0}:
    print("alpha1,alpha2,alpha3 线性无关")
else:
    print("alpha1,alpha2,alpha3 线性相关, 表达式为 k1 * alpha1+k2 * alpha2+k3 * alpha3=0, 其中{}".format(sol))
```

运行结果：

C：\Users\creat\PycharmProjects\pythonProject\.venv\Scripts\python.exe
C：\Users\creat\PycharmProjects\pythonProject\.venv\algebra\x3_5.py
alpha1,alpha2,alpha3 线性相关，表达式为 k1 * alpha1+k2 * alpha2+k3 * alpha3=0，其中{k1：-k3，k2：-k3}

进程已结束，退出代码为 0

例 3.6　设向量组 $\boldsymbol{\alpha}$，$\boldsymbol{\beta}$，$\boldsymbol{\gamma}$ 线性无关，试证向量组 $\boldsymbol{\alpha}+\boldsymbol{\beta}$，$\boldsymbol{\beta}+\boldsymbol{\gamma}$，$\boldsymbol{\alpha}+\boldsymbol{\gamma}$ 也线性无关.

代码：

```
from sympy import *
k1,k2,k3=symbols("k1 k2 k3")
sol=solve([k1+k3,k1+k2,k2+k3],[k1,k2,k3])
if sol=={k1: 0, k2: 0, k3: 0}:
    print("alpha+beta,beta+gamma,alpha+gamma 也线性无关")
else:
    print("alpha+beta,beta+gamma,alpha+gamma 线性相关，表达式为 k1*(alpha+beta)+k2*(beta+gamma)+k3*(alpha+gamma)=0，其中{}".format(sol))
```

运行结果：

C：\Users\creat\PycharmProjects\pythonProject\.venv\Scripts\python.exe
C：\Users\creat\PycharmProjects\pythonProject\.venv\algebra\x3_6.py
alpha+beta,beta+gamma,alpha+gamma 也线性无关

进程已结束，退出代码为 0

例 3.7　讨论下列矩阵的行向量组的线性相关性：

$$\boldsymbol{B}=\begin{bmatrix}1&2&3\\2&2&1\\3&4&3\end{bmatrix},\ \boldsymbol{C}=\begin{bmatrix}1&3&-2\\0&2&-1\\-2&0&1\end{bmatrix}.$$

代码：

```
from sympy import *
B=Matrix([[1,2,3],[2,2,1],[3,4,3]])
C=Matrix([[1,3,-2],[0,2,-1],[-2,0,1]])
L=[B,C]
for i in range(len(L)):
    if L[i].det()==0:
        print("因为{}矩阵的行列式为0，所以行向量组线性相关".format(L[i]))
    else:
        print("因为{}矩阵的行列式不为0，所以行向量组线性无关".format(L[i]))
```

运行结果：

C：\Users\creat\PycharmProjects\pythonProject\. venv\Scripts\python. exe

C：\Users\creat\PycharmProjects\pythonProject\. venv\algebra\x3_7. py

因为 Matrix([[1, 2, 3], [2, 2, 1], [3, 4, 3]])矩阵的行列式不为0，所以行向量组线性无关

因为 Matrix([[1, 3, -2], [0, 2, -1], [-2, 0, 1]])矩阵的行列式为0，所以行向量组线性相关

进程已结束，退出代码为 0

例 3.8 在向量组 $\boldsymbol{\alpha}_1=(1, 3, 1)$，$\boldsymbol{\alpha}_2=(2, 5, 4)$，$\boldsymbol{\alpha}_3=(1, 4, -1)$ 中，$\boldsymbol{\alpha}_1$，$\boldsymbol{\alpha}_2$ 为它的一个极大线性无关组.

代码：

```
from sympy import *
alpha1=Matrix([[1,3,1]])
alpha2=Matrix([[2,5,4]])
alpha3=Matrix([[1,4,-1]])
A=Matrix([alpha1,alpha2,alpha3]).T
print("alpha1,alpha2,alpha3 作为列向量组构成矩阵 A={}".format(A))
B=A.rref()
print("A 的行最简形是 B={}".format(B[0]))
print("向量组 alpha1,alpha2,alpha3 的极大线性无关组是:",end="")
for i in range(len(B[1])):
    print("alpha{},".format(B[1][i]+1),end="")
print("\b")
```

运行结果：

C：\Users\creat\PycharmProjects\pythonProject\. venv\Scripts\python. exe

C：\Users\creat\PycharmProjects\pythonProject\. venv\algebra\x3_8. py

alpha1,alpha2,alpha3 作为列向量组构成矩阵 A=Matrix([[1, 2, 1], [3, 5, 4], [1, 4, -1]])

A 的行最简形是 B=Matrix([[1, 0, 3], [0, 1, -1], [0, 0, 0]])

向量组 alpha1,alpha2,alpha3 的极大线性无关组是：alpha1,alpha2

进程已结束，退出代码为 0

例 3.9 求向量组 $\boldsymbol{\alpha}_1=(1, -1, 0, 3)$，$\boldsymbol{\alpha}_2=(0, 1, -1, 2)$，$\boldsymbol{\alpha}_3=(1, 0, -1, 5)$，$\boldsymbol{\alpha}_4=(0, 0, 0, 2)$ 的一个极大线性无关组及秩.

代码：

```
from sympy import *
alpha1=Matrix([[1,-1,0,3]])
alpha2=Matrix([[0,1,-1,2]])
alpha3=Matrix([[1,0,-1,5]])
alpha4=Matrix([[0,0,0,2]])
A=Matrix([alpha1,alpha2,alpha3,alpha4]).T
print("alpha1,alpha2,alpha3,alpha4 作为列向量组构成矩阵 A={}".format(A))
B=A.rref()
print("A 的行最简形是 B={}".format(B[0]))
flag=Matrix([[-1,-1,-1,-1]])
print("向量组 alpha1,alpha2,alpha3,alpha4 的极大线性无关组是:",end="")
for i in range(len(B[1])):
    print("alpha{},".format(B[1][i]+1),end="")
print("秩是{}".format(A.rank()))
```

运行结果：

C:\Users\creat\PycharmProjects\pythonProject\.venv\Scripts\python.exe

C:\Users\creat\PycharmProjects\pythonProject\.venv\algebra\x3_9.py

alpha1,alpha2,alpha3,alpha4 作为列向量组构成矩阵 A=Matrix([[1, 0, 1, 0], [-1, 1, 0, 0], [0, -1, -1, 0], [3, 2, 5, 2]])

A 的行最简形是 B=Matrix([[1, 0, 1, 0], [0, 1, 1, 0], [0, 0, 0, 1], [0, 0, 0, 0]])

向量组 alpha1,alpha2,alpha3,alpha4 的极大线性无关组是:alpha1,alpha2,alpha4,秩是 3

进程已结束，退出代码为 0

例 3.10　求向量组 $\boldsymbol{\alpha}_1=(1,4,1,0)$，$\boldsymbol{\alpha}_2=(2,5,-1,-3)$，$\boldsymbol{\alpha}_3=(0,2,2,-1)$，$\boldsymbol{\alpha}_4=(-1,2,5,6)$ 的秩和一个极大无关组，并把不属于极大无关组的其余向量用该极大无关组线性表出.

代码：

```
from sympy import *
alpha1=Matrix([[1,4,1,0]])
alpha2=Matrix([[2,5,-1,-3]])
alpha3=Matrix([[0,2,2,-1]])
alpha4=Matrix([[-1,2,5,6]])
A=Matrix([alpha1,alpha2,alpha3,alpha4]).T
print("alpha1,alpha2,alpha3,alpha4 作为列向量组构成矩阵 A={}".format(A))
B=A.rref()[0]
flag=Matrix([[-1,-1,-1,-1]])
```

```
print("A的行最简形是B={}".format(B))
print("向量组alpha1,alpha2,alpha3,alpha4的极大线性无关组是:",end="")
for i in range(B.shape[0]):
    for j in range(B.shape[1]):
        if B[i,j]==1:
            print("alpha{},".format(j+1),end="")
            flag[j]=i
            break
print("秩是{}".format(A.rank()))
for i in range(B.shape[1]):
    if flag[i]==-1:
        print("alpha{}=".format(i+1),end="")
        for j in range(B.shape[1]):
            if flag[j]!=-1:
                print("({})*alpha{}+".format(B[flag[j],i],j+1),end="")
print("\b")
```

运行结果:

C:\Users\creat\PycharmProjects\pythonProject\.venv\Scripts\python.exe

C:\Users\creat\PycharmProjects\pythonProject\.venv\algebra\x3_10.py

alpha1,alpha2,alpha3,alpha4 作为列向量组构成矩阵 A=Matrix([[1, 2, 0, -1], [4, 5, 2, 2], [1, -1, 2, 5], [0, -3, -1, 6]])

A 的行最简形是 B=Matrix([[1, 0, 0, 3], [0, 1, 0, -2], [0, 0, 1, 0], [0, 0, 0, 0]])

向量组 alpha1,alpha2,alpha3,alpha4 的极大线性无关组是:alpha1,alpha2,alpha3,秩是 3

alpha4=(3)*alpha1+(-2)*alpha2+(0)*alpha3

进程已结束,退出代码为 0

例 3.18 设

$$\boldsymbol{A}=(\boldsymbol{\alpha}_1,\boldsymbol{\alpha}_2,\boldsymbol{\alpha}_3)=\begin{bmatrix}2 & 2 & -1\\ 2 & -1 & 2\\ -1 & 2 & 2\end{bmatrix},$$

$$\boldsymbol{B}=(\boldsymbol{\beta}_1,\boldsymbol{\beta}_2)=\begin{bmatrix}1 & 4\\ 0 & 3\\ -4 & 2\end{bmatrix},$$

验证 $\boldsymbol{\alpha}_1$, $\boldsymbol{\alpha}_2$, $\boldsymbol{\alpha}_3$ 是 $\mathbf{R}^3$ 的一个基, 并将 $\boldsymbol{\beta}_1$, $\boldsymbol{\beta}_2$ 用这个基线性表出.

代码:

```
from sympy import *
alpha1=Matrix([[2,2,-1]])
alpha2=Matrix([[2,-1,2]])
```

```
alpha3=Matrix([[-1,2,2]])
beta1=Matrix([[1,0,-4]])
beta2=Matrix([[4,3,2]])
A=Matrix([alpha1,alpha2,alpha3]).T
B=Matrix([beta1,beta2]).T
if A.rank()==3:
    print("alpha1,alpha2,alpha3 是 R^3 的一个基")
else:
    print("alpha1,alpha2,alpha3 不是 R^3 的一个基")
k1,k2,k3,l1,l2,l3=symbols("k1 k2 k3 l1 l2 l3")
equation1=Eq(k1*alpha1+k2*alpha2+k3*alpha3,beta1)
sol1=solve(equation1,[k1,k2,k3])
print("beta1=k1*alpha1+k2*alpha2+k3*alpha3,其中{}".format(sol1))
equation2=Eq(l1*alpha1+l2*alpha2+l3*alpha3,beta2)
sol2=solve(equation2,[l1,l2,l3])
print("beta2=l1*alpha1+l2*alpha2+l3*alpha3,其中{}".format(sol2))
```

运行结果：

```
C:\Users\creat\PycharmProjects\pythonProject\.venv\Scripts\python.exe
C:\Users\creat\PycharmProjects\pythonProject\.venv\algebra\x3_18.py
alpha1,alpha2,alpha3 是 R^3 的一个基
beta1=k1*alpha1+k2*alpha2+k3*alpha3,其中{k1: 2/3, k2: -2/3, k3: -1}
beta2=l1*alpha1+l2*alpha2+l3*alpha3,其中{l1: 4/3, l2: 1, l3: 2/3}

进程已结束，退出代码为 0
```

第4章

例 4.1 解线性方程组

$$\begin{cases}3x_1 - 2x_2 + x_3 = 2,\\ x_1 + 2x_2 - x_3 = 2,\\ 2x_1 - x_2 + x_3 = 3.\end{cases}$$

代码:

```
from sympy import *
x1,x2,x3=symbols("x1 x2 x3")
equation1=Eq(3*x1-2*x2+x3,2)
equation2=Eq(x1+2*x2-x3,2)
equation3=Eq(2*x1-x2+x3,3)
sol=solve([equation1,equation2,equation3],[x1,x2,x3])
print("线性方程组的解为{}".format(sol))
```

运行结果:

```
C:\Users\creat\PycharmProjects\pythonProject\.venv\Scripts\python.exe
C:\Users\creat\PycharmProjects\pythonProject\.venv\algebra\x4_1.py
线性方程组的解为{x1: 1, x2: 2, x3: 3}

进程已结束,退出代码为 0
```

例 4.2 解线性方程组

$$\begin{cases}3x_1 - 2x_2 + x_3 = 2,\\ x_1 + 2x_2 - x_3 = 2,\\ 2x_1 - x_2 + x_3 = 3.\end{cases}$$

代码:

```
from sympy import *
A=Matrix([[3,-2,1],[1,2,-1],[2,-1,1]])
b=Matrix([[2],[2],[3]])
Ab=A.row_join(b)
if A.rank()!=Ab.rank():
    print("非齐次线性方程组的增广矩阵 Ab 的行阶梯形为{}".format(Ab.echelon_form()))
    print("因为 R(A)={},R(Ab)={},所以非齐次线性方程组无解".format(A.rank(),Ab.rank()))
else:
    B = Ab.rref()
    print("非齐次线性方程组的增广矩阵 Ab 的行最简形为{}".format(B[0]))
```

```
    flag = zeros(A.shape[1])
    eta0 = zeros(A.shape[1],1)
    temp = 0
    for i in range(len(B[1])):
        flag[B[1][i]] = 1
    for i in range(A.shape[1]):
        if flag[i] == 1:
            eta0[i] = B[0][temp, -1]
            temp = temp + 1
    if A.rank()==A.shape[1]:
        print("因为R(A)=R(Ab)=n={},所以非齐次线性方程组有唯一解:x=
{}".format(A.shape[1],eta0))
    else:
        print("因为R(A)=R(Ab)=r={}<n={},所以导出组基础解系有 n-r={}
个解向量".format(A.rank(),A.shape[1],A.shape[1]-A.rank()))
        print("非齐次线性方程组的特解为:eta0={}".format(eta0))
        C=A.nullspace()
        print("导出组的基础解系为:",end="")
        for i in range(len(C)):
            print("xi{}={},".format(i+1,C[i]),end="")
        print("\b\n非齐次线性方程组通解为 x=eta0",end="")
        for i in range(len(C)):
            print("+c{}*xi{}".format(i+1,i+1),end="")
        for i in range(len(C)):
            print(", c{}".format(i+1),end="")
        print("为任意常数。")
```

运行结果:

C:\Users\creat\PycharmProjects\pythonProject\.venv\Scripts\python.exe

C:\Users\creat\PycharmProjects\pythonProject\.venv\algebra\x4_2.py

非齐次线性方程组的增广矩阵 Ab 的行最简形为 Matrix([[1, 0, 0, 1], [0, 1, 0, 2], [0, 0, 1, 3]])

因为 R(A)=R(Ab)=n=3, 所以非齐次线性方程组有唯一解: x=Matrix([[1], [2], [3]])

进程已结束, 退出代码为 0

例 4.3 分析下面线性方程组解的情况.

(1) $\begin{cases} x_1 + 2x_2 - x_3 + 2x_4 = 1, \\ 2x_1 + 4x_2 + x_3 + x_4 = 5, \\ -x_1 - 2x_2 - 2x_3 + x_4 = -3. \end{cases}$

代码：

```
from sympy import *
A=Matrix([[1,2,-1,2],[2,4,1,1],[-1,-2,-2,1]])
b=Matrix([[1],[5],[-3]])
Ab=A.row_join(b)
if A.rank()!=Ab.rank():
    print("非齐次线性方程组的增广矩阵 Ab 的行阶梯形为{}".format(Ab.echelon_form()))
    print("因为 R(A)={},R(Ab)={},所以非齐次线性方程组无解".format(A.rank(),Ab.rank()))
else:
    B = Ab.rref()
    print("非齐次线性方程组的增广矩阵 Ab 的行最简形为{}".format(B[0]))
    flag = zeros(A.shape[1])
    eta0 = zeros(A.shape[1],1)
    temp = 0
    for i in range(len(B[1])):
        flag[B[1][i]] = 1
    for i in range(A.shape[1]):
        if flag[i] == 1:
            eta0[i] = B[0][temp, -1]
            temp = temp + 1
    if A.rank()==A.shape[1]:
        print("因为 R(A)=R(Ab)=n={}, 所以非齐次线性方程组有唯一解:x={}".format(A.shape[1],eta0))
    else:
        print("因为 R(A)=R(Ab)=r={}<n={}, 所以导出组基础解系有 n-r={}个解向量".format(A.rank(),A.shape[1],A.shape[1]-A.rank()))
        print("非齐次线性方程组的特解为:eta0={}".format(eta0))
        C=A.nullspace()
        print("导出组的基础解系为:",end="")
        for i in range(len(C)):
            print("xi{}={},".format(i+1,C[i]),end="")
        print("\b\n 非齐次线性方程组通解为 x=eta0",end="")
        for i in range(len(C)):
            print("+c{}*xi{}".format(i+1,i+1),end="")
        for i in range(len(C)):
            print(", c{}".format(i+1),end="")
        print("为任意常数。")
```

运行结果:

C:\Users\creat\PycharmProjects\pythonProject\.venv\Scripts\python.exe
C:\Users\creat\PycharmProjects\pythonProject\.venv\algebra\x4_3_1.py
非齐次线性方程组的增广矩阵 Ab 的行阶梯形为 Matrix([[1, 2, -1, 2, 1], [0, 0, 3, -3, 3], [0, 0, 0, 0, 3]])
因为 R(A)=2,R(Ab)=3,所以非齐次线性方程组无解

进程已结束,退出代码为 0

例 4.3　分析下面线性方程组解的情况.

(2) $\begin{cases} x_1 + x_2 + x_3 = 2, \\ -2x_1 + x_3 = -3, \\ x_1 + x_2 - 2x_3 = 5, \\ -3x_1 + x_2 + 4x_3 = -5. \end{cases}$

代码:

```
from sympy import *
A=Matrix([[1,1,1],[-2,0,1],[1,1,-2],[-3,1,4]])
b=Matrix([[2],[-3],[5],[-5]])
Ab=A.row_join(b)
if A.rank()!=Ab.rank():
    print("非齐次线性方程组的增广矩阵 Ab 的行阶梯形为{}".format(Ab.echelon_form()))
    print("因为 R(A)={},R(Ab)={},所以非齐次线性方程组无解".format(A.rank(),Ab.rank()))
else:
    B = Ab.rref()
    print("非齐次线性方程组的增广矩阵 Ab 的行最简形为{}".format(B[0]))
    flag = zeros(A.shape[1])
    eta0 = zeros(A.shape[1],1)
    temp = 0
    for i in range(len(B[1])):
        flag[B[1][i]] = 1
    for i in range(A.shape[1]):
        if flag[i] == 1:
            eta0[i] = B[0][temp, -1]
            temp = temp + 1
    if A.rank()==A.shape[1]:
        print("因为 R(A)=R(Ab)=n={}, 所以非齐次线性方程组有唯一解:x={}".format(A.shape[1],eta0))
```

```
    else:
        print("因为R(A)=R(Ab)=r={}<n={}, 所以导出组基础解系有 n-r={} 
个解向量".format(A.rank(),A.shape[1],A.shape[1]-A.rank()))
        print("非齐次线性方程组的特解为:eta0={}".format(eta0))
        C=A.nullspace()
        print("导出组的基础解系为:",end="")
        for i in range(len(C)):
            print("xi{}={},".format(i+1,C[i]),end="")
        print("\b\n非齐次线性方程组通解为 x=eta0",end="")
        for i in range(len(C)):
            print("+c{} * xi{}".format(i+1,i+1),end="")
        for i in range(len(C)):
            print(", c{}".format(i+1),end="")
        print("为任意常数。")
```

运行结果:

C:\Users\creat\PycharmProjects\pythonProject\.venv\Scripts\python.exe

C:\Users\creat\PycharmProjects\pythonProject\.venv\algebra\x4_3_2.py

非齐次线性方程组的增广矩阵 Ab 的行最简形为 Matrix([[1, 0, 0, 1], [0, 1, 0, 2], [0, 0, 1, -1], [0, 0, 0, 0]])

因为 R(A)=R(Ab)=n=3, 所以非齐次线性方程组有唯一解:x=Matrix([[1], [2], [-1]])

进程已结束,退出代码为 0

例 4.4 解线性方程组

$$\begin{cases} x_1 + 2x_2 - 2x_3 + 2x_4 = 3, \\ 2x_1 + x_2 + 2x_3 - 2x_4 = 3, \\ -x_1 - 2x_2 + 3x_3 + 2x_4 = 7, \\ 2x_1 + 4x_2 - 4x_3 + 4x_4 = 6. \end{cases}$$

代码:

```
from sympy import *
A=Matrix([[1,2,-2,2],[2,1,2,-2],[-1,-2,3,2],[2,4,-4,4]])
b=Matrix([[3],[3],[7],[6]])
Ab=A.row_join(b)
if A.rank()! =Ab.rank():
    print("非齐次线性方程组的增广矩阵 Ab 的行阶梯形为{}".format(Ab.echelon_
form()))
```

```
        print("因为R(A)={},R(Ab)={},所以非齐次线性方程组无解".format(A.rank(),Ab.rank()))
    else:
        B = Ab.rref()
        print("非齐次线性方程组的增广矩阵 Ab 的行最简形为{}".format(B[0]))
        flag = zeros(A.shape[1])
        eta0 = zeros(A.shape[1],1)
        temp = 0
        for i in range(len(B[1])):
            flag[B[1][i]] = 1
        for i in range(A.shape[1]):
            if flag[i] == 1:
                eta0[i] = B[0][temp, -1]
                temp = temp + 1
        if A.rank()==A.shape[1]:
            print("因为R(A)=R(Ab)=n={}, 所以非齐次线性方程组有唯一解:x={}".format(A.shape[1],eta0))
        else:
            print("因为R(A)=R(Ab)=r={}<n={}, 所以导出组基础解系有 n-r={}个解向量".format(A.rank(),A.shape[1],A.shape[1]-A.rank()))
            print("非齐次线性方程组的特解为:eta0={}".format(eta0))
            C=A.nullspace()
            print("导出组的基础解系为:",end="")
            for i in range(len(C)):
                print("xi{}={},".format(i+1,C[i]),end="")
            print("\b\n非齐次线性方程组通解为 x=eta0",end="")
            for i in range(len(C)):
                print("+c{}*xi{}".format(i+1,i+1),end="")
            for i in range(len(C)):
                print(", c{}".format(i+1),end="")
            print("为任意常数。")
```

运行结果:

C:\Users\creat\PycharmProjects\pythonProject\.venv\Scripts\python.exe

C:\Users\creat\PycharmProjects\pythonProject\.venv\algebra\x4_4.py

非齐次线性方程组的增广矩阵 Ab 的行最简形为 Matrix([[1, 0, 0, -10, -19], [0, 1, 0, 10, 21], [0, 0, 1, 4, 10], [0, 0, 0, 0, 0]])

因为 R(A)=R(Ab)=r=3<n=4, 所以导出组基础解系有 n-r=1 个解向量

非齐次线性方程组的特解为:eta0=Matrix([[-19], [21], [10], [0]])

导出组的基础解系为:xi1=Matrix([[10],[-10],[-4],[1]])
非齐次线性方程组通解为 x=eta0+c1 * xi1,c1 为任意常数。

进程已结束,退出代码为 0

例 4.5 解齐次线性方程组

$$\begin{cases} x_1 - x_2 + x_3 - 2x_4 = 0, \\ x_1 - x_2 - 2x_3 + x_4 = 0, \\ 2x_1 - 2x_2 - 5x_3 + 3x_4 = 0. \end{cases}$$

代码:

```
from sympy import *
A=Matrix([[1,-1,1,-2],[1,-1,-2,1],[2,-2,-5,3]])
B = A.rref()
print("齐次线性方程组的系数矩阵 A 的行最简形为{}".format(B[0]))
if A.rank()==A.shape[1]:
    print("因为 R(A)=n={},所以齐次线性方程组有唯一解:x={}".format(A.shape[1],eta0))
else:
    print("因为 R(A)=r={}<n={},所以齐次线性方程组基础解系有 n-r={}个解向量,它们是:".format(A.rank(),A.shape[1],A.shape[1]-A.rank()))
C=A.nullspace()
for i in range(len(C)):
    print("xi{}={},".format(i+1,C[i]),end="")
print("\b\n齐次线性方程组通解为:x=",end="")
for i in range(len(C)):
    print("c{} * xi{}+".format(i+1,i+1),end="")
print("\b",end="")
for i in range(len(C)):
    print(", c{}".format(i+1),end="")
print("为任意常数。")
```

运行结果:

C:\Users\creat\PycharmProjects\pythonProject\.venv\Scripts\python.exe
C:\Users\creat\PycharmProjects\pythonProject\.venv\algebra\x4_5.py
齐次线性方程组的系数矩阵 A 的行最简形为 Matrix([[1, -1, 0, -1], [0, 0, 1, -1], [0, 0, 0, 0]])
因为 R(A)=r=2<n=4,所以齐次线性方程组基础解系有 n-r=2 个解向量,它们是:
xi1=Matrix([[1], [1], [0], [0]]),xi2=Matrix([[1], [0], [1], [1]])
齐次线性方程组通解为:x=c1 * xi1+c2 * xi2, c1, c2 为任意常数。

进程已结束,退出代码为 0

例 4.6　λ 取何值时，方程组

$$\begin{cases} x_1 + x_2 - x_3 = 0, \\ x_1 + \lambda x_2 + 3x_3 = 0, \\ 2x_1 + 3x_2 + \lambda x_3 = 0 \end{cases}$$

有非零解？并求其通解.

代码：

```
from sympy import *
L=symbols("L")
A=Matrix([[1,1,-1],[1,L,3],[2,3,L]])
sol=solve(A.det())
print("当 Lambda=",end="")
for k in range(len(sol)):
    print("{}, ".format(sol[k]),end="")
print("\b 时，方程组有非零解。")
def D(L):
    j=Matrix([[1,1,-1],[1,L,3],[2,3,L]])
    return j
temp=0
for k in range(len(sol)):
    B = D(sol[k]).rref()[0]
    print("({})当 Lambda={}时，齐次线性方程组的系数矩阵 A 的行最简形为{}".format(k+1,sol[k],B))
    print("因为此时 R(A)=r={}<n={}，所以齐次线性方程组基础解系有 n-r={}个解向量，它们是:".format(B.rank(), B.shape[1],B.shape[1] - B.rank()))
    C = B.nullspace()
    for i in range(len(C)):
        print("xi{}={},".format(i + 1 + temp, C[i]), end="")
    print("\b\n 此时齐次线性方程组通解为:x=", end="")
    for i in range(len(C)):
        print("c{} * xi{}+".format(i + 1 + temp, i + 1 + temp), end="")
    print("\b", end="")
    for i in range(len(C)):
        print(", c{}".format(i + 1 + temp), end="")
    print("为任意常数。")
    temp = temp +len(C)
```

运行结果：

C:\Users\creat\PycharmProjects\pythonProject\.venv\Scripts\python.exe
C:\Users\creat\PycharmProjects\pythonProject\.venv\algebra\x4_6.py
当 Lambda=-3, 2 时，方程组有非零解。

(1)当 Lambda=-3 时，齐次线性方程组的系数矩阵 A 的行最简形为 Matrix([[1, 0, 0], [0, 1, -1], [0, 0, 0]])

因为此时 R(A)=r=2<n=3，所以齐次线性方程组基础解系有 n-r=1 个解向量，它们是：

xi1=Matrix([[0], [1], [1]])

此时齐次线性方程组通解为：x=c1 * xi1，c1 为任意常数。

(2)当 Lambda=2 时，齐次线性方程组的系数矩阵 A 的行最简形为 Matrix([[1, 0, -5], [0, 1, 4], [0, 0, 0]])

因为此时 R(A)=r=2<n=3，所以齐次线性方程组基础解系有 n-r=1 个解向量，它们是：

xi2=Matrix([[5], [-4], [1]])

此时齐次线性方程组通解为：x=c2 * xi2，c2 为任意常数。

进程已结束，退出代码为 0

例 4.7 设 $\boldsymbol{B}$ 是一个三阶非零矩阵，它的每一列是齐次线性方程组

$$\begin{cases} x_1+2x_2-3x_3=0, \\ x_1-3x_2+\lambda x_3=0, \\ 3x_1-2x_2-x_3=0 \end{cases}$$

的解，求 λ 的值和 $|\boldsymbol{B}|$.

代码：

```
from sympy import *
L=symbols("L")
B=Matrix([[1,2,-3],[1,-3,L],[3,-2,-1]])
sol=solve(B.det())
print("Lamda={}".format(sol[0]))
def D(L):
    j=Matrix([[1,2,-3],[1,-3,L],[3,-2,-1]])
    return j
C=D(sol[0]).nullspace()
print("B 的每一列都是{}中列的线性组合".format(C))
print("所以 B 的秩为{}<3, |B|=0".format(len(C)))
```

运行结果：

C:\Users\creat\PycharmProjects\pythonProject\.venv\Scripts\python.exe

C:\Users\creat\PycharmProjects\pythonProject\.venv\algebra\x4_7.py

Lamda=2

B 的每一列都是[Matrix([

[1],

```
[1],
[1]])]中列的线性组合
所以B的秩为1<3，|B|=0

进程已结束，退出代码为0
```

例 4.8　设$\boldsymbol{\xi}_1=(1, 2, 3, 4)^T$, $\boldsymbol{\xi}_2=(4, 3, 2, 1)^T$，构造一个齐次线性方程组，使向量组$\boldsymbol{\xi}_1$, $\boldsymbol{\xi}_2$为此齐次线性方程组的基础解系.

代码：

```
from sympy import *
xi1=Matrix([[1,2,3,4]])
xi2=Matrix([[4,3,2,1]])
M=xi1.col_join(xi2)
print("所求的齐次线性方程组为:")
for i in range(len(M.nullspace())):
    for j in range(M.nullspace()[i].shape[0]):
        print("({})*x{}+".format(M.nullspace()[i][j,0],j+1),end="")
    print("\b=0")
```

运行结果：

```
C:\Users\creat\PycharmProjects\pythonProject\.venv\Scripts\python.exe
C:\Users\creat\PycharmProjects\pythonProject\.venv\algebra\x4_8.py
所求的齐次线性方程组为：
(1)*x1+(-2)*x2+(1)*x3+(0)*x4=0
(2)*x1+(-3)*x2+(0)*x3+(1)*x4=0

进程已结束，退出代码为0
```

例 4.9　试求

$$\begin{cases}x_1+3x_2-x_3+2x_4=-2,\\2x_1-x_2+x_3+x_4=6,\\4x_1+5x_2-x_3+5x_4=2\end{cases}$$

的全部解.

代码：

```
from sympy import *
A=Matrix([[1,3,-1,2],[2,-1,1,1],[4,5,-1,5]])
b=Matrix([[-2],[6],[2]])
Ab=A.row_join(b)
if A.rank()!=Ab.rank():
```

```
            print("非齐次线性方程组的增广矩阵 Ab 的行阶梯形为{}".format(Ab.echelon_
form()))
            print("因为 R(A)={},R(Ab)={},所以非齐次线性方程组无解".format(A.
rank(),Ab.rank()))
        else:
            B = Ab.rref()
            print("非齐次线性方程组的增广矩阵 Ab 的行最简形为{}".format(B[0]))
            flag = zeros(A.shape[1])
            eta0 = zeros(A.shape[1],1)
            temp = 0
            for i in range(len(B[1])):
                flag[B[1][i]] = 1
            for i in range(A.shape[1]):
                if flag[i] == 1:
                    eta0[i] = B[0][temp, -1]
                    temp = temp + 1
            if A.rank()==A.shape[1]:
                print("因为 R(A)=R(Ab)=n={}, 所以非齐次线性方程组有唯一解:x=
{}".format(A.shape[1],eta0))
            else:
                print("因为 R(A)=R(Ab)=r={}<n={}, 所以导出组基础解系有 n-r={}
个解向量".format(A.rank(),A.shape[1],A.shape[1]-A.rank()))
                print("非齐次线性方程组的特解为:eta0={}".format(eta0))
                C=A.nullspace()
                print("导出组的基础解系为:",end="")
                for i in range(len(C)):
                    print("xi{}={},".format(i+1,C[i]),end="")
                print("\b\n 非齐次线性方程组通解为 x=eta0",end="")
                for i in range(len(C)):
                    print("+c{} * xi{}".format(i+1,i+1),end="")
                for i in range(len(C)):
                    print(", c{}".format(i+1),end="")
                print("为任意常数。")
```

运行结果:

C:\Users\creat\PycharmProjects\pythonProject\.venv\Scripts\python.exe

C:\Users\creat\PycharmProjects\pythonProject\.venv\algebra\x4_9.py

非齐次线性方程组的增广矩阵 Ab 的行最简形为 Matrix([[1, 0, 2/7, 5/7, 16/7], [0, 1, -3/7, 3/7, -10/7], [0, 0, 0, 0, 0]])

因为 R(A)=R(Ab)=r=2<n=4，所以导出组基础解系有 n-r=2 个解向量

非齐次线性方程组的特解为：eta0=Matrix([[16/7]，[-10/7]，[0]，[0]])

导出组的基础解系为：xi1=Matrix([[-2/7]，[3/7]，[1]，[0]])，xi2=Matrix([[-5/7]，[-3/7]，[0]，[1]])

非齐次线性方程组通解为 x=eta0+c1 * xi1+c2 * xi2，c1，c2 为任意常数。

进程已结束，退出代码为 0

例 4.10　常数 a，b 取何值时，线性方程组

$$\begin{cases} x_1 + 4x_2 - 3x_3 = 0, \\ 3x_1 + 2x_2 + x_3 = 10b, \\ x_2 + ax_3 = -2 \end{cases}$$

有唯一解，无解，无穷多组解？并在有无穷多组解时求出其通解.

代码：

```
from sympy import *
a,b=symbols("a b")
A=Matrix([[1,4,-3],[3,2,1],[0,1,a]])
b=Matrix([[0],[10 * b],[-2]])
sol=solve(A.det())
print("(1)当 a 不等于{},b 为任意实数时，线性方程组有唯一解。".format(sol[0]))
Ab=Matrix([[1,4,-3],[3,2,1],[0,1,sol[0]]]).row_join(b)
print("当 a={}时，线性方程组增广矩阵 Ab 的行阶梯形为：{}".format(sol[0],Ab.echelon_form()))
equation=Eq(Ab.echelon_form()[2,3],0)
sol1=solve(equation)
print("(2)当 a={},b 不等于{}时，线性方程组无解".format(sol[0],sol1[0]))
print("(3)当 a={},b={}时，线性方程组有无穷多组解".format(sol[0],sol1[0]))
A1=Matrix([[1,4,-3],[3,2,1],[0,1,sol[0]]])
b1=Matrix([[0],[10 * sol1[0]],[-2]])
A1b1=A1.row_join(b1)
B1= A1b1.rref()
print("此时线性方程组的增广矩阵 Ab 的行最简形为{}".format(B1[0]))
flag = zeros(A1.shape[1])
eta0 = zeros(A.shape[1],1)
temp = 0
for i in range(len(B1[1])):
    flag[B1[1][i]] = 1
for i in range(A1.shape[1]):
    if flag[i] == 1:
```

```
            eta0[i] = B1[0][temp, -1]
            temp = temp + 1
    print("R(A)=R(Ab)=r={}<n={}, 所以导出组基础解系有 n-r={}个解向量".
format(A1.rank(),A1.shape[1],A1.shape[1]-A1.rank()))
    print("特解为:eta0={}".format(eta0))
    C=A1.nullspace()
    print("导出组的基础解系为:",end="")
    for i in range(len(C)):
        print("xi{}={},".format(i+1,C[i]),end="")
        print("\b\n线性方程组通解为 x=eta0",end="")
    for i in range(len(C)):
        print("+c{} * xi{}".format(i+1,i+1),end="")
    for i in range(len(C)):
        print(", c{}".format(i+1),end="")
    print("为任意常数。")
```

运行结果:

```
C:\Users\creat\PycharmProjects\pythonProject\.venv\Scripts\python.exe
C:\Users\creat\PycharmProjects\pythonProject\.venv\algebra\x4_10.py
(1)当 a 不等于-1,b 为任意实数时，线性方程组有唯一解。
当 a=-1 时，线性方程组增广矩阵 Ab 的行阶梯形为:Matrix([[1, 4, -3, 0], [0, -10,
10, 10 * b], [0, 0, 0, 20 - 10 * b]])
(2)当 a=-1,b 不等于 2 时，线性方程组无解
(3)当 a=-1,b=2 时，线性方程组有无穷多组解
此时线性方程组的增广矩阵 Ab 的行最简形为 Matrix([[1, 0, 1, 8], [0, 1, -1, -2],
[0, 0, 0, 0]])
R(A)=R(Ab)=r=2<n=3，所以导出组基础解系有 n-r=1 个解向量
特解为:eta0=Matrix([[8], [-2], [0]])
导出组的基础解系为:xi1=Matrix([[-1], [1], [1]])
线性方程组通解为 x=eta0+c1 * xi1, c1 为任意常数。

进程已结束，退出代码为 0
```

例 4.11 设四元非齐次方程组 $\boldsymbol{Ax}=\boldsymbol{b}$ 的系数矩阵 $\boldsymbol{A}$ 的秩为 3，已知它的 3 个解向量为 $\boldsymbol{\eta}_1$，$\boldsymbol{\eta}_2$，$\boldsymbol{\eta}_3$，其中

$$\boldsymbol{\eta}_1=\begin{bmatrix}3\\1\\5\\7\end{bmatrix},\ \boldsymbol{\eta}_2+\boldsymbol{\eta}_3=\begin{bmatrix}2\\4\\6\\8\end{bmatrix},$$

求该方程组的通解.

代码：

```
from sympy import *
eta1=Matrix([[3],[1],[5],[7]])
eta23=Matrix([[2],[4],[6],[8]])
xi=eta1-eta23/2
print("eta1={},xi={}".format(eta1,xi))
print("方程组的通解为 x=eta1+cxi,c 为任意常数")
```

运行结果：

```
C:\Users\creat\PycharmProjects\pythonProject\.venv\Scripts\python.exe
C:\Users\creat\PycharmProjects\pythonProject\.venv\algebra\x4_11.py
eta1=Matrix([[3], [1], [5], [7]]),xi=Matrix([[2], [-1], [2], [3]])
方程组的通解为 x=eta1+cxi,c 为任意常数

进程已结束, 退出代码为 0
```

第5章

例 5.1 求 $A=\begin{bmatrix}3 & 1\\5 & -1\end{bmatrix}$ 的特征值和特征向量.

代码:

```
from sympy import *
A=Matrix([[3,1],[5,-1]])
B=A.eigenvects()
l=len(B)
print("A 的特征值为:",end="")
for i in range(l):
    print("Lamda{}={}({}重),".format(i+1,B[i][0],B[i][1]),end="")
print("\b")
temp1=1
temp2=1
temp3=1
for i in range(l):
    print("({})A 的对应于特征值 Lamda{}={}的全部特征向量为:".format(i+1,i
+1,B[i][0]),end="")
    C=B[i][2]
    d=len(C)
    for j in range(d):
        print("k{}*p{}+".format(temp1,temp1),end="")
        temp1=temp1+1
    print("\b,其中",end="")
    for j in range(d):
        print("p{}={},".format(temp2,C[j]),end="")
        temp2=temp2+1
    for j in range(d):
        print("k{},".format(temp3),end="")
        temp3=temp3+1
    print("\b 为不全为零的常数。")
```

运行结果:

C:\Users\creat\PycharmProjects\pythonProject\.venv\Scripts\python.exe

C:\Users\creat\PycharmProjects\pythonProject\.venv\algebra\x5_1.py

A 的特征值为:Lamda1=-2(1 重),Lamda2=4(1 重)

(1)A 的对应于特征值 Lamda1=-2 的全部特征向量为:k1*p1,其中 p1=Matrix([[-1/5],[1]]),k1 为不全为零的常数。

(2)A 的对应于特征值 Lamda2=4 的全部特征向量为:k2*p2,其中 p2=Matrix([[1],

[1]]),k2 为不全为零的常数。

进程已结束，退出代码为 0

例 5.2　求矩阵

$$A = \begin{bmatrix} -1 & 1 & 0 \\ -4 & 3 & 0 \\ 1 & 0 & 2 \end{bmatrix}$$

的特征值和特征向量.

代码：

```
from sympy import *
A=Matrix([[-1,1,0],[-4,3,0],[1,0,2]])
B=A.eigenvects()
l=len(B)
print("A 的特征值为:",end="")
for i in range(l):
    print("Lamda{}={}({}重),".format(i+1,B[i][0],B[i][1]),end="")
print("\b")
temp1=1
temp2=1
temp3=1
for i in range(l):
    print("({})A 的对应于特征值 Lamda{}={}的全部特征向量为:".format(i+1,i
+1,B[i][0]),end="")
    C=B[i][2]
    d=len(C)
    for j in range(d):
        print("k{}*p{}+".format(temp1,temp1),end="")
        temp1=temp1+1
    print("\b,其中",end="")
    for j in range(d):
        print("p{}={},".format(temp2,C[j]),end="")
        temp2=temp2+1
    for j in range(d):
        print("k{},".format(temp3),end="")
        temp3=temp3+1
    print("\b 为不全为零的常数。")
```

运行结果：

C:\Users\creat\PycharmProjects\pythonProject\.venv\Scripts\python.exe

C:\Users\creat\PycharmProjects\pythonProject\. venv\algebra\x5_2. py
A 的特征值为:Lamda1 = 1(2 重),Lamda2 = 2(1 重)
(1)A 的对应于特征值 Lamda1 = 1 的全部特征向量为:k1 * p1,其中 p1 = Matrix([[-1],[-2],[1]]),k1 为不全为零的常数。
(2)A 的对应于特征值 Lamda2 = 2 的全部特征向量为:k2 * p2,其中 p2 = Matrix([[0],[0],[1]]),k2 为不全为零的常数。

进程已结束,退出代码为 0

例 5.3 求矩阵

$$A=\begin{bmatrix}-2 & 1 & 1\\ 0 & 2 & 0\\ -4 & 1 & 3\end{bmatrix}$$

的特征值和特征向量.

代码:

```
from sympy import *
A=Matrix([[-2,1,1],[0,2,0],[-4,1,3]])
B=A.eigenvects()
l=len(B)
print("A 的特征值为:",end="")
for i in range(l):
    print("Lamda{}={}({}重),".format(i+1,B[i][0],B[i][1]),end="")
print("\b")
temp1=1
temp2=1
temp3=1
for i in range(l):
    print("({})A 的对应于特征值 Lamda{}={}的全部特征向量为:".format(i+1,i
+1,B[i][0]),end="")
    C=B[i][2]
    d=len(C)
    for j in range(d):
        print("k{} * p{}+".format(temp1,temp1),end="")
        temp1=temp1+1
    print("\b,其中",end="")
    for j in range(d):
        print("p{}={},".format(temp2,C[j]),end="")
        temp2=temp2+1
    for j in range(d):
```

```
            print("k{},".format(temp3),end="")
            temp3=temp3+1
        print("\b 为不全为零的常数。")
```

运行结果:

C:\Users\creat\PycharmProjects\pythonProject\.venv\Scripts\python.exe

C:\Users\creat\PycharmProjects\pythonProject\.venv\algebra\x5_3.py

A 的特征值为:Lamda1=-1(1 重),Lamda2=2(2 重)

(1)A 的对应于特征值 Lamda1=-1 的全部特征向量为:k1 * p1,其中 p1=Matrix([[1],[0],[1]]),k1 为不全为零的常数。

(2)A 的对应于特征值 Lamda2=2 的全部特征向量为:k2 * p2+k3 * p3,其中 p2=Matrix([[1/4],[1],[0]]),p3=Matrix([[1/4],[0],[1]]),k2,k3 为不全为零的常数。

进程已结束，退出代码为 0

例 5.5　设向量 $\boldsymbol{\alpha}_1=(1,\ 2,\ 0)^{\mathrm{T}}$，$\boldsymbol{\alpha}_2=(1,\ 0,\ 1)^{\mathrm{T}}$ 都是方阵 $\boldsymbol{A}$ 的属于特征值 $\lambda=2$ 的特征向量，又向量 $\boldsymbol{\beta}=(-1,\ 2,\ -2)^{\mathrm{T}}$，求 $\boldsymbol{A\beta}$.

代码:

```
from sympy import *
Lambda=2
alpha1=Matrix([[1],[2],[0]])
alpha2=Matrix([[1],[0],[1]])
beta=Matrix([[-1],[2],[-2]])
k1,k2=symbols("k1 k2")
sol=solve(Eq(k1 * alpha1+k2 * alpha2,beta))
Abeta=Lambda * (sol[k1] * alpha1+sol[k2] * alpha2)
print("Abeta=A(({})alpha1+({})alpha2)=({})Aalpha1+({})Aalpha2=({})({})alpha1+({})({})alpha2={}(({})alpha1+({})alpha2)=({})beta={}".format(sol[k1],sol[k2],sol[k1],sol[k2],sol[k1],Lambda,sol[k2],Lambda,Lambda,sol[k1],sol[k2],Lambda,Abeta))
```

运行结果:

C:\Users\creat\PycharmProjects\pythonProject\.venv\Scripts\python.exe

C:\Users\creat\PycharmProjects\pythonProject\.venv\algebra\x5_5.py

Abeta=A((1)alpha1+(-2)alpha2)=(1)Aalpha1+(-2)Aalpha2=(1)(2)alpha1+(-2)(2)alpha2=2((1)alpha1+(-2)alpha2)=(2)beta=Matrix([[-2],[4],[-4]])

进程已结束，退出代码为 0

例 5.6 已知向量 $\boldsymbol{x}=(-1,1,1)^{\mathrm{T}}$ 是矩阵 $\boldsymbol{A}=\begin{bmatrix}-1 & a & -2\\5 & b & 3\\2 & -1 & 2\end{bmatrix}$ 的一个特征向量，求参数 a，b 和 $\boldsymbol{x}$ 对应的特征值.

代码：

```
from sympy import *
x=Matrix([[-1],[1],[1]])
a,b,L=symbols("a b L")
A=Matrix([[-1,a,-2],[5,b,3],[2,-1,2]])
sol=solve(Eq(A*x,L*x))
print("参数 a={},b={},x 对应的特征值 Lambda={}".format(sol[a],sol[b],sol[L]))
```

运行结果：

C:\Users\creat\PycharmProjects\pythonProject\.venv\Scripts\python.exe
C:\Users\creat\PycharmProjects\pythonProject\.venv\algebra\x5_6.py
参数 a=2,b=1,x 对应的特征值 Lambda=-1

进程已结束，退出代码为 0

例 5.9 设 3 阶方阵 $\boldsymbol{A}$ 的特征值为 1，-1，2，试求 $|\boldsymbol{A}^2-2\boldsymbol{E}|$ 与 $|\boldsymbol{A}^{-1}-2\boldsymbol{A}^*|$.

代码：

```
from sympy import *
Lambda1=1
Lambda2=-1
Lambda3=2
A=symbols("A")
def fai1(A):
    return(A*A-2)
def fai2(A):
    return(1/A-2*Lambda1*Lambda2*Lambda3/A)
print("(A^2-2E)的行列式为{}".format(fai1(Lambda1)*fai1(Lambda2)*fai1(Lambda3)))
print("(A^(-1)-2A*)的行列式为{}".format(fai2(Lambda1)*fai2(Lambda2)*fai2(Lambda3)))
```

运行结果：

C:\Users\creat\PycharmProjects\pythonProject\.venv\Scripts\python.exe
C:\Users\creat\PycharmProjects\pythonProject\.venv\algebra\x5_9.py
(A^2-2E)的行列式为 2

(A^(-1)-2A*)的行列式为-62.5

进程已结束,退出代码为 0

例 5.11 计算$[\boldsymbol{\alpha}, \boldsymbol{\beta}]$,其中$\boldsymbol{\alpha}$与$\boldsymbol{\beta}$如下:
(1)$\boldsymbol{\alpha}=(0, 1, 5, -2)^{T}$, $\boldsymbol{\beta}=(-2, 0, -1, 3)^{T}$;
(2)$\boldsymbol{\alpha}=(1, -1, 0, 2)^{T}$, $\boldsymbol{\beta}=(1, 2, -2, 0)^{T}$.

代码:

```
from sympy import *
alpha1=Matrix([[0],[1],[5],[-2]])
beta1=Matrix([[-2],[0],[-1],[3]])
alpha2=Matrix([[1],[-1],[0],[2]])
beta2=Matrix([[1],[2],[-2],[0]])
print("(1)[alpha,beta]=",end="")
temp=0
for i in range(len(alpha1)):
    print("({})*({})+".format(alpha1[i],beta1[i]),end="")
    temp=temp+alpha1[i]*beta1[i]
print("\b={}".format(temp))
print("(2)[alpha,beta]=",end="")
temp=0
for i in range(len(alpha2)):
    print("({})*({})+".format(alpha2[i],beta2[i]),end="")
    temp=temp+alpha2[i]*beta2[i]
print("\b={}".format(temp))
```

运行结果:

C:\Users\creat\PycharmProjects\pythonProject\.venv\Scripts\python.exe
C:\Users\creat\PycharmProjects\pythonProject\.venv\algebra\x5_11.py
(1)[alpha,beta]=(0)*(-2)+(1)*(0)+(5)*(-1)+(-2)*(3)=-11
(2)[alpha,beta]=(1)*(1)+(-1)*(2)+(0)*(-2)+(2)*(0)=-1

进程已结束,退出代码为 0

例 5.12 已知$\boldsymbol{\alpha}_1=(1, 1, 1)^{T}$, $\boldsymbol{\alpha}_2=(1, -2, 1)^{T}$正交,试求一个非零向量$\boldsymbol{\alpha}_3$,使$\boldsymbol{\alpha}_1$, $\boldsymbol{\alpha}_2$, $\boldsymbol{\alpha}_3$两两正交.

代码:

```
from sympy import *
alpha1=Matrix([[1],[1],[1]])
```

```
alpha2=Matrix([[1],[-2],[1]])
alpha3=alpha1.cross(alpha2)
print("alpha3={}使得 alpha1,alpha2,alpha3 两两正交".format(alpha3))
```

运行结果:

```
C:\Users\creat\PycharmProjects\pythonProject\.venv\Scripts\python.exe
C:\Users\creat\PycharmProjects\pythonProject\.venv\algebra\x5_12.py
alpha3=Matrix([[3], [0], [-3]])使得 alpha1,alpha2,alpha3 两两正交

进程已结束,退出代码为 0
```

例 5.13 已知 $\boldsymbol{\alpha}_1=(1,\ -1,\ 0)^{\mathrm{T}}$, $\boldsymbol{\alpha}_2=(1,\ 0,\ 1)^{\mathrm{T}}$, $\boldsymbol{\alpha}_3=(1,\ -1,\ 1)^{\mathrm{T}}$ 是 $\mathbf{R}^3$ 的一个基,试用施密特正交化方法,构造 $\mathbf{R}^3$ 的一个正交规范基.

代码:

```
from sympy import *
alpha1=Matrix([[1],[-1],[0]])
alpha2=Matrix([[1],[0],[1]])
alpha3=Matrix([[1],[-1],[1]])
beta1=alpha1
beta2=alpha2-alpha2.project(beta1)
beta3=alpha3-alpha3.project(beta1)-alpha3.project(beta2)
gamma1=beta1.normalized()
gamma2=beta2.normalized()
gamma3=beta3.normalized()
print("beta1=alpha1={}".format(beta1))
print("beta2=alpha2-[beta1,alpha2]/[beta1,beta1]*beta1={}".format(beta2))
print("beta3=alpha3-[beta1,alpha3]/[beta1,beta1]*beta1-[beta2,alpha3]/[beta2,beta2]*beta2={}".format(beta3))
print("gamma1=beta1/||beta1||={}".format(gamma1))
print("gamma2=beta2/||beta2||={}".format(gamma2))
print("gamma3=beta3/||beta3||={}".format(gamma3))
```

运行结果:

```
C:\Users\creat\PycharmProjects\pythonProject\.venv\Scripts\python.exe
C:\Users\creat\PycharmProjects\pythonProject\.venv\algebra\x5_13.py
beta1=alpha1=Matrix([[1], [-1], [0]])
beta2=alpha2-[beta1,alpha2]/[beta1,beta1]*beta1=Matrix([[1/2], [1/2], [1]])
beta3=alpha3-[beta1,alpha3]/[beta1,beta1]*beta1-[beta2,alpha3]/[beta2,beta2]*beta2=Matrix([[-1/3], [-1/3], [1/3]])
```

```
gamma1=beta1/||beta1||=Matrix([[sqrt(2)/2], [-sqrt(2)/2], [0]])
gamma2=beta2/||beta2||=Matrix([[sqrt(6)/6], [sqrt(6)/6], [sqrt(6)/3]])
gamma3=beta3/||beta3||=Matrix([[-sqrt(3)/3], [-sqrt(3)/3], [sqrt(3)/3]])

进程已结束，退出代码为 0
```

例 5.14 验证矩阵

$$A=\begin{bmatrix}\frac{1}{2} & -\frac{1}{2} & \frac{1}{2} & -\frac{1}{2}\\ \frac{1}{2} & -\frac{1}{2} & -\frac{1}{2} & \frac{1}{2}\\ \frac{1}{\sqrt{2}} & \frac{1}{\sqrt{2}} & 0 & 0\\ 0 & 0 & \frac{1}{\sqrt{2}} & \frac{1}{\sqrt{2}}\end{bmatrix}$$

是正交矩阵.

代码：

```
from sympy import *
A=Matrix([[1/2,-1/2,1/2,-1/2],[1/2,-1/2,-1/2,1/2],[1/sqrt(2),1/sqrt(2),
0,0],[0,0,1/sqrt(2),1/sqrt(2)]])
if A.T*A==eye(4):
    print("A 是正交矩阵")
else:
    print("A 不是正交矩阵")
```

运行结果：

```
C:\Users\creat\PycharmProjects\pythonProject\.venv\Scripts\python.exe
C:\Users\creat\PycharmProjects\pythonProject\.venv\algebra\x5_14.py
A 是正交矩阵

进程已结束，退出代码为 0
```

例 5.15 已知矩阵 $A=\begin{bmatrix}1 & 1 & 3\\ 2 & a & 2\\ 0 & 0 & -2\end{bmatrix}$，$B=\begin{bmatrix}-2 & 0 & 0\\ 0 & 2 & 0\\ 0 & 0 & b\end{bmatrix}$相似，求 a 和 b 的值.

代码：

```
from sympy import *
a,b=symbols("a b")
A=Matrix([[1,1,3],[2,a,2],[0,0,-2]])
```

```
    B=Matrix([[-2,0,0],[0,2,0],[0,0,b]])
    equation=(Eq(A.det(),B.det()),Eq(A[0,0]+A[1,1]+A[2,2],B[0,0]+B[1,1]+
B[2,2]))
    sol=solve(equation)
    print("a={},b={}".format(sol[a],sol[b]))
```

运行结果:

C:\Users\creat\PycharmProjects\pythonProject\.venv\Scripts\python.exe
C:\Users\creat\PycharmProjects\pythonProject\.venv\algebra\x5_15.py
a=0,b=-1

进程已结束,退出代码为 0

例 5.16 设 $\boldsymbol{A}=\begin{bmatrix}2&-1&2\\5&a&3\\-1&b&-2\end{bmatrix}$的一个特征向量为 $\boldsymbol{p}=\begin{bmatrix}1\\1\\-1\end{bmatrix}$.

(1)求参数 a, b 的值及 $\boldsymbol{A}$ 与特征向量 $\boldsymbol{p}$ 对应的特征值;

(2)$\boldsymbol{A}$ 与对角阵是否相似?

代码:

```
from sympy import *
a,b,L=symbols("a b L")
A=Matrix([[2,-1,2],[5,a,3],[-1,b,-2]])
p=Matrix([[1],[1],[-1]])
equation=Eq(A*p,L*p)
sol=solve(equation)
A=Matrix([[2,-1,2],[5,sol[a],3],[-1,sol[b],-2]])
print("(1)参数 a={},b={},矩阵 A={}".format(sol[a],sol[b],A))
print("与特征向量 p 对应的特征值 Lambda={}".format(sol[L]))
B=A.eigenvects()
temp=0
for i in range(len(B)):
    temp=temp+len(B[i][2])
if temp==len(p):
    print("(2)A 与对角阵相似")
else:
    print("(2)A 不与对角阵相似")
```

运行结果:

C:\Users\creat\PycharmProjects\pythonProject\.venv\Scripts\python.exe
C:\Users\creat\PycharmProjects\pythonProject\.venv\algebra\x5_16.py

(1)参数 a=-3,b=0,矩阵 A=Matrix([[2, -1, 2], [5, -3, 3], [-1, 0, -2]])
与特征向量 p 对应的特征值 Lambda=-1
(2)A 不与对角阵相似

进程已结束, 退出代码为 0

例 5.17　设 3 阶矩阵 $\boldsymbol{A}$ 满足 $A\boldsymbol{\alpha}_i=i\boldsymbol{\alpha}_i(i=1,2,3)$, 其中列向量

$$\boldsymbol{\alpha}_1=(1,2,2)^{\mathrm{T}},\ \boldsymbol{\alpha}_2=(2,-2,1)^{\mathrm{T}},\ \boldsymbol{\alpha}_3=(-2,-1,2)^{\mathrm{T}}$$

试求矩阵 $\boldsymbol{A}$.

代码:

```
from sympy import *
alpha1=Matrix([[1],[2],[2]])
alpha2=Matrix([[2],[-2],[1]])
alpha3=Matrix([[-2],[-1],[2]])
alpha=alpha1.row_join(alpha2).row_join(alpha3)
Aalpha1=1*alpha1
Aalpha2=2*alpha2
Aalpha3=3*alpha3
Aalpha=Aalpha1.row_join(Aalpha2).row_join(Aalpha3)
A=Aalpha*(alpha.inv())
print("A={}".format(A))
```

运行结果:

C:\Users\creat\PycharmProjects\pythonProject\.venv\Scripts\python.exe
C:\Users\creat\PycharmProjects\pythonProject\.venv\algebra\x5_17.py
A=Matrix([[7/3, 0, -2/3], [0, 5/3, -2/3], [-2/3, -2/3, 2]])

进程已结束, 退出代码为 0

例 5.18　已知 $\boldsymbol{A}=\begin{bmatrix}1&-1&1\\2&4&-2\\-3&-3&5\end{bmatrix}$, 求 $\boldsymbol{A}^k$(k 为正整数).

代码:

```
from sympy import *
A=Matrix([[1,-1,1],[2,4,-2],[-3,-3,5]])
k=symbols("k")
B=A.diagonalize()
print("A=P*Lambda*P^(-1), 其中 P={},Lambda={}".format(B[0],B[1]))
Lambdak=B[1]**k
```

```
A_1=B[0]**(-1)
Ak=B[0]*Lambdak*A_1
print("A^k=P*Lambda*P^(-1)={}{}{}".format(B[0],Lambdak,A_1))
print(" ={}".format(Ak))
```

运行结果：

C:\Users\creat\PycharmProjects\pythonProject\.venv\Scripts\python.exe

C:\Users\creat\PycharmProjects\pythonProject\.venv\algebra\x5_18.py

A=P*Lambda*P^(-1)，其中 P=Matrix([[-1, 1, 1], [1, 0, -2], [0, 1, 3]]), Lambda=Matrix([[2, 0, 0], [0, 2, 0], [0, 0, 6]])

A^k=P*Lambda*P^(-1)=Matrix([[-1, 1, 1], [1, 0, -2], [0, 1, 3]])Matrix([[2**k, 0, 0], [0, 2**k, 0], [0, 0, 6**k]])Matrix([[-1/2, 1/2, 1/2], [3/4, 3/4, 1/4], [-1/4, -1/4, 1/4]])

=Matrix([[5*2**k/4 - 6**k/4, 2**k/4 - 6**k/4, -2**k/4 + 6**k/4], [-2**k/2 + 6**k/2, 2**k/2 + 6**k/2, 2**k/2 - 6**k/2], [3*2**k/4 - 3*6**k/4, 3*2**k/4 - 3*6**k/4, 2**k/4 + 3*6**k/4]])

进程已结束，退出代码为 0

例 5.19 设 $\boldsymbol{A}=\begin{bmatrix}1&2&2\\2&1&2\\2&2&1\end{bmatrix}$，求正交矩阵 $\boldsymbol{T}$，使 $\boldsymbol{T}^{-1}\boldsymbol{A}\boldsymbol{T}$ 为对角矩阵.

代码：

```
from sympy import *
A=Matrix([[1,2,2],[2,1,2],[2,2,1]])
B=A.diagonalize()
Temp=GramSchmidt([B[0].col(0),B[0].col(1),B[0].col(2)],orthonormal=True)
T=Temp[0].row_join(Temp[1]).row_join(Temp[2])
print("正交矩阵 T={}".format(T))
print("使得 T^(-1)AT={}为对角矩阵".format(B[1]))
```

运行结果：

C:\Users\creat\PycharmProjects\pythonProject\.venv\Scripts\python.exe

C:\Users\creat\PycharmProjects\pythonProject\.venv\algebra\x5_19.py

正交矩阵 T=Matrix([[-sqrt(2)/2, -sqrt(6)/6, sqrt(3)/3], [sqrt(2)/2, -sqrt(6)/6, sqrt(3)/3], [0, sqrt(6)/3, sqrt(3)/3]])

使得 T^(-1)AT=Matrix([[-1, 0, 0], [0, -1, 0], [0, 0, 5]])为对角矩阵

进程已结束，退出代码为 0

例 5.20　设 $\boldsymbol{A}=\begin{bmatrix} 7 & -3 & -1 & 1 \\ -3 & 7 & 1 & -1 \\ -1 & 1 & 7 & -3 \\ 1 & -1 & -3 & 7 \end{bmatrix}$，求正交矩阵 $\boldsymbol{T}$，使 $\boldsymbol{T}^{-1}\boldsymbol{AT}$ 为对角矩阵.

代码：

```
from sympy import *
A=Matrix([[7,-3,-1,1],[-3,7,1,-1],[-1,1,7,-3],[1,-1,-3,7]])
B=A.diagonalize()
Temp=GramSchmidt([B[0].col(0),B[0].col(1),B[0].col(2),B[0].col(3)],
orthonormal=True)
T=Temp[0].row_join(Temp[1]).row_join(Temp[2]).row_join(Temp[3])
print("正交矩阵 T={}".format(T))
print("使得 T^(-1)AT={}为对角矩阵".format(B[1]))
```

运行结果：

```
C:\Users\creat\PycharmProjects\pythonProject\.venv\Scripts\python.exe
C:\Users\creat\PycharmProjects\pythonProject\.venv\algebra\x5_20.py
正交矩阵 T=Matrix([[sqrt(2)/2, 0, -1/2, 1/2], [sqrt(2)/2, 0, 1/2, -1/2], [0, sqrt(2)/2, -1/2, -1/2], [0, sqrt(2)/2, 1/2, 1/2]])
使得 T^(-1)AT=Matrix([[4, 0, 0, 0], [0, 4, 0, 0], [0, 0, 8, 0], [0, 0, 0, 12]])为对角矩阵

进程已结束，退出代码为 0
```

第6章

例 6.1 求二次型 $f=(x_1,x_2,x_3)\begin{bmatrix}1&4&3\\2&2&-5\\-1&1&3\end{bmatrix}\begin{bmatrix}x_1\\x_2\\x_3\end{bmatrix}$ 的矩阵.

代码:

```
from sympy import *
A=Matrix([[1,4,3],[2,2,-5],[-1,1,3]])
print("f=(x1,x2,x3)A(x1,x2,x3)^T, 其中 A={}".format((A.T+A)/2))
```

运行结果:

C:\Users\creat\PycharmProjects\pythonProject\.venv\Scripts\python.exe

C:\Users\creat\PycharmProjects\pythonProject\.venv\algebra\x6_1.py

f=(x1,x2,x3)A(x1,x2,x3)^T, 其中 A=Matrix([[1, 3, 1], [3, 2, -2], [1, -2, 3]])

进程已结束，退出代码为 0

例 6.2 设 $\boldsymbol{A}=\begin{bmatrix}1&3&0\\3&2&1\\0&1&-1\end{bmatrix}$，求对称矩阵 $\boldsymbol{A}$ 对应的二次型.

代码:

```
from sympy import *
A=Matrix([[1,3,0],[3,2,1],[0,1,-1]])
x1,x2,x3=symbols("x1 x2 x3")
print("f=",end="")
for i in range(A.shape[0]):
    for j in range(i,A.shape[0]):
        if A[i,j]!=0:
            if i==j:
                print("({})*x{}^2+".format(A[i, i], i + 1), end="")
            else:
                print("{}*x{}x{}+".format(2 * A[i, j], i + 1, j + 1), end
="")
print("\b")
```

运行结果:

C:\Users\creat\PycharmProjects\pythonProject\.venv\Scripts\python.exe

C:\Users\creat\PycharmProjects\pythonProject\.venv\algebra\x6_2.py

f=(1)*x1^2+6*x1x2+(2)*x2^2+2*x2x3+(-1)*x3^2

进程已结束，退出代码为 0

例 6.3 求二次型 $f=(x_1, x_2, x_3)\begin{bmatrix}1&0&0\\0&3&0\\0&0&4\end{bmatrix}\begin{bmatrix}x_1\\x_2\\x_3\end{bmatrix}$ 的秩.

代码：

```
from sympy import *
A=Matrix([[1,0,0],[0,3,0],[0,0,4]])
print("f=(x1,x2,x3)A(x1,x2,x3)^T 的秩为{}".format(A.rank()))
```

运行结果：

C:\Users\creat\PycharmProjects\pythonProject\.venv\Scripts\python.exe
C:\Users\creat\PycharmProjects\pythonProject\.venv\algebra\x6_3.py
f=(x1,x2,x3)A(x1,x2,x3)^T 的秩为 3

进程已结束，退出代码为 0

例 6.4 求一个正交变换 $\boldsymbol{x}=\boldsymbol{T}\boldsymbol{y}$，把二次型

$$f=2x_1x_2+2x_1x_3-2x_1x_4-2x_2x_3+2x_2x_4+2x_3x_4$$

化为标准型.

代码：

```
from sympy import *
x1,x2,x3,x4=symbols("x1 x2 x3 x4")
x=Matrix([x1,x2,x3,x4])
f=2*x1*x2+2*x1*x3-2*x1*x4-2*x2*x3+2*x2*x4+2*x3*x4
A=zeros(4,4)
for i in range(4):
    for j in range(4):
            A[i,j]=diff(f,x[i],x[j])/2
print("f 的矩阵是{}".format(A))
B=A.diagonalize()
Temp=GramSchmidt([B[0].col(0),B[0].col(1),B[0].col(2),B[0].col(3)],
orthonormal=True)
T=Temp[0].row_join(Temp[1]).row_join(Temp[2]).row_join(Temp[3])
print("正交矩阵 T={}".format(T))
print("使得 T^(-1)AT={}为对角矩阵".format(B[1]))
print("此时标准型为:f=x^TAx=y^T(T^TAT)y=",end="")
```

```
for i in range(4):
    if B[1][i,i]!=0:
        print("({})*y{}^2+".format(B[1][i,i],i+1),end="")
print("\b")
```

运行结果:

C:\Users\creat\PycharmProjects\pythonProject\.venv\Scripts\python.exe

C:\Users\creat\PycharmProjects\pythonProject\.venv\algebra\x6_4.py

f 的矩阵是 Matrix([[0, 1, 1, -1], [1, 0, -1, 1], [1, -1, 0, 1], [-1, 1, 1, 0]])

正交矩阵 T=Matrix([[1/2, sqrt(2)/2, sqrt(6)/6, -sqrt(3)/6], [-1/2, sqrt(2)/2, -sqrt(6)/6, sqrt(3)/6], [-1/2, 0, sqrt(6)/3, sqrt(3)/6], [1/2, 0, 0, sqrt(3)/2]])

使得 T^(-1)AT=Matrix([[-3, 0, 0, 0], [0, 1, 0, 0], [0, 0, 1, 0], [0, 0, 0, 1]])为对角矩阵

此时标准型为:f=x^TAx=y^T(T^TAT)y=(-3)*y1^2+(1)*y2^2+(1)*y3^2+(1)*y4^2

进程已结束,退出代码为 0

例 6.5 已知二次型

$$f(x_1, x_2, x_3)=2x_1^2+3x_2^2+2ax_2x_3+3x_3^2 (a>0)$$

通过正交变换可化为标准型 $f=y_1^2+2y_2^2+5y_3^2$, 求参数 a 及所用的正交变换.

代码:

```
from sympy import *
x1,x2,x3,a=symbols("x1 x2 x3 a")
x=Matrix([x1,x2,x3])
f=2*x1**2+3*x2**2+2*a*x2*x3+3*x3**2
def juzhen(f):
    A=zeros(3,3)
    for i in range(3):
        for j in range(3):
            A[i, j] = diff(f, x[i], x[j]) / 2
    return A
equation=Eq(juzhen(f).det(),1*2*5)
sol=solve(equation)
for i in range(len(sol)):
    if sol[i]>0:
        a=sol[i]
print("a={},".format(a),end="")
f=2*x1**2+3*x2**2+2*a*x2*x3+3*x3**2
print("此时 f 的矩阵是{}, ".format(juzhen(f)))
```

```
B=juzhen(f).diagonalize()
Temp=GramSchmidt([B[0].col(0),B[0].col(1),B[0].col(2)],orthonormal=
True)
T=Temp[0].row_join(Temp[1]).row_join(Temp[2])
print("令 T={}, x=Ty 即为所用的正交变换".format(T))
```

运行结果：

C:\Users\creat\PycharmProjects\pythonProject\.venv\Scripts\python.exe

C:\Users\creat\PycharmProjects\pythonProject\.venv\algebra\x6_5.py

a=2,此时 f 的矩阵是 Matrix([[2, 0, 0], [0, 3, 2], [0, 2, 3]]),

令 T=Matrix([[0, 1, 0], [-sqrt(2)/2, 0, sqrt(2)/2], [sqrt(2)/2, 0, sqrt(2)/2]]), x=Ty 即为所用的正交变换

进程已结束, 退出代码为 0

例 6.6 求二次型

$$f(x_1, x_2, x_3)=2x_1x_2-2x_1x_3+2x_2x_3$$

在 $\boldsymbol{x}=(x_1, x_2, x_3)^{\mathrm{T}}$ 满足 $\boldsymbol{x}^{\mathrm{T}}\boldsymbol{x}=x_1^2+x_2^2+x_3^2=1$ 时的最小值.

代码：

```
from sympy import *
x1,x2,x3=symbols("x1 x2 x3")
x=Matrix([x1,x2,x3])
f=2*x1*x2-2*x1*x3+2*x2*x3
def juzhen(f):
    A=zeros(3,3)
    for i in range(3):
        for j in range(3):
            A[i, j] = diff(f, x[i], x[j]) / 2
    return A
print(juzhen(f))
B=juzhen(f).diagonalize()
Temp=GramSchmidt([B[0].col(0),B[0].col(1),B[0].col(2)],orthonormal=
True)
T=Temp[0].row_join(Temp[1]).row_join(Temp[2])
print("令 x=Ty,其中 T={}".format(T))
print("则 f=y^TBy, 其中 B={}".format(B[1]))
print("当 y=(1,0,0)^T 或-(1,0,0)^T 时, f 取得最小值{}".format(B[1][0,0]))
Ty=T*Matrix([1,0,0])
print("即 x=Ty 为正负{}时, f 取得最小值{}".format(Ty,B[1][0,0]))
```

运行结果：

C：\Users\creat\PycharmProjects\pythonProject\. venv\Scripts\python. exe

C：\Users\creat\PycharmProjects\pythonProject\. venv\algebra\x6_6. py

Matrix([[0, 1, -1], [1, 0, 1], [-1, 1, 0]])

令 x=Ty,其中 T=Matrix([[sqrt(3)/3, sqrt(2)/2, -sqrt(6)/6], [-sqrt(3)/3, sqrt(2)/2, sqrt(6)/6], [sqrt(3)/3, 0, sqrt(6)/3]])

则 f=y^TBy, 其中 B=Matrix([[-2, 0, 0], [0, 1, 0], [0, 0, 1]])

当 y=(1,0,0)^T 或-(1,0,0)^T 时, f 取得最小值-2

即 x=Ty 为正负 Matrix([[sqrt(3)/3], [-sqrt(3)/3], [sqrt(3)/3]])时, f 取得最小值-2

进程已结束, 退出代码为 0

例 6.7 化二次型

$$f = x_1^2 + 2x_1x_2 + 2x_1x_3 + 2x_2^2 + 6x_2x_3 + 5x_3^2$$

成标准型,并求所用的变换矩阵.

代码：

```
from sympy import *
x1,x2,x3=symbols("x1 x2 x3")
x=Matrix([x1,x2,x3])
y=zeros(3,1)
f=x1**2+2*x1*x2+2*x1*x3+2*x2**2+6*x2*x3+5*x3**2
print("f={}".format(f))
y[0]=diff(f,x1)/2
k1=2/diff(f,x1,2)
print("y1={},k1={}".format(y[0],k1))
f1=f-k1*expand(y[0]**2)
print("f1=f-k1*y1^2={}".format(f1))
y[1]=diff(f1,x2)/2
k2=2/diff(f1,x2,2)
print("y2={},k2={}".format(y[1],k2))
f2=f1-k2*expand(y[1]**2)
print("f2=f1-k2*y2^2={}".format(f2))
y[2]=x3
k3=0
print("f=({})*y1^2+({})*y2^2+({})*y3^2".format(k1,k2,k3))
C_1=zeros(3,3)
for i in range(3):
    for j in range(3):
```

```
        C_1[i,j]=diff(y[i],x[j])
    C=C_1**(-1)
    print("变换矩阵为 x=Cy,其中 C={}".format(C))
```

运行结果:

```
C:\Users\creat\PycharmProjects\pythonProject\.venv\Scripts\python.exe
C:\Users\creat\PycharmProjects\pythonProject\.venv\algebra\x6_7.py
f=x1**2 + 2*x1*x2 + 2*x1*x3 + 2*x2**2 + 6*x2*x3 + 5*x3**2
y1=x1 + x2 + x3,k1=1
f1=f-k1*y1^2=x2**2 + 4*x2*x3 + 4*x3**2
y2=x2 + 2*x3,k2=1
f2=f1-k2*y2^2=0
f=(1)*y1^2+(1)*y2^2+(0)*y3^2
变换矩阵为 x=Cy,其中 C=Matrix([[1, -1, 1], [0, 1, -2], [0, 0, 1]])

进程已结束，退出代码为 0
```

例 6.8　化二次型

$$f=2x_1x_2+2x_1x_3-6x_2x_3$$

成标准型,并求所用的变换矩阵.

代码:

```
from sympy import *
x1,x2,x3=symbols("x1 x2 x3")
x=Matrix([x1,x2,x3])
f=2*x1*x2+2*x1*x3-6*x2*x3
A=zeros(3,3)
for i in range(3):
    for j in range(3):
        A[i,j]=diff(f,x[i],x[j])/2
print("(1)f=2*x1*x2+2*x1*x3-6*x2*x3 的矩阵 A={}".format(A))
#以上通过 f 的二次型求出其矩阵 A
y1,y2,y3=symbols("y1 y2 y3")
y=Matrix([y1,y2,y3])
x1=y1+y2
x2=y1-y2
x3=y3
x=Matrix([x1,x2,x3])
C1=zeros(3,3)
for i in range(3):
```

```
        for j in range(3):
            C1[i,j]=diff(x[i],y[j])
    print("令 x=C1y,其中 C1={}, 得:".format(C1))
    f=expand(2*x1*x2+2*x1*x3-6*x2*x3)
    print("f={}".format(f))
    #以上将 f 从 x 的二次型转化为 y 的二次型
    z=zeros(3,1)
    z[0]=diff(f,y[0])/(diff(f,y[0],2))
    k1=diff(f,y[0],2)/2
    f1=expand(f-k1*(z[0]**2))
    print("(2)令 z1={},k1={}, 得:f1=f-k1*z1^2={}".format(z[0],k1,f1))
    z[1]=diff(f1,y[1])/(diff(f1,y[1],2))
    k2=diff(f1,y[1],2)/2
    f2=expand(f1-k2*(z[1]**2))
    print("令 z2={},k2={}, 得:f2=f1-k2*z2^2={}".format(z[1],k2,f2))
    z[2]=diff(f2,y[2])/(diff(f2,y[2],2))
    k3=diff(f2,y[2],2)/2
    print("令 z3={},k3={}, 得:f3=f2-k3*z3^2=0".format(z[2],k3))
    C2_1=zeros(3,3)
    for i in range(3):
        for j in range(3):
            C2_1[i,j]=diff(z[i],y[j])
    C2=C2_1**(-1)
    print("综上, 令 z=C2^(-1)*y,其中 C2^(-1)={}".format(C2_1))
    print("也就是 y=C2^z, 其中 C2={}, 得:".format(C2))
    print("f=({})*z1^2+({})*z2^2+({})*z3^2".format(k1,k2,k3))
    C=C1*C2
    print("(3)由(1)(2), 令 x=Cz,其中 C=C1*C2={}, 得:".format(C))
    print("f=z^T*{}*z".format(C.T*A*C))
```

运行结果:

C:\Users\creat\PycharmProjects\pythonProject\.venv\Scripts\python.exe

C:\Users\creat\PycharmProjects\pythonProject\.venv\algebra\x6_8.py

(1)f=2*x1*x2+2*x1*x3-6*x2*x3 的矩阵 A=Matrix([[0, 1, 1], [1, 0, -3], [1, -3, 0]])

令 x=C1y,其中 C1=Matrix([[1, 1, 0], [1, -1, 0], [0, 0, 1]]), 得:

f=2*y1**2 - 4*y1*y3 - 2*y2**2 + 8*y2*y3

(2)令 z1=y1 - y3,k1=2, 得:f1=f-k1*z1^2=-2*y2**2 + 8*y2*y3 - 2*y3**2

令 z2=y2 - 2*y3,k2=-2, 得:f2=f1-k2*z2^2=6*y3**2

令 z3=y3,k3=6，得:f3=f2-k3 * z3^2=0

综上，令 z=C2^(-1) * y,其中 C2^(-1)= Matrix([[1, 0, -1], [0, 1, -2], [0, 0, 1]])

也就是 y=C2^z，其中 C2=Matrix([[1, 0, 1], [0, 1, 2], [0, 0, 1]])，得:

f=(2) * z1^2+(-2) * z2^2+(6) * z3^2

(3)由(1)(2)，令 x=Cz,其中 C=C1 * C2=Matrix([[1, 1, 3], [1, -1, -1], [0, 0, 1]])，得:

f=z^T * Matrix([[2, 0, 0], [0, -2, 0], [0, 0, 6]]) * z

进程已结束，退出代码为 0

例 6.9　用初等变换法将例 6.7 中二次型 $f=x_1^2+2x_1x_2+2x_1x_3+2x_2^2+6x_2x_3+5x_3^2$ 化为标准型.

代码:

```
from sympy import *
x1,x2,x3=symbols("x1 x2 x3")
x=Matrix([x1,x2,x3])
f=x1**2+2*x1*x2+2*x1*x3+2*x2**2+6*x2*x3+5*x3**2
A=zeros(3,3)
for i in range(3):
    for j in range(3):
            A[i,j]=diff(f,x[i],x[j])/2
print("f的矩阵是{}".format(A))
E=eye(3,3)
AE=Matrix([A,E])
print("(A下E)={}".format(AE))
AE=AE.elementary_row_op('n->n+km',1,-1,0)
AE=AE.elementary_col_op('n->n+km',1,-1,0)
print("将第一行乘负一加到第二行,第一列乘负一加到第二列得:{}".format(AE))
AE=AE.elementary_row_op('n->n+km',2,-1,0)
AE=AE.elementary_col_op('n->n+km',2,-1,0)
print("将第一行乘负一加到第三行,第一列乘负一加到第三列得:{}".format(AE))
AE=AE.elementary_row_op('n->n+km',2,-2,1)
AE=AE.elementary_col_op('n->n+km',2,-2,1)
print("将第二行乘负二加到第三行,第二列乘负二加到第三列得:{}".format(AE))
C=AE.row([3,4,5])
print("变换矩阵C={},|C|={}不为0".format(C,C.det()))
print("令x=Cy,得f=x^TAx=y^T(C^TAC)y=y^T{}y".format(C.T*A*C))
```

运行结果：

C：\Users\creat\PycharmProjects\pythonProject\. venv\Scripts\python. exe

C：\Users\creat\PycharmProjects\pythonProject\. venv\algebra\x6_9. py

f 的矩阵是 Matrix([[1, 1, 1], [1, 2, 3], [1, 3, 5]])

(A 下 E) = Matrix([[1, 1, 1], [1, 2, 3], [1, 3, 5], [1, 0, 0], [0, 1, 0], [0, 0, 1]])

将第一行乘负一加到第二行，第一列乘负一加到第二列得：Matrix([[1, 0, 1], [0, 1, 2], [1, 2, 5], [1, -1, 0], [0, 1, 0], [0, 0, 1]])

将第一行乘负一加到第三行，第一列乘负一加到第三列得：Matrix([[1, 0, 0], [0, 1, 2], [0, 2, 4], [1, -1, -1], [0, 1, 0], [0, 0, 1]])

将第二行乘负二加到第三行，第二列乘负二加到第三列得：Matrix([[1, 0, 0], [0, 1, 0], [0, 0, 0], [1, -1, 1], [0, 1, -2], [0, 0, 1]])

变换矩阵 C = Matrix([[1, -1, 1], [0, 1, -2], [0, 0, 1]])，|C| = 1 不为 0

令 x = Cy，得 f = x^TAx = y^T(C^TAC)y = y^TMatrix([[1, 0, 0], [0, 1, 0], [0, 0, 0]])y

进程已结束，退出代码为 0

例 6.10 用初等变换法将例 6.8 中二次型 $f=2x_1x_2+2x_1x_3-6x_2x_3$ 化为标准型.

代码：

```
from sympy import *
x1,x2,x3=symbols("x1 x2 x3")
x=Matrix([x1,x2,x3])
f=2*x1*x2+2*x1*x3-6*x2*x3
A=zeros(3,3)
for i in range(3):
    for j in range(3):
            A[i,j]=diff(f,x[i],x[j])/2
print("f 的矩阵是{}".format(A))
E=eye(3,3)
AE=Matrix([A,E])
print("(A 下 E)={}".format(AE))
AE=AE.elementary_row_op('n->kn',0,3)
AE=AE.elementary_col_op('n->kn',0,3)
print("将第一行变为三倍，第一列变为三倍得：{}".format(AE))
AE=AE.elementary_row_op('n->n+km',0,1,1)
AE=AE.elementary_col_op('n->n+km',0,1,1)
print("将第二行加到第一行，第二列加到第一列得：{}".format(AE))
AE=AE.elementary_row_op('n->kn',1,2)
AE=AE.elementary_col_op('n->kn',1,2)
```

```
    print("将第二行变为两倍，第二列变为两倍得：{}".format(AE))
    AE=AE.elementary_row_op('n->n+km',1,-1,0)
    AE=AE.elementary_col_op('n->n+km',1,-1,0)
    print("将第一行乘以负一加到第二行，第一列乘以负一加到第二列得：{}".format
(AE))
    AE=AE.elementary_row_op('n->n+km',2,-1,1)
    AE=AE.elementary_col_op('n->n+km',2,-1,1)
    print("将第二行乘负一加到第三行，第二列乘负一加到第三列得：{}".format(AE))
    C=AE.row([3,4,5])
    print("变换矩阵 C={}，|C|={}不为 0".format(C,C.det()))
    print("令 x=Cy，得 f=x^TAx=y^T(C^TAC)y=y^T{}y".format(C.T*A*C))
```

运行结果：

C:\Users\creat\PycharmProjects\pythonProject\.venv\Scripts\python.exe

C:\Users\creat\PycharmProjects\pythonProject\.venv\algebra\x6_10.py

f 的矩阵是 Matrix([[0, 1, 1], [1, 0, -3], [1, -3, 0]])

(A 下 E)=Matrix([[0, 1, 1], [1, 0, -3], [1, -3, 0], [1, 0, 0], [0, 1, 0], [0, 0, 1]])

将第一行变为三倍，第一列变为三倍得：Matrix([[0, 3, 3], [3, 0, -3], [3, -3, 0], [3, 0, 0], [0, 1, 0], [0, 0, 1]])

将第二行加到第一行，第二列加到第一列得：Matrix([[6, 3, 0], [3, 0, -3], [0, -3, 0], [3, 0, 0], [1, 1, 0], [0, 0, 1]])

将第二行变为两倍，第二列变为两倍得：Matrix([[6, 6, 0], [6, 0, -6], [0, -6, 0], [3, 0, 0], [1, 2, 0], [0, 0, 1]])

将第一行乘负一加到第二行，第一列乘负一加到第二列得：Matrix([[6, 0, 0], [0, -6, -6], [0, -6, 0], [3, -3, 0], [1, 1, 0], [0, 0, 1]])

将第二行乘负一加到第三行，第二列乘负一加到第三列得：Matrix([[6, 0, 0], [0, -6, 0], [0, 0, 6], [3, -3, 3], [1, 1, -1], [0, 0, 1]])

变换矩阵 C=Matrix([[3, -3, 3], [1, 1, -1], [0, 0, 1]])，|C|=6 不为 0

令 x=Cy，得 f=x^TAx=y^T(C^TAC)y=y^TMatrix([[6, 0, 0], [0, -6, 0], [0, 0, 6]])y

进程已结束，退出代码为 0

例 6.11　判定 $f(x_1,x_2,x_3)=(x_1,x_2,x_3)\begin{bmatrix}3&2&0\\2&3&0\\0&0&1\end{bmatrix}\begin{bmatrix}x_1\\x_2\\x_3\end{bmatrix}$ 的正定性.

代码：

```
from sympy import *
A=Matrix([[3,2,0],[2,3,0],[0,0,1]])
if A.is_positive_definite:
    print("A是正定的")
else:
    print("A不是正定的")
```

运行结果：

C:\Users\creat\PycharmProjects\pythonProject\.venv\Scripts\python.exe
C:\Users\creat\PycharmProjects\pythonProject\.venv\algebra\x6_11.py
A 是正定的

进程已结束，退出代码为 0

例 6.12 判定二次型

$$f(x,\ y,\ z)=-5x^2-6y^2-4z^2+4xy+4xz$$

的正定性.

代码：

```
from sympy import *
x,y,z=symbols("x,y,z")
temp=Matrix([x,y,z])
f=-5*x**2-6*y**2-4*z**2+4*x*y+4*x*z
A=zeros(3,3)
for i in range(3):
    for j in range(3):
            A[i,j]=diff(f,temp[i],temp[j])/2
print("f的矩阵是A={}".format(A))
if A.is_positive_definite:
    print("A是正定的")
else:
    print("A不是正定的")
```

运行结果：

C:\Users\creat\PycharmProjects\pythonProject\.venv\Scripts\python.exe
C:\Users\creat\PycharmProjects\pythonProject\.venv\algebra\x6_12.py
f 的矩阵是 A=Matrix([[-5, 2, 2], [2, -6, 0], [2, 0, -4]])
A 不是正定的

进程已结束，退出代码为 0

例 6.13　设 $f=x_1^2+4x_2^2+4x_3^2+2\lambda x_1x_2-2x_1x_3+4x_2x_3$，问 λ 取何值时，f 为正定二次型？

代码：

```
from sympy import *
x1,x2,x3,L=symbols("x1 x2 x3 Lambda")
x=Matrix([x1,x2,x3])
f=x1**2+4*x2**2+4*x3**2+2*L*x1*x2-2*x1*x3+4*x2*x3
A=zeros(3,3)
for i in range(3):
    for j in range(3):
            A[i,j]=diff(f,x[i],x[j])/2
print("f 的矩阵为 A={}".format(A))
D=zeros(3,1)
for i in range(3):
    D[i]=A.det()
    A.row_del(2-i)
    A.col_del(2-i)
for j in range(3):
    print("f 的{}阶顺序主子式是:={}".format(j+1,D[2-j]))
sol=solve([D[0]>0,D[1]>0,D[2]>0],Lambda)
print("Lambda 取值{}时, f 为正定二次型".format(sol))
```

运行结果：

```
C:\Users\creat\PycharmProjects\pythonProject\.venv\Scripts\python.exe
C:\Users\creat\PycharmProjects\pythonProject\.venv\algebra\x6_13.py
f 的矩阵为 A=Matrix([[1, Lambda, -1], [Lambda, 4, 2], [-1, 2, 4]])
f 的 1 阶顺序主子式是:=1
f 的 2 阶顺序主子式是:=4 - Lambda**2
f 的 3 阶顺序主子式是:=-4*Lambda**2 - 4*Lambda + 8
Lambda 取值(-2 < Lambda) & (Lambda < 1)时, f 为正定二次型

进程已结束，退出代码为 0
```

例 6.14　求函数 $f(x, y)=3xy-x^3-y^3$ 的极值.

代码：

```
from sympy import *
x,y=symbols("x y")
f=3*x*y-x**3-y**3
equation1=Eq(diff(f,x),0)
```

```
    equation2=Eq(diff(f,y),0)
    sol=solve([equation1,equation2])
    print("驻点为:P1({},{})或P2({},{})".format(sol[0][x],sol[0][y],sol[1][x],sol[1][y]))
    delta=Matrix([[diff(f,x,2),diff(f,x,y)],[diff(f,x,y),diff(f,y,2)]])
    for i in range(2):
        print("在P{}处有A{}={}".format(i+1,i+1,delta.subs(sol[i])))
        if delta.subs(sol[i]).is_positive_definite:
            print("A{}是正定矩阵,f(P{})={}为极小值".format(i+1,i+1,f.subs(sol[i])))
        elif (-1*delta.subs(sol[i])).is_positive_definite:
            print("A{}是负定矩阵,f(P{})={}为极大值".format(i+1,i+1,f.subs(sol[i])))
        else:
            print("A{}是不定矩阵,f(P{})非极值".format(i+1,i+1))
```

运行结果:

```
C:\Users\creat\PycharmProjects\pythonProject\.venv\Scripts\python.exe
C:\Users\creat\PycharmProjects\pythonProject\.venv\algebra\x6_15.py
驻点为:P1(0,0)或P2(1,1)
在P1处有A1=Matrix([[0, 3], [3, 0]])
A1是不定矩阵,f(P1)非极值
在P2处有A2=Matrix([[-6, 3], [3, -6]])
A2是负定矩阵,f(P2)=1为极大值

进程已结束,退出代码为0
```

例 6.15 求函数 $f(x_1, x_2, x_3) = x_1^3 + x_2^2 + x_3^2 + 12x_1x_2 + 2x_3$ 的极值.

代码:

```
from sympy import *
x1,x2,x3=symbols("x1 x2 x3")
x=Matrix([x1,x2,x3])
f=x1**3+x2**2+x3**2+12*x1*x2+2*x3
equation1=Eq(diff(f,x1),0)
equation2=Eq(diff(f,x2),0)
equation3=Eq(diff(f,x3),0)
sol=solve([equation1,equation2,equation3])
print("驻点为:P1({},{},{})或P2({},{},{})".format(sol[0][x1],sol[0][x2],sol[0][x3],sol[1][x1],sol[1][x2],sol[1][x3]))
```

```
    delta=zeros(3,3)
    for i in range(3):
        for j in range(3):
            delta[i,j]=diff(f,x[i],x[j])
    print(delta)
    for i in range(2):
        print("在P{}处有A{}={}".format(i+1,i+1,delta.subs(sol[i])))
        if delta.subs(sol[i]).is_positive_definite:
            print("A{}是正定矩阵,f(P{})={}为极小值".format(i+1,i+1,f.subs(sol
[i])))
        elif (-1 * delta.subs(sol[i])).is_positive_definite:
            print("A{}是负定矩阵,f(P{})={}为极大值".format(i+1,i+1,f.subs(sol
[i])))
        else:
            print("A{}是不定矩阵,f(P{})非极值".format(i+1,i+1))
```

运行结果:

```
C:\Users\creat\PycharmProjects\pythonProject\.venv\Scripts\python.exe
C:\Users\creat\PycharmProjects\pythonProject\.venv\algebra\x6_16.py
驻点为:P1(0,0,-1)或P2(24,-144,-1)
Matrix([[6*x1, 12, 0], [12, 2, 0], [0, 0, 2]])
在P1处有A1=Matrix([[0, 12, 0], [12, 2, 0], [0, 0, 2]])
A1是不定矩阵,f(P1)非极值
在P2处有A2=Matrix([[144, 12, 0], [12, 2, 0], [0, 0, 2]])
A2是正定矩阵,f(P2)=-6913为极小值

进程已结束,退出代码为0
```

参考文献

[1]张天德，王玮. 线性代数[M]. 北京：人民邮电出版社，2024
[2]同济大学数学科学学院. 线性代数[M]. 7版. 北京：高等教育出版社，2023
[3]赵树嫄. 线性代数[M]. 6版. 北京：中国人民大学出版社，2021
[4]丁兆明，丁和平. 线性代数[M]. 北京：中国铁道出版社，2014
[5]文志雄，何耀. 线性代数[M]. 北京：北京大学出版社，2008
[6]戴华. 矩阵论[M]. 北京：科学出版社，2001
[7]董付国. Python 程序设计(微课版)[M]. 3版. 北京：清华大学出版社，2020
[8]嵩天等. Python 语言程序设计基础[M]. 北京：高等教育出版社，2017